文
景
———
Horizon

MEAT PLANET

肉食星球

人造肉
与食品未来

〔美〕本杰明·阿尔德斯·沃加夫特—著

刘昱—译

上海人民出版社

献给香农

CONTENT
目 录

致　谢 1

第一章　虚拟世界 / 现实世界 11

第二章　肉 35

第三章　承诺 64

第四章　迷雾 74

第五章　疑虑 90

第六章　希望 95

第七章　树 100

第八章　未来 103

第九章　普罗米修斯 128

第十章　纪念录 133

第十一章　复制 151

第十二章　哲学家们 159

第十三章　马斯特里赫特 174

第十四章　洁食 199

第十五章　鲸 207

第十六章　食人族 211

第十七章　聚合／分离 215

第十八章　厄庇墨透斯 242

注　释 247

参考文献 292

致　谢

忝受恩义，铭感五内。

若非人造肉界诸君的慷慨和善意，本书将无法完成。我特别要衷心地感谢"新收获"（New Harvest）的伊莎·达塔尔（Isha Datar）和埃琳·金（Erin Kim），以及凯特·克鲁格（Kate Krueger）、玛丽·吉本斯（Marie Gibbons）、杰斯·克里格（Jess Krieger）、娜塔莉·鲁比奥（Natalie Rubio）、安德鲁·斯托特（Andrew Stout），最后还有很重要的，会议策划专家摩根·卡塔利娜（Morgan Catalina）。马克·波斯特（Mark Post）请我到他马斯特里赫特的实验室参观，极其坦诚地分享了他的见解；感谢他和他一家人，感谢波斯特实验室（Post Lab）的所有人。感谢突破实验室的哈米·帕塔萨拉蒂（Hemai Parthasarathy）和林迪·菲什伯恩（Lindy Fishburne）同我探讨技术的未来；感谢奥龙·卡茨（Oron Catts）在生物技术上的交流、激励和诙谐妙语；感谢善待动物组织（People for the Ethical Treatment of Animals，简称PETA）的英格丽德·纽柯克（Ingrid Newkirk）。

感谢瑞安·潘迪亚（Ryan Pandya）和佩鲁马尔·甘地（Perumal Gandhi）从爱尔兰科克到加利福尼亚伯克利培养牛奶蛋白期间，允许我随便看看，提些怪问题。

也要感谢好食研究所（Good Food Institute）的布鲁斯·弗雷德里希（Bruce Friedrich），以及保罗·夏皮罗（Paul Shapiro）和雅西·里斯（Jacy Reese）同我启发性的谈话和交流。尼尔斯·吉尔曼（Nils Gilman）是我在未来工作和咨询领域的首位向导，我对于未来主义的看法是近十年来与他交流的结果，我欠他的人情。斯科特·史密斯（Scott Smith）和拉米兹·纳姆（Ramez Naam）也分享了他们对未来工作及其与市场营销、心理疗法和科幻创作等相关联的看法。玛丽·凯瑟琳·奥康纳（Mary Catherine O'Connor）和埃米·韦斯特维尔特（Amy Westervelt）提醒了我人造肉与广阔的气候新闻领域之间的关联。迈克尔·鲁德尼基（Michael Rudnicki）纠正了我在干细胞功能上的理解错误。科尔·范·德尔·韦勒（Cor van der Weele）同我探讨了生物伦理学和生物哲学。还有其他很多研究人员和活动人士，本想在此点名道谢，但按其意愿留作了匿名——感谢诸位襄助。

不是每个作家调研期间都有机会玩到渡渡鸟形的假鸡块，或领教人造肉与现代主义到后现代主义美学过渡之间的关系，所以非常感谢"下一代自然网络"（Next Nature Network）的薛尔特·范·门斯福特（Koert van Mensvoort）和亨德里克-让·格里芬克（Hendrik-Jan Grievink）让我有阿姆斯特丹的精彩访问之旅。

向我在未来研究所（Institute for the Future）的交谈者们致谢：丽贝卡·切斯尼（Rebecca Chesney）、萨拉·史密斯（Sarah

Smith)、米丽亚姆·利克·埃弗里（Miriam Lueck Avery）、林恩·杰弗里（Lyn Jeffery），还有马克斯·埃尔德（Max Elder）。谢谢你们让我实时旁观未来工作咨询操作。我有幸在研究期间多次访问伦敦，所以我想感谢我人造肉领域的英国联系人玛丽安娜·埃利斯（Marianne Ellis）和伊尔蒂德·邓斯福德（Illtud Dunsford）。我对尼尔·斯蒂芬斯（Neil Stephens）感激不尽，因为我的工作是建立在他对人造肉早期研究者多年采访的基础上，而且我从我们的交流中获益匪浅。若没有他，本书会逊色很多。由于我和亚历山德拉·塞克斯顿（Alexandra Sexton）的研究路线多有交叉，他教了我不少和肉食代理商打交道的经验。大卫·邦凯（David Benqué）启发了我考虑人造肉行业与设计行业的关联。回到美国后，克里斯蒂娜·阿加帕基斯（Christina Agapakis）和我分享了她早前对人造肉的疑虑，以及对她这类生物技术专家言论的调侃。感谢埃米·哈蒙（Amy Harmon）、汤姆·利文森（Tom Levenson）和尼古拉·特威利（Nicola Twilley）向我介绍当代科学新闻业的来龙去脉；感谢沃伦·贝拉斯科（Warren Belasco）、纳迪娅·贝伦斯坦（Nadia Berenstein）和蕾切尔·劳丹（Rachel Laudan）同我回顾了食物史，令其成为穿插全书的纽带。凯西·芬内尔（Cassie Fennell）指点我人种志实地考察的方法，并教我不要放过任何机会。

睡得好，人种志工作才做得好。在旧金山波特雷罗山时，珍妮弗·沙夫纳（Jennifer Schaffner）让我借宿客房；在伦敦哈克尼时，耶雷米亚·迪特马尔（Jeremiah Dittmar）借给我充气床垫；而在纽约的地狱厨房（Hell's Kitchen）时，乔丹·斯坦（Jordan Stein）让我睡在他家舒适的沙发上。朋友们，多谢！

　　我是在社会研究新学院（New School for Social Research）做安德鲁·W. 梅隆跨学科博士后研究项目（Andrew W. Mellon Interdisciplinary Postdoctoral Fellowship）时，初次粗略地接触到本书的议题；我有幸在尼古拉斯·朗利茨（Nicolas Langlitz）隔壁办公，听他介绍了科学人类学。感谢他和新学院的同事们鼓励我去尝试欧洲思想史之外的领域。国家科学基金会（National Science Foundation，批准号 1331003：组织工程学与蛋白质可持续发展 [Tissue Engineering and Sustainable Protein Development]）颁发的研究补助让我最终能在麻省理工学院完成两年的博士后研究，在科学史和科学人类学上获得进一步深造。我非常感激斯特凡·黑尔姆赖希（Stefan Helmreich）和希瑟·帕克森（Heather Paxson）；斯蒂芬赞助了我在麻省理工人类学系的研究，而且提供了建议，他和希瑟作为朋友和谈话者教了我很多。艾琳·哈特福德（Irene Hartford）、芭芭拉·凯勒（Barbara Keller）和安伯利·斯图尔特（Amberly Steward）教我如何在麻省理工搜索资料。玛丽亚·比达特－德尔加多（Maria Vidart-Delgado）同我聊了博士后境况的好坏。阿尼娅·齐伯尔施泰因（Anya Zilberstein）和大卫·辛格曼（David Singerman）教我环境史和科学史方面的知识。感谢迈克·费希尔（Mike Fischer）、琼·杰克逊（Jean Jackson）、埃丽卡·詹姆斯（Erica James）、格雷厄姆·琼斯（Graham Jones）、埃米·莫兰－托马斯（Amy Moran-Thomas）、哈丽雅特·里特沃（Harriet Ritvo）和克里斯·沃利（Chris Walley）在我逗留麻省理工期间的友好交流和专业反馈。还要感谢加州大学洛杉矶分校的汉娜·兰德克（Hannah Landecker）在组织培养史上的交流和指点，

肉食星球

以及向我提到《太空商人》(*The Space Merchants*);还有加州大学圣克鲁兹分校的詹姆斯·克利福德(James Clifford),同我讨论历史学和人类学的学科关联与隔阂。

《肉食星球》偏实验性的布局有赖于我做研究这些年来结识的一家写作公司。我要感谢艾丽斯·布恩(Alice Boone),和她交流启发了我《肉食星球》的方法论,还有我在洛杉矶 β 级组织(Beta Level)/"勘误表沙龙"(The Errata Salon)和《洛杉矶书评》(*Los Angeles Review of Books*)内部及相关的朋友们:妮科尔·安特比(Nicole Antebi)、阿米纳·凯恩(Amina Cain)、贾森·布朗(Jason Brown)、科林·迪基(Colin Dickey)、鲍里斯·德拉柳克(Boris Dralyuk)、大卫·恩(David Eng)、阿里安娜·凯利(Ariana Kelly)、埃文·金德利(Evan Kindley)、萨拉·梅莱(Sarah Mesle)、希瑟·怕拉托(Heather Parlato)和阿玛尔纳特·拉瓦(Amarnath Ravva)。旧金山的普雷林格图书和档案馆(Prelinger Library and Archive)是我主要的创作灵感来源,我的研究和写作遇到极大困难时,是在这儿找回了方向和新的出路;真心感谢梅甘(Megan Prelinger)和里克·普雷林格(Rick Prelinger)。而我能写成这本书,实在多亏了我心理医生迈克尔·齐默尔曼(Michael Zimmerman)的能耐和关怀。

我的母亲梅里·(科基·)怀特(Merry [Corky] White)和父亲刘易斯·沃加夫特(Lewis Wurgaft)是本书的无名英雄,他们在我几度精神严重崩溃时支持我挺了过来。他们不望感谢,只望我继续写作。他们为我付出了很多,所以我把这当作本书对他们低调的二度献辞。还要感谢古斯·兰卡托雷(Gus Rancatore)和卡萝尔·科尔塞尔（Carole Colsell），他们在我准备手稿那艰难的几个月里给予了帮助。

我还要感谢所有看过本书草稿的人。刘易斯·沃加夫特看过我写的每一章，把他的想法全都告诉了我。我写得最好的地方，都源自我们讨论修改时的交流。很幸运有他的指导。梅里·怀特用人类学家的眼光审读草稿，给出了专业点评。斯特凡·黑尔姆赖希也是，确保本书除了思想还有人文气息。感谢凯特·马歇尔（Kate Marshall），我出色的加州大学出版社编辑，带我与负责出版的那些人确保本书迎向尽可能多的读者。也要感谢布拉德利·迪皮尤（Bradley Depew）、恩里克·奥乔亚-考普（Enrique Ochoa-Kaup）、凯特·霍夫曼（Kate Hoffman）、理查德·厄尔斯（Richard Earles）、亚力克斯·达内（Alex Dahne），以及整个加州大学出版社团队。我也非常荣幸，达拉·戈尔茨坦（Darra Goldstein）能把《肉食星球》编入她的食品研究丛书；达拉是最先发表我食品论文的编辑，论文登在《美食学：食品与文化杂志》（*Gastronomica：A Journal of Food and Culture*）上，我非常感激她。另外感谢迈克·福尔顿（Mike Fortun）、蕾切尔·劳丹、汤姆·利文森和索菲娅·鲁斯特（Sophia Roosth）为加州大学出版社的原稿提供了缜密、鼓励性和建设性的阅读反馈。

特别要感谢卡特·埃施纳（Kat Eschner），其犀利的点评和文体建议造就了本书最精彩的部分，使编辑工作趣味十足——还有丽贝卡·阿里尔·波特（Rebecca Ariel Porte），她细致的反馈告诉我文学创作会超越生物体和生命，让我别把自己看太重。我写这本书时，乔希·伯森（Josh Berson）也在写有关肉食的书，所以本书反映了我们一直以来的交流和互相对草稿的点评，我的思想受到他对于过去、现在和未来人类生存困境的看法的启发。艾丽斯·布恩指出我稿件中的小毛病和小失误，教我如何因祸得福，用新眼光去看待论点和结论。另外感谢埃朗·阿布雷尔（Elan Abrell）、克里斯蒂娜·阿加帕基斯、尼克·巴尔（Nick Barr）、沃伦·贝拉斯科、沙马·博亚林（Shamma Boyarin）、伊莎·达塔尔、纳撒尼尔·多伊奇（Nathaniel Deutsch，我们在圣克鲁兹远足时，他帮我取了这个书名）、耶雷米亚·迪特玛尔、阿里耶·埃尔芬拜因（Aryé Elfenbein）、尼尔斯·吉尔曼、埃琳·金、凯特·克鲁格、爱德华·梅利洛（Edward Melillo）、本·奥本海姆（Ben Oppenheim）、阿莉莎·佩什（Alyssa Peish）、贾斯廷·皮卡德（Justin Pickard）、尼克·西弗（Nick Seaver）、亚历山德拉·塞克斯顿、萨拉·斯托勒（Sarah Stoller）和香农·苏普莱（Shannon Supple）的阅读和点评。

为了把《肉食星球》的内容介绍给全世界，我做了很多演讲，有学术性的，也有通俗性的。感谢各个机构的主持人和听众，包括宾夕法尼亚大学沃尔夫人文中心（Wolf Center for the Humanities，及那儿的吉姆·英格里希［Jim English］和埃米莉·威尔逊［Emily Wilson］）、牛津食物与烹饪研讨会（Oxford Symposium on Food and Cookery，及那儿的乌尔苏拉·海因策尔曼［Ursula Heinzelmann］和比·威尔逊［Bee Wilson］）、巴纳德学院、加州大学圣克鲁兹分校、纽约大学、亨廷顿图书馆（The Huntington Library）、麻省理工学院、加州大学伯克利分校、勘误表沙龙、狂悖沙龙（The Lost Marbles Salon）、未来研究所、未来论坛（Forum for the Future），以及连续创新设计公司（Continuum Innovation）。

我要感谢马萨诸塞州北安普敦"野兽之胃"餐厅（Belly of the Beast）的埃米·弗朗塞斯（Aimee Francaes）和杰西·哈辛格（Jesse Hassinger），他们让我至少吃到了一些本土的、可持续而又美味的肉食。

本书献给香农·K.苏普莱，是她的关心和支持助我度过无数困苦，她的好奇和钦慕鼓舞我前行。

本杰明·阿尔德斯·沃加夫特

加利福尼亚州，洛杉矶

加利福尼亚州，奥克兰

马萨诸塞州，剑桥

第十一章《复制》的扩充版将以《模仿与肉食科学论》（"On Mimesis and Meat Science"）一文刊登于《俄塞里斯》（*Osiris*）杂志。

第十二章《哲学家们》的扩充版以《素食者的生物技术安乐乡有望实现》（"Biotech Cockaigne of the Vegan Hopeful"）一文刊登于《刺猬评论》（*Hedgehog Review*），2019年春季。

第十四章《洁食》的早期版以《但实验室培养肉会是洁食吗？》（"But Will the Lab-Grown Meat Be Kosher？"）为题刊登于《揭秘者：宗教与媒体评论》（*Revealer: A Review of Religion and*

Media），2016 年 11 月 7 日。

《雾中蜀葵》（"Hollyhocks in the Fog"）选段摘自奥古斯特·克莱因扎勒（August Kleinzahler）的《黎明之前／雾中蜀葵》（*Before the Dawn/Hollyhocks in the Fog*）。版权所有 © 奥古斯特·克莱因扎勒，2017 年。由法勒、施特劳斯和吉鲁授权转载。

《无名诗：我和潘古儿》（"Anonymous：Myself and Pangur"）选段摘自保罗·马尔登（Paul Muldoon）的《1968—1998 年诗集》（*Poems 1968-1998*）。版权所有 © 保罗·马尔登，2001 年。

第一章
虚拟世界 / 现实世界

　　醒来时，我见到了奇异的未来。现在是洛杉矶时间 2013 年 8 月 5 日凌晨 4 点 30 分。我准备观看伦敦时间刚过正午的未来食品直播，蒙眬的睡眼和浑浊的电脑显示屏像两层时空窗口。我打开浏览器登入 www.culturedbeef.net。未来会是实验室培养肉的世界，由生物反应器繁殖出的牛肉细胞制成的那种。至少，我醒来时看到的新闻是这么说的。每则通告都信心满满地承诺：肉类将焕然一新，我们亦然。[1] 在演化为智人（Homo sapiens）前，人类就已将动物尸体作为我们的食物来源之一，这是一项基本事实。随着技术革新带领我们在狩猎到农耕、再到实验室的路上越走越远，这一点或许很快会改变。这一转变固然是大事，但如果我们正处在历史的一处重大转折点上，不妨保留点幽默感——国际媒体争相报道汉堡这种世界上最常见、最平凡的美式食物，是有点傻气。以前的世界博览会和展卖会（有批评家称这类大型活动为"商品膜拜的朝圣所"）还把新食物放在玻璃展柜里，向成群的游客展示。[2] 我捧好咖啡杯，准备欣赏这 21 世纪初的新食物。

记者们把这种汉堡肉称为"弗兰肯堡肉"（frankenburger）、"试管汉堡肉"（test-tube burger）或"桶制肉"（vat meat）。它不是宰杀牛得来的，而是用一项成熟、昂贵且费时费力的实验室技术制成的，这项技术被称为细胞或组织培养，最初由美国胚胎学家罗斯·哈里森（Ross Harrison）于 1907 年开创。[3] 经过数十年科学和医学的研究应用，直到最近组织培养才用于生产有些人所谓的"试管肉"（in vitro meat）——这个叫法在技术上很贴切，但毫无美食兴味。这种新型肉被寄予了厚望，其中一个期待是它能代替工业化畜牧业，或许能用温和的办法彻底取代其破坏环境又残酷不仁的做法。这种肉怪异至极，怎么说都不为过。它是没有亲代的肉。它是不会死亡的肉（鉴于一个完整的动物体会死亡），在一些狭隘定义肉类的批评家眼中，它也是没有好好活过的肉。它会彻底改变我们对动物的看法、我们同耕地的关系、我们用水的方式、我们对人口的看法，以及我们关于脆弱生态系统对于人类和非人类动物体承载力的看法。对这个吃肉一代比一代多的杂食性人科动物星球来说，它是种新型肉。清晨时分，洛杉矶的街区刚刚苏醒，网络世界已被肉食占领。

最近几周，一些"标题党"新闻在网上不断涌现，用这款汉堡 30 多万美元的惊人标价来吸引人们的关注（或许关注度才是真正的虚拟货币——而我正在耗费它）。有传言称，一位富有的美国赞助商资助了那个用细胞培育肌肉并制成肉食的荷兰实验室。虽然创造这款汉堡的医学博士兼生理学教授马克·波斯特（Mark Post）是时下的风云人物，但这场活动是由专业媒体统筹、由赞助商出资的。尽管组织培养技术已非常成熟，但培养肉技术仍在研发之中，这也是一小块肉的成本都如此之高的原因之一。用圈子里的话说，这项技术正在"浮现"（emerging）——这常用来形容新型电脑、能源发电机或医疗技术的发明、发现、创立或发展，以及最终经测试授权以及媒体的推广（在研发者和投资人看来，是无比漫长的）走向消费者的过程。"培养肉"一词于2013年刚刚兴起，波斯特在此次推广活动中使用该词，或许是想用它顶替听起来冷冰冰的"体外合成肉"。[4]

"浮现"之喻是把未来置于一片迷雾中，让具体的脉络依次呈现。我回想了追溯新兴科技所依据的线索：专利、投资、研究补助、研讨会、产品在特定市场上的试发行，还有科技杂志对企业家们炫目的头版介绍。在我的大脑未完全清醒之际，我恍然觉得"浮现"之喻耍了个狡猾的把戏：它隐藏了背后的主事者。它暗示新技术是自动来到我们身边的，而不是由很多双心思各异的手引领而来。而一项技术要想兴起，必然要有受众。必然有人在关注，而他们对未来会有自己的看法。乌托邦科幻小说使我能设想宇宙飞船的一些未来情景；而反乌托邦科幻小说，则教我想象地球被气候变化摧毁的未来景象。对于培养肉的未来，该作何设想？我把目光投向显示屏。

我感觉等了很久，浏览器上仍只有"转播即将开始"几个字，但随后一则宣传片便宣告了活动的开始。背景音乐中吉他和弦轻轻一拨，镜头中海鸥朝着海浪俯冲而下。一栋房子坐落在海边。我们看到一片田园式的沿海民居，建筑明显是北美或欧洲的风格。这一看就是那种自然纪录片或面向年轻观众的科学栏目的画风。

镜头从海洋上空拉远，露出一座灯塔。一个声音道："一样新技术的到来，有时会改变我们对世界的认知。"这时，波斯特神秘赞助人的身份揭晓了。镜头给了讲述者一个短暂的面部特写，他就是谢尔盖·布林（Sergey Brin），互联网巨头谷歌的联合创始人，一个对科技如何转变世界观有着独到见解的人物。但一个硅谷的亿万富翁，一个靠搜索引擎发家致富、令它如此普及以至于"to google"几乎成了标准英语用法的人，为什么会对食品的未来感兴趣？这个问题的答案一部分在于一个简单的词义转换：或许以后人造肉会成为食品，但眼下它是硅谷（布林的地盘）投资者们常说的"食品领域"（the food space）的一部分，是一块把食物生产供应与环境可持续发展、人类健康以及非人类动物福祉联系起来的创业和投资领域。食品领域是近年来风险投资家明显非常活跃的地带。但"领域"一词有更狭义、更具体的历史含义，它不仅涵盖维度，还暗示了边界的意义。边界是几个世纪以来，各种人群为获取资源会涉足之地。[5] 有人认为，若没有边界，资本主义自身就无法运作，因为资本家需要新的自然资源和新的机遇来投资获利。[6] 在股东们看来，谷歌不是靠向全球数十亿人口提供免费搜索功能来创造价值。它所依靠的是建立一种新型边界：获取用户的搜索数据（和许多其他类型的数据）资源，然后用于隐秘而利润丰厚的地方——它也出售广告版面，借以吸引用户原本投向别处的注意力。[7] 世界上很多国家的货币里已经有肉的成分了，因为我们的钞票内衬里含有微量动物油脂。你可以说商品肉和金钱的领域已经交叉了，在使用与投资上相互依存。[8] 乳牛便是这样变成资本的——它们按"头"（拉丁语为 *caput*，与"资本"

　　　　　　　　　　　　　　　　　　　　　　　　　　　　　　肉食星球

［capital］有词源关联）计数。

布林继续讲述，画面中的鸟儿和海浪退去，转为对他年轻脸庞的特写——那是一张有一圈深深浅浅的胡茬儿的脸，戴着叫作谷歌眼镜（Google Glass）的设备。这款头戴式设备研发于加利福尼亚，由中国的富士康（Foxconn）公司制造，佩戴者眼前是一块小小的电脑屏幕，当他貌似看向周围时，实际是在浏览网页。该眼镜本身属于新兴科技，2013年2月公开发行，但除了在帕洛阿尔托、加利福尼亚或麻省理工学院周边地带这类高新技术区，很少看到谁会戴着这款相当昂贵的眼镜（"Glass"这个名称令我想起了世博会上的玻璃展馆）走来走去。布林戴谷歌眼镜上宣传片的决定彰显了他财大气粗的未来大使身份。布林讲述了他是如何找寻"处在生存边缘"、能够"切实改变世界"的科技（我记得还有其他寄语，他的说法提醒了我，也许人造肉很快会成为投资契机），之后画面又一转。

新的主讲人登场了。他是资深生物人类学家理查德·兰厄姆（Richard Wrangham）。他坐在哈佛大学的办公室里，背后书架上的书脊清晰可辨。显然他是来解释布林所说的转变潜力的。"人类的进化史，"兰厄姆道，"……与肉食密切相关。"接着他讲了一段关于肉食在人类自然史上重要意义的流传甚广的典故，其另一版本收录在他2009年出版的《星火燎原：烹饪如何让我们成为真正的人类》（*Catching Fire: How Cooking Made Us Human*）一书中。[9] 兰厄姆在该书中论证了我们进化成现代人得益于烹饪，尤其是烹煮块茎和肉提供了充足的热量来源，促使我们演化出现代形态和具备社交能力的几大特征：小嘴巴、大脑袋（大脑极度贪嗜热量）、合作官能，以及基于男女生育关系的独特社会结构。兰厄姆的说法是人类同肉及其他食物的进化关系论的激进版本。他的书引发了生物学家和人类学家的广泛讨论和争议，这点从眼前的短片中是看不出来的。[10] 把兰厄姆放入宣传片的战略目的显而易见。如果说布林代表了新技术的前景，那么兰厄姆则象征了进化的古老和科学的权威。

无论我们是否同意兰厄姆的看法，短片将我们原始人的过去与食肉的未来联系起来这点毋庸置疑。为什么要把深层次的物种身份与浅层次的未来饮食选择和食物供给策略扯到一起？进化之古老能奠定和认证超现代之物吗？要我相信过去能解释未来吗？接下来的一幕打断了我的思绪：画面从兰厄姆转向了一块在暗夜篝火上炙烤的肉。肉串在木棍上，由一个长发人举着，他浑身赤裸，只裹了块缠腰布，夜色和火光中面目不甚分明。之后很快转为举着长矛、赤足奔跑的非洲部落居民画面。兰厄姆继续道："对于世界上任何地方的狩猎者和采集者来说，如果一连几天都空手而归，那都是非常悲哀的。营地沉寂下来，歌舞不再。"兰厄姆的声音振奋起来，他举起了拳头，"然后有人捕到了肉！他们把猎物带到营地——"镜头跳转至一幕明显现代化的场景，一名白人男子打开了户外烧烤架的盖子——"或者像如今，带到我们后花园里烧烤。"把老套的非洲原始人形象和现代白种人形象突兀地剪接在一起是有特定目的的，似乎要用"原始人"的行为来解释、捍卫现代西方人的行为。这种做法常见而又莽撞，虽说初衷也许是好的。这种剪接常见于我孩提时代看的课外科学节目，或一些老派的自然纪录片，但几十年后竟还有人对原始人抱有这种看法，令人大为惊讶。这正是人类学家所批判的欠考虑的社会生物学思想的视觉呈现。[11] 短片继续推进，白人孩子们盯向了汉堡肉饼状的现代肉。兰厄姆道："人人都激动地围过来分享……肉被进行了仪式般的分割。"一位戴着棒球帽、挥舞小刀的白人男子分好牛排。"我们天生是爱吃肉的物种。"

在 2013 年面向国际媒体观众的宣传片中出现以西方白人男性象征现代而以非洲黑人代表古代的做法，令人诧异。兰厄姆的观点则是另一种意义上的惊人。在不到一分钟的时间里，他的展示（在导演和剪辑师手下）已华丽地换了一层意思：从动物熟肉对于人类生理现代性和社交现代性的形成至关重要，转为人类对肉食的喜好是原始的、天生的，想吃肉是自然欲望。根据这个逻辑，素食主义便是脱离了我们的"天性"。但这个逻辑有问题。天生爱吃肉的观点并非确凿无疑，而对此的质疑反倒揭开了人类在食物链中的地位，以及人与其他形式动物生命之间的关系等深层次科学争议的冰山一角。狩猎行为用到了技术工具，因此我们同肉的关系牵扯到我们作为工具制造者和工具使用者的身份。人造肉拥护者抓住了后面这点。他们中的一些人认为，实验室培养肉可以说是人类与生存本身、其次与工业食品生产的（虽逐步演变，但本质为）技术性关系的合理延伸。"天生爱吃肉"的口号是把古人类进化作为嗜肉的资格证，只要现代技术允许，做法不论。

当然，短片不会等我在脑海里把注解一一补全。[12] 接下来的画面，是传送带载着粉色汉堡肉饼径直向镜头送过来。展现工业肉品生产系统的这一幕宣告着，人类食欲问题已被丢到一边，转而被谈起的则是关键性的规模问题。另一位专家，环境学家肯·库克（Ken Cook）说："养活全球是个复杂的问题。我觉得人们还没意识到肉类消费对地球的影响。"画面转至田野上的奶牛群，库克和布林轮流介绍了工业化畜牧业的几点问题，也是人造肉先锋们期望解决的问题。例如，在美国，70%的抗生素用在了家畜而不是人身上。之所以要用这些抗生素，一部分是因为牲畜送往屠宰前，圈养环境拥挤。[13]另一个重要原因，则是为了加快牲畜的增重速度，令其更快进入屠宰工序。"你要是看到他们是怎么对那些奶牛的……我反正是不大舒服。"布林道。他的话让我想到明显的动物伦理问题，但大家都知道这般密集地使用抗生素还源于牲畜传播的病原体会产生抗生素耐药性。这就使得动物集中喂养作业（concentrated animal feeding operation，简称CAFO）场地成了对牲畜和人体皆有害的病毒滋生地。关于动物集中饲养和屠宰场隐患的报道已经司空见惯了。从反乌托邦的角度来说，"肉的未来"不是实验室培养肉，而是由受到虐待、拥挤不堪的动物体引发的全球疫病。[14]库克提醒我们，单是大量食肉就会带来健康隐患；高强度食肉者患心脏病或癌症的风险比正常人高20%。不过，我后面了解到，人造肉支持者更多是考虑到他下面提到的问题——肉类生产要付出的环境代价，据说每年排放的废气占工业社会温室气体排放总量的14%～18%，而且耗费了大量的土地和水资源。如果这些资源用来种植水果、谷物和蔬菜，能养活更多的人口。2011年，一名牛津大学毕业生将人造肉汉堡与传统汉堡对比，对其生命周期进行了理论评估。尽管评估显示，人造肉生产相比传统肉造成的环境损失更小，但批评者认为该报告漏洞百出，最终对其进行了修正。[15]

画面中又出现了几幅农场图景，之后在库克讲述未来更健康的饮食计划时，一个人从镜头前跑过。随后，画面迅速切换到阿姆斯特丹中心社区拥挤的街道，还有运河和桥梁，而库克讲到了核心问题——不断扩增的全球人口。他提到一个观点，也是后来我调查人造肉运动期间常听到的，即肉类消费增长太快，不是人口增长一个因素解释得了的。有人预计到2050年，全球食肉量会上涨50%。我犹疑片刻，发现这个预测想当然了，好像它会跟着自然规律走似的。"我们免不了一场可怕的报应。"库克道，镜头转向一片田野，风沙弥漫。这令人忧虑，不过人类食肉量日益上涨的预测不是空穴来风。从1960年到21世纪头十年，肉类消费量翻了一番，而在现代化起步较晚的国家，增长速度更快，幅度更大。兰厄姆的声音再次响起，他提醒我们紧迫的气候变化问题会与人口增长发生冲突，而改变资源配置势必引发争端。"在我们保留了旧石器思想（把我噎到了）却拥有现代武器的当代世界，这点相当危险。"兰厄姆又回到了史前与现代的怪异混搭，大谈旧石器思想（他大概想说人脑其实在旧石器时代就像现代这样思考了——那可是在新石器时代的技术和农业革命之前呢），好像文化变革和现代文明未能影响人类的行为本质，好像人类的头脑不过是带有肉食本能的肉质大脑。不过短片在预测中挟带了另一个预测：若我们不在广泛性危机爆发前开发技术解决资源紧缺问题，就会沦为操弄核武器的野蛮人。[16]

　　兰厄姆的影像中隐含另一个有趣但有待推敲的观点，也是我追踪人造肉运动期间多次碰到的。这个观点是，现代人的状况是我们自身生物性与技术性失调造成的，人体需要与各种人造延伸物不够匹配。现代肉的所有问题都把我们带回这个失调点。我们维持着污染严重且危险的肉食生产系统，以此供养空前庞大的人口每年所消费的庞大动物肉量。它不同于"花园里的机器"论，即科技的存在既破坏自然环境，也破坏了人与自然的关联感。[17]相反，它希望从我们建于体外，并与肉体相辅相成的"第二天性"中重新发掘生理需要，并试图更好地满足这一需要。这个观点像在说，只要有更好的科技，我们的问题就解决了。

当观众彻底了解了肉类、人口增长、气候变化与未来危机之间的关系，布林再次出现，说我们或许能"尝试些新的东西"。芳草如茵的山坡褪去，其原本所在的地方出现了一块红底白线的网格图案，像网格状布局的有机城市鸟瞰图。实际上这是动物肌肉的近距离特写。画面中响起了波斯特的声音："我们确实用技术造出了肉。只不过不长在牛身上。"波斯特自称是有丰富血管生物学经验的医生，致力于创造人体移植所需的组织，尤其是心脏病患者需要的血管。鉴于干细胞——一种未特化的细胞，能通过细胞分裂自我复制，且无论在有机体还是培养基中，都能生成具备特定功能的细胞型——一直被寄希望于生产用于移植的人体器官，他宣称"干细胞技术对培育牛肉十分有用"。我的屏幕暗了下来，中央出现一组发光的红色细胞，是用来演示波斯特制作流程的模型。"我们从奶牛身上取了一组细胞，只会长成肌肉的肌肉型干细胞。"打个生动的比方，一颗细胞分裂，就像一颗浮在空中的天体。波斯特继续道："我们只要做极少量工作，就能让这些细胞按轨迹生长。"他描述了肌肉细胞增殖、分裂的过程，它们几乎完全是自动生成功能结构的。我们用技术只是提供定位点，肌肉纤维会随之生成。"我们从这头奶牛身上取少量细胞，就能生成十吨肉。"

波斯特的话令我想起了弗雷德里克·波尔（Fredrik Pohl）和西里尔·M. 科恩布卢斯（Cyril M. Kornbluth）1952 年的科幻小说《太空商人》（*The Space Merchants*），书中一工厂所有工人都靠一块巨大的、颤巍巍的灰色半球形鸡肉喂养，名谓"鸡仔"（Chicken Little），其生物性质未知；她以藻类为食，巢筑在地下室里。[18] 波斯特的说法也令人回忆起二十年来围绕干细胞的科学和医学传闻，关于这个神秘而一直被寄予希望的对象，每周都有新闻报道。[19] 波斯特口中的"十吨肉"正是人们指望干细胞实现的奇迹之一。其他奇迹还包括再生断牙、降低人体组织的生理年龄等。心脏病领域（波斯特的领域）则期待干细胞实现延长患者寿命的疗法，这类疗法（不用说）也会成为医疗行业巨大的财富来源：在这方面干细胞既体现了经济潜力，又体现了延续生命的潜力。[20] 贯穿其中的是复杂的承诺机制，我和其他观望生物技术宏愿的人一样，想起弗里德里希·尼采的观点：人就是天生会做承诺的生物。就这点来说，尼采具体的说法是：人类是"大自然出给自己的悖论题"。[21]

轻柔的音乐响起。太阳从红色的远空升起，映着红色山坡，霞光万丈。这仿佛是科幻电影中，或者被大气颗粒物染红的加利福尼亚州（我后来才知道，制作这部短片的纪录片影视公司"拓展署"[Department of Expansion]总部就在洛杉矶）。我们又听到了布林的声音："有人觉得这像科幻故事，认为它不是真的，不在我们身边……我倒觉得是好事。如果别人不觉得你做的事情科幻，那大概是颠覆力度还不够。"镜头一转：一双男性的手（白人的。我发现由于之前老拿非洲人和欧洲人比对，我的种族意识都敏感起来了）把一些汉堡碎肉从蜡纸上抖到木板上，在上面压成肉饼。布林道："我们想创造第一块培养肉汉堡。之后我相信，我们肯定能规模化。"注意他的关键词"规模"，这里用作了动词，第一块人造牛肉堡的标价反映了它海量的研发时间、技术人员的薪资和昂贵的实验室设备，而且得益于尚未投入规模经济——它比以后投入规模化生产的潜在（这个词又来了）成本要高很多。说到潜力，我们又被带回了人造牛肉工程的最终目标：未来。波斯特道：

> 再过二十年，你进入超市，就要在这两种产品之间选择，它们……一模一样。一种是动物做的。上面贴的标签说：动物们为本品而受苦或丧生。它还要加收"生态税"，因为对环境有害。而它和当下实验室生产的替代品完全一样，味道一样，质量一样，价格一样，甚至后者更便宜，那你会选哪个？[22]

在他讲述的同时，画面中展示着孩子和大人们幸福地大嚼汉堡的场景。"从伦理的角度说，它百利无害。"

随着波斯特继续讲述，场景从嚼食汉堡者转为只有北加利福尼亚才有的树木景观。我们从树根处仰望高耸入云的红杉，观赏这些属于波斯特所谓"伦理百利"的现存环境瑰宝。雨水淅沥，小鱼戏水，与此同时库克谈到了消费者越来越关注无害于环境的新食品生产系统。随后兰厄姆再次登场，他像之前一样大谈肉食之益，但稍有不同："如今，由于一些可怕而具有讽刺意味的缘故，肉食成为威胁人类生存的某个系统的一部分。我们必须采取措施。"兰厄姆坐在办公室的画面褪去，空白的屏幕上出现一行黑体字"加入解决行动"。

环境危机。人类势不可挡的欲望。肉，既有我们吃的肉，也有拥挤的城市中涌动的肉体。而迎着气候变化和人口增长所引发的灾难上升势头的，是另一条饱含希望的趋势线，标注着"技术进步"。这则六分钟的短片包含的信息量太大，一时难以消化，它像消防水管一样弯弯绕绕，但也列出不少问题，让我在后来几年探寻实验室培养肉的意义时一直在思考。它不单是我在网上瞥见的一个产品演示，它极力把人造肉打造成解决文明程度问题的新食品技术，其规模大到需要用到社会科学和环境科学工具来衡量。"地球号太空船"*的问题要从轨道上才看得明白。

虽然短片中没有明说，但显然核心问题不全在肉上——不管传统肉类生产明面上受到多少指责。但问题到底出在哪儿还很难说，该片提出的关于文明的问题过于庞大，难以概述，还需进一步探究。虽然短片总体上把问题归结到"现代性"这个怪异点上，但兰厄姆那部分更麻烦，他要我们相信人类的食欲本质上与其生存自相矛盾。根据兰厄姆的说法，肉造就了我们，也毁灭了我们。但造就和毁灭我们的纯粹是文明的程度吗？还是技术？如果技术能挽救被它破坏的自然界，这对现代意味着什么？或刻薄点说，某些人相信一种技术能解决另一种技术带来的问题，果真如此吗？如果用"资

---

* 这种观点把地球视为拥有有限资源的太空船，呼吁全人类船员共同珍惜资源实现可持续发展。它最初于1879年由亨利·乔治（Henry George）提出，之后被阿德莱·史蒂文森（Adlai Stevenson）和经济学家肯尼思·E. 博尔丁（Kenneth E. Boulding）等沿用。（如无其他说明，本书页下脚注均为译者所注，正文后注释为作者原注。）

本主义"取代"技术"一词，以上问题的答案会不会不同？如果解决之道不在于多造点，而在于少要点，在于更公平地分配已有的资源，又怎么说呢？

况且，如果未来吃的肉就是组织培养的动物肌肉，那还等什么？宣传片真切地反映了人造肉早期、刚"浮现"时人们的思维模式。该模式是充满希望的、忧虑的、诚恳的、野心勃勃的，回应着倡导者们自我描绘的世界问题大蓝图，但蓝图常常忽略了那些问题根本的政治性质，就像"浮现"之喻略去了政治和经济利益纠纷，而新兴技术正是在利益背景下出现的。

现在画面转向了记者攒动的电视演播室内部。场内有现代风格的料理台和小型炉灶。主持人邀请波斯特上台，舞台布置得像是某档烹饪节目。他们简单交谈了几句，之后就是揭示汉堡肉真面目的时刻。波斯特揭开托盘盖，露出了看起来非常粉嫩的肉饼；它已用甜菜汁和藏红花粉着色，否则会是柔和的灰白色。就目测的质感来说，它似乎与传统肉有很大差距，而且据说它已经加面包屑增厚了。一位名叫理查德·麦格翁（Richard McGeown）的厨师和另外两名嘉宾随后上台。一位是美国美食作家乔希·舍恩瓦尔德（Josh Schonwald），他有本关于"食品未来"的著作令人称道，另一位是奥地利营养学家汉尼·吕茨勒（Hanni Rützler）。[23] 厨师接过汉堡肉放在灶台上，只用了点植物油和黄油烹制，此时镜头在灶台的近距离特写（烹制这么贵的一块肉肯定是有点紧张的）与观众期待的脸庞之间来回切换。美拉德反应＊开始时，汉堡肉确

＊ 很多食品在烹饪时产生的"非酶褐变"现象，生成棕色或黑色的大分子物质。这一点于1912年由法国化学家L.C. 美拉德提出。

肉食星球

实像传统肉那样变黄了。[24]

波斯特是个高大、和蔼的荷兰人，像其他教养良好的欧洲人一样说着流利的英语，他住在美国，常常到处游历。我后来才知道他选择在伦敦推出汉堡的原因：各大媒体机构在伦敦都设有分部和常驻记者，而格林尼治标准时间（Greenwich Mean Time）仍具备一定的国际权威性。我还了解到，波斯特团队把新汉堡送入美国会比送入英国更麻烦，这个细节令人意外，因为英国人对肉很挑剔是理所当然的——鉴于之前英国牛群暴发过牛海绵状脑病（"疯牛病"）。这款实验室培养的汉堡肉不仅是新型肉，还是越境的异族，尽管它合法。不知道这一切对于人造肉食品的最终监管意味着什么。

烹制肉饼时，波斯特又给我们放了部片子，是他与团队制作肉饼的动画流程。他们先从一头牛身上取一小块肌肉活组织切片（目测连擦伤都算不上），牛转头就去继续吃草了；分离出骨骼肌干细胞后，将其放在培养基中增殖；细胞长大后使之生成链状，即之后形成汉堡肉肌体组织的肌束；然后"训练"这些肌束——换句话说，使骨骼肌像在活体内部那样舒张收缩。我对组织培养有充分的了解，怀疑实际过程比这个更复杂些。它肯定很费时，毕竟波斯特的实验室花了几个月才培养出足够的材料来做这种肉饼。

麦格翁的肉饼做好了，他称它有"非常诱人的香味"。他把肉饼盛到盘子里，加了一片番茄、一片生菜和一个圆面包，但没有组合成抓在手里啃的那种汉堡。它光秃秃地躺在盘子中央，像在宣示不用传统的面包坯也无损汉堡的风味。两位"品鉴专家"，舍恩瓦尔德和吕茨勒，各用刀叉切了一小块肉尝了尝。两人都表示它的味道明显不同于传统肉，但舍恩瓦尔德作证说，吃起来有肉的"口感"或"嚼头"。波斯特自己也尝了一口。

显然人造肉的味道像是真肉，即便不完全一样。整个过程中，演播室的记者观众常常出镜，现在他们骚动起来，迫不及待想提问。波斯特已准备好应答，开头两个问题就直截要害。第一问：消费者会愿意吃实验室环境下做出的肉吗？波斯特承认，我们得留意这种强大的原始"反胃心理"，即潜意识对非动物生长的肉的抵制。我研究期间还会碰到这一问题，厨房和实验室之间有道强硬的心理分界线，好像我们现在吃的很多食物不是出自科技性的"料理实验室"机构似的。[25] 观众提出的第二个问题是，开辟出大量肉食的新来源，是否将怂恿人们去吃超出健康食谱限制的肉量。波斯特点头表示理解，说他自己是个"弹性素食者"，很乐意看到所有人少吃肉。不过，他接着说，事实是无情的，肉食消费仍会是全球性的；大规模素食主义或弹性素食主义解决不了实质性的肉食问题。波斯特继续以开明的态度回应了一大波问题，很多是针对他计划上明显的不足或纰漏。波斯特承认他的技术处在早期开发阶段，目前效率太低，基本还谈不上"规模化"。另外，必须找到另一种培养基来代替目前的。目前的培养基用了胎牛血清，导致整个生产流程严重背离素食主义，而且为防破坏性感染，细胞培养中用了抗生素。波斯特说，如果要避免过度依赖抗生素，有一个办法是使用自动化设备，以实现完全无菌生产。

对另一个关于肉饼味道的问题，波斯特回答说，他的团队尚未仿制出动物体肌肉组织的味道和口感。其中一个原因是，他们还未能培植出这种组织所含的脂肪细胞。脂肪不仅在很多层面上构成了肉味，而且给肉增加了不少柔嫩感。[26] 虽然注重健康的饮食者们喜欢小块精肉，但不该忽视脂肪在构成肉味上的核心作用，哪怕只有少许。问题接踵而至，波斯特的心态依旧乐观而自信。当被问到人造肉能否在一周内进入生产流水线，并在森宝利（Sainsbury's，英国的一家连锁超市）上架时，他感激地笑了，回应"它要多少钱？"这类问题时亦然。今天的演示严格来说只是证实了一个概念，波斯特自己做了保守估计，大概人造肉要过十到二十年才会上市。我特意留意了这一点。当媒体一窝蜂地报道本事件时，这类预测出现在媒体上的频率相当之高，有位记者甚至费心把它们收集起来，做成一张标题为"我们何时才能吃到试管汉堡？"（When Will We Eat Hamburgers Grown in Test-Tubes？）的图表。[27] 我不是唯一一个意识到人造肉与预测文化密不可分，而波斯特完善技术的冗长时间与可能赞助它的资金流存在矛盾的观众。一家名为"新收获"（New Harvest）的组织的首脑伊莎·达塔尔（Isha Datar）就提到这项工作如何获得资助这个耐人寻味的问题；该组织成立于2004年，旨在推进实验室培养肉的研究（创立这项技术的并非波斯特实验室，他只是这块领域最新、资金最充足的一员）。目前，培养肉的研究资金主要来自慈善捐助，因为赞助企业的风险投资家必须在比二十年或十年短得多的时间内看到效益。我估计随着这类演示表现出人造肉可行的迹象，这一点会改变。

一位巴西记者用诙谐的口吻对实验室培养肉能否做出美味的烧烤表示怀疑。波斯特也承认，要真正仿造肉是很大的挑战。味道是复杂的。肉类中有将近400种多肽和芳香类化合物，而且没有食品科学家能明确指出肉内成分是如何产生特定味道的。有那么一会儿我以为问答环节会以这种相对温和乐观的基调结束——一位科学家在努力攻克一项极其困难但并非不可能的任务，其工作成果有利于解决文明层面上的问题。结果，最后一句发言来自一名观众，她对波斯特没带足肉来让所有观众一起分享表示不满。她的话也引得全场大笑，之后活动结束。屏幕之外的我，发觉也不能怪她想尝一口。毕竟，虽然在 21 世纪我们触目所及都是预示未来状况的图像和文字，但很少有机会通过味觉、嗅觉和触觉这些直观感觉去触碰未来。

在本书调研期间（2013—2018），我于走访中认识到这项投机性生物技术概念背后广大的社会面貌。[28] 人造肉不仅仅是一项新兴科技。它是一轮新的讨论、一波舆论凝聚成的实体——其实，还是非常小的实体，因为 2013 年至 2018 年间生产出的人造肉还没有超出波斯特汉堡这种小规模试验的程度。但这波讨论有着极大的魅力，并且有它的道理。它是有关我们未来会变成怎样的讨论。它牵涉的人员主体从布鲁克林的纯素食主义活动家，到阿姆斯特丹的设计师、旧金山的风险投资家和东京的生物黑客，更不用说来自各个领域的实验室科学家和一些社会学家、记者、作家和专业的未来学家（或"未来工作者"，这些顾问常被这样称呼）。人人都把自己的欲求投入这个主题。当然，这其中有追名逐利的企业家，也有用创业来实现其他目的的人；有希望放生食用动物的活动家，有希望为人口增长提供食物保障或缓解气候变化的人士，也有在技术关卡上攻坚克难的科学家。肉的意义是多种多样的，实验室培养肉也是如此。也有挑刺者认为，虽然波斯特的汉堡问世了，但人造肉依旧行不通，波斯特及其同事绝对没办法实现大规模工业生产，最终人

肉食星球

造肉将不过是昙花一现,这项生物技术就好比为生存长出大角的巨型麋鹿*。[29]

本书讲述了在人造肉这项新兴技术看似处于早期的阶段,我探索这个小小奇妙领域时的发现和碰壁经历。我原以为会在实验室泡上一阵,观察科学家,看他们是如何令细胞增殖的,探寻他们对人造肉未来的期望。某种程度上也确实如此,但我发觉很少有机会观察实验室工作,大部分时候我都在参与和整理人造肉方面的公共会谈。在我开展调查的这五年间,人造肉领域发生了翻天覆地的变化,风险投资加入,媒体热度升温(躲不掉的双关**:细胞依赖生长媒介培养,而刚萌芽的产业有时要借助媒体力量兴起),越来越多非营利组织开始倡导人造肉及其他畜牧业替代技术。研究之初,只有波斯特的汉堡和一大串关于接下来会如何发展的、或许无法回答的问题。换句话说,我们涉入了那些探究新技术将把我们带往何方的专业未来学家的领域,于是我花了点时间去探访未来学家们工作的咨询机构和非营利组织。人类学实地考察者到达考察地后,出于需要一般会学习当地的用语。于是我埋头翻阅了人造肉这一小圈子的科学文献,通过与企业家和投资者的交流学到了科学和投资对该目标的常用语。截至 2013 年,最常见的问题是"什么时候"或"还要多久",而该领域大多数研究员和观察员给出的答案是"大约十年"——还要十年,适销的人造肉产品才会同消费者见面,届时人造肉或许会开始动摇传统畜牧业的地位。

---

* 巨型麋鹿于公元前 5700 年灭亡。哪怕它进化出大角,也逃不过灭绝的命运。

** "媒介"和"媒体"原文都是"media",萌芽阶段的产业就像初始阶段的细胞,因此是双关语。

我很快了解到，波斯特的汉堡是从他之前的一小批人造肉研究者成果的基础上发展来的。新千年伊始之际，美国航空航天局拨款资助了纽约特鲁罗学院（Truro College）的一个团队，团队由莫里斯·本亚明松（Morris Benjaminson）带领，试图用金鱼细胞制成一种紧实的、可自我补充的食物源，用于长期太空飞行。与此同时，艺术家奥龙·卡茨（Oron Catts）和约纳特·祖（Ionat Zurr）在哈佛医学院（Harvard Medical School）的实验室里用胎羊细胞创作了"活雕塑"。而波斯特本人起初是政府大力资助的一个荷兰研究员联盟的一员，获得了荷兰商人威廉·范·埃伦（Willem van Elen）的长期赞助。换句话说，在这些目标各异的人士眼中，组织培养生成细胞在非医学应用领域的潜力是显而易见的。在 21 世纪的头十年里，所有这些工作都是相对低调地展开的。为激励研究，善待动物组织于 2008 年发起了一场竞赛：第一个成功用细胞培养技术制成鸡块的实验室将赢得 100 万美元奖金。该组织后来没招到参赛者，但确实出台了相关文件。

　　或许是在波斯特汉堡的催动下，2014 年至 2015 年迅速凝聚出一波关于人造肉和食品未来的激烈讨论，其中来自发达国家（尤其是美国、荷兰和英国）的精英们探讨了用一种新的生存战略养活全球的可能。该战略自然符合这些精英人士的意识形态偏好，（像波斯特演示的一样）围绕环境保护、蛋白质可持续生产、动物福祉和人类健康展开。这群来自生物医学研究、风险投资、非营利组织及其他领域的成员扮起了两个世纪前欧洲和北美历史上的精英分子扮过的角色。他们视自己为全球食物规划师，以及丰衣足食与食不果腹者合理饮食规范的裁决人。[30] 这种角色定位可以追溯到托马斯·罗伯特·马尔萨斯（Thomas Robert Malthus）1798 年发表的《人口原理》（*Essays on the Principle of Population*），后者最初的政治背景是英国殖民扩张，而前者也保留了政治性质，尽管没有点明。用技术解决问题的偏好往往是种政治偏好，哪怕它看似不谈政治。

波斯特等人思虑和争论的发展形势是非常现实的，包括气候变化导致农业用地无法使用（甚至被淹没），全球气温上升给农场牲畜带来隐患，以及中产阶级崛起或将消费越来越多的肉。但他们提出的应对策略也反映了某些信念，关于什么是理想的人类饮食（西式信念），关于人类食客与供给食物的生态系统之间的合理关系（工业化信念）。我在人造肉圈子里算是个人类学实地考察工作者，但我也接触、目睹了其深层次的争论历程，因此本书既是一部历史，也是一部人种志（用这个词有点怪，其字面意思是"对某类人群的记载"）。有部关于食品未来的经典反乌托邦电影打出了"绿色饼干*是人肉做的"这样的口号，影片中的绿色圆饼是用来供养数量增长（像马尔萨斯曾警告的）超越了可持续发展限制的人口的，是用回收来的尸体做的。虽然，人造肉不是用人肉做的，但也建立在一系列关于人类状况的理念上，既有生理状况，也有我们对美好生活的看法。"美好生活"这个老掉牙的词，化为哲学用语就变得意味深长起来。什么是美好生活，是符合我们关于目标、尊严和后代传承的道德信义的生活吗？

2018 年我的研究结束时，形势有了很大的变化。波斯特仍是该领域的领军人物之一，不过有了莫萨肉品公司（Mosa Meats）

---

*　出自 1973 年电影《绿色食品》（*Soylent Green*）。

创始人的新身份，2013 年的那场汉堡演示后来也归入该公司旗下。之前以素食蛋黄酱闻名的汉普顿湾公司（Hampton Creek）突然宣布他们也开始研制人造肉，并承诺于 2018 年年底（届时汉普顿湾会更名为正点公司［Just］）与消费者见面（尚不清楚受众群体、推出地点和肉品种类）。孟菲斯肉品公司（Memphis Meats，尽管取了这个名字，它实际设在旧金山湾区）已经推出了人造鸡肉条和猪肉丸子的样品，这两种肉和汉堡肉或香肠肉一样，没牛排那么依赖质感。这片领域还有其他竞争者各自做了承诺。2018 年与 2013 年相似的地方是都很关注"何时面众"的问题，但某些竞争者加入并做出野心勃勃的承诺性宣言，大大转变了局势，也令研究无可避免地隐入幕后。访问学者在 2013 年、2014 年甚至 2015 年还有机会进入初创公司的体外合成肉实验室，但到 2018 年就非常难了。这意味着尽管这些公司貌似有所进展，社会学家和记者们却越发难以去确认。我的研究始于一团迷雾，终于另一团。追踪新兴生物技术令你越发将信将疑，但这里考验我们的还有面临重大挑战时能否秉持坦诚。当一个人不知该信赖谁时，坦诚就复杂了。

在我考察人造肉运动时，"后动物时代生物经济"（post-animal bioeconomy）一度成为热门词汇，用来描绘将一些通常涉及组织培养的技术，应用于生产那些人类原本习惯从非人动物身上获取的产物。毫不夸张地说，这个词象征了很大的野心。要让我们的"生物经济"真正迈入"后动物时代"，需要的远远不止几个初创公司、顾问和倡导者们的共同努力。后动物时代生物经济尽管还处在想象阶段，但它与那种"承诺式道德经济"难以分割。在这些交杂的经济体中，我们向新的道德型技术投入希望、精力和关注，它有两个层面的道德含义：这类技术不仅会带来理想的道德后果（尤其从动物保护的角度来说），甚至在理想的技术成型前，对其支持本身就是道德感的表达。支持人造肉在很多人看来，便是谴责动物集中饲养作业，甚至整个畜牧业。这类表达将活动家凝聚起来，令他们理直气壮地为推行人造肉冠上"运动"的名号。我们这些观察者，特别是历史或人类学领域的这些，常常对技术界做出的承诺持怀疑态度。确实，遗传历史学家和人类学家迈克·福尔顿（Mike Fortun）所谓的"怀疑伦理"（ethics of suspicion）已成为我们观察角度的核心。[31] 用怀疑伦理来对待道德经济是有点奇怪，但这种情况也很正常，毕竟那些"拯救世界"的宣言所倚仗的新兴技术，背后是伴随着商业利益的。

在我这几年的调查期间，人造肉虽在媒体上风光无限，但只是一个虚影，没有实体。新闻报道的数量远远超过了研究员和实验室。据我所知，无论是过去还是现在，生产出来的人造肉寥寥无几，也没有超过 2013 年波斯特汉堡规模的。但近几年人造肉相对稀少恰恰是问题所在。以前，人造肉是种尚未成型的技术，本书撰写之际依然如此，所以很大程度上还是抽象概念。如果本书读起来有点弯弯绕绕——读者也许要问："肉在哪儿？"问得没错——那是因为我的研究经常就是曲折、迁延的。刚开始令人沮丧，后来就渐渐有意思了，因为我发现探寻人造肉"途中"碰到的一系列问题，本身就有巨大的思想价值。可以说，正是意外的弯路使我背离了预定的行程，也因此背离了某种特定的未来论，也就是断定某种未来（多半由某种技术发展衍生而来的未来）是可知的这类论调。弯路把计划好的旅程变成了一连串意外，或许有惊喜，或许会遗憾。对我而言，弯路起初令我懊恼、失望，但之后成了一种方法。本书章节的安排就遵照了这种方法。各章在以往与现代的衡量标准，以及人类学、历史学和哲学思考之间来回切换。对于"人造肉会成功吗？""人造肉何时才能面世？"以及"它的味道如何？"这类具体问题，我很少给出确凿不移的答案。不仅是因为在本书撰写之际，这些问题尚未有最终答案，而且我认为，它们本质上没有本书探讨的问题重要——最基本的问题就是：什么使得人造肉成为可能？

　　本书的目的不在于预测，而是通过人造肉这个特殊案例来探究食品未来，并以此为着眼点来反思我们对技术如何改变世界的预测。几乎所有这些预测，无论是咨询公司或智库的专家们做出的，还是科学家或对该工程做了私人投资的企业家做出的，还是普罗大众们做出的，都多多少少受到了司空见惯的外行未来论科幻小说的影响。截至本书撰稿期间，人造肉仍只是庞杂舆论的东拼西凑，是缺乏实体的虚幻投影。[32] 虽然它常被说成是科学与进步逐渐战胜文明弊病的标志，但它更像一个主要靠激情和兴趣搅热的工程项目，其中既有解除动物苦难的诚恳心愿，也有纯粹的贪欲。

　　不过2013年醒来看到不可思议的未来时，我还没想到这些。汉堡演示结束，我关了电脑，从虚拟世界回到现实世界。

第二章

肉

蛋白质千变万化。蛋白质的英文"protein"源自希腊语中的 *protos*，意为"最初"，它本身也和海神波塞冬的长子普罗透斯（Proteus）一样变幻莫测。在我们开始探讨肉的定义这一由现存人类史追溯到自然史的久远问题和它在人类饮食中的变迁之前，要特别记住这一点。2013 年人造肉问世时自夸新奇是合理的。与传统肉类相比，人造肉意味着革命。它需要新型生产设施、方法和工具，使用一套全新的食物生产机制。或许为了组装类似工业型啤酒发酵罐的巨型生物反应器，它还需要大量的不锈钢、玻璃和塑料。而一种新型生物经济，伴随新一拨投资者、金融赢家和输家，会壮大起来，形成它的势力。通过细胞培养量产消费品有过先例，最重要的或许是乔纳斯·索尔克（Jonas Salk）1952 年研制出的可供批量生产的小儿麻痹症疫苗[1]，但疫苗还算不上人造肉的直接前身。前者收集和使用了细胞代谢的微小副产物。而后者，是把细胞本身，确切地说，是把成百上亿个细胞收集起来改造成消费品。细胞制成的产品与细胞生命活动的副产物制成的产品之间，有着很大的差别。

如果人造肉大受欢迎，以至于实现了其缔造者的梦想，真的逐步取代了传统畜牧业，地球上的动物生物量会随之改变。该生物量主要由我们食物系统中存活和消亡的畜养动物组成。地理学家瓦茨拉夫·斯米尔（Vaclav Smil）曾估计，截至 1900 年，地球上的大型畜养动物约有 13 亿。截至 2000 年，畜养动物的活重上升了大约 3.5 倍。记得斯米尔构想的"智慧型外星来客"曾基于牛类特别突出的数量，得出"第三颗太阳系行星*上的生命由牛主宰"的结论。[2] 倘若人造肉立即取代了传统肉类，数十亿群居型脊椎动物就变得可有可无，它们的命运将难以预测，同样难测的还有哺育和圈养它们的土地、饲养它们和用于加工的水源，更别提整个产业和工人的命运了。工业化畜牧业带来的破坏会终结，但随之而来的与其说是释然，不如说是又一个问号。目前，地球上 75% 的农业用地直接或间接地用于生产肉类、乳制品和蛋类的畜牧业。[3] 这部分土地也会引来一系列问题。批评家约翰·伯格（John Berger）曾说，动物园是人与动物关系衰落的墓志铭。[4] 而我们的养殖场和屠宰场，从另一个角度来说，也是关于这一已然失落的、或许无法挽回的关系的墓志铭。

尽管人造肉有种种新奇之处，但它源于一套旧的、早已存在的肉食理念和实践，而这套环环相扣的食肉历史仅从 2013 年马克·波斯特的汉堡上是看不出来的。如果波斯特的汉堡代表了我

---

* 即地球。

们对肉类的所有了解，我们就无法以此为基点反推、还原出人类食用其他动物的历史。这样的思想实验，可以从牛肉制成的产业化快餐式汉堡出发，追溯到 18 世纪中叶的原始欧洲汉堡（有时被英国菜谱作者们称为"汉堡肉排"[Hamburg steaks]*）[5]，那是用工业化以前的肉制成的。但实验很快就无法继续推进了：过去人们食用的一些物种如今很多国家已不再食用。譬如天鹅，已不再是欧洲上流社会餐桌上的宠儿。[6] 若我们了解肉类由于多种原因经历了多次变迁，就会对现代西方用"meat"（肉）一词来表示"确凿事实""真材实料"或"当务之急"的用法有新的认识。它会让这种用法看起来有些古怪。

或许"meat"这个英语单词最为关键的一点，是尽管其现代通俗用法的含义较为明确，但在词源上经历过语义演变。《牛津英语词典》（*Oxford English Dictionary*）中，该词条首次出现于公元 900 年，那时古英语中"meat"指代固体食物，与液体食物相对（法语单词"viande"[肉类]也有类似的语义变化）。"meat"在古英语中写作"mete"，由原始日耳曼语词根"mati"衍生而来，并与同一语系的很多其他词都有渊源，如古撒克逊语"meti"、古斯堪的纳维亚语"matr"或哥特语"mats"，都单指"食物"。直到大约公元 1300 年，"meat"才开始指代动物的肉，同其他固体食物区分开来。在此前至 1066 年诺曼人征服英国之后的这段时间，肉食用语在法语和古英语的双重影响下分化出特定的表达，而现代说英语的人对其习以为常，以至于很少会注意到。古英语对肉类的叫

---

* 一种肉排，不含面包片，得名于德国城市汉堡。

法类似于"牛的肉",而法语就直接是"牛肉"（boeuf）。（英语中的"羊肉"［mutton］、"小牛肉"［veal］、"猪肉"［pork］也都源自法语。）沃尔特·斯科特爵士（Sir Walter Scott）在 1825 年出版的小说《未婚妻》（*The Betrothed*）中，对这一差异做过注解：讲法语的诺曼人食用宰杀的动物时比英国人多一道割肉的步骤，后者往往是把动物整只烤着吃。英国人不由自主地惦记着肉的生物性。另一条词源关联也须留意，倒不是关系到"肉"的定义，而是涉及食肉与经济思想自古以来的关联：古英语中的"ceap"，意为"牛"（cattle），演化出现代单词"cheap"（便宜的）。"ceap"还有"财产"的意思，令人回想起物物交换经济，想起动物普遍用作价值单位的年代。[7]"cattle"本身也与"chattel"（动产、财产）有词源联系，曾用于指代任意财产，而不单是四条腿的动物。[8]因此，就生物量而言，21 世纪早期的地球是由"活财产"*支配的。

"meat"一词如今的用法几乎已看不出"固体食物"这一本义所蕴含的不确定性和灵活性，但在一些复合词，如"nutmeat"（坚果仁）或"sweetmeat"（蜜饯、甜食）中，我们还能窥见旧义的影子。过去表示固体和可食用性的词，现指被猎杀或屠宰的动物的肌肉和脂肪——不含"offal"（内脏），而"offal"的日耳曼语词根

---

* 指牲畜。但根据 2018 年《美国国家科学院院刊》（*Proceedings of the National Academy of Sciences of the United States of America*，简称 *PNAS*）发布的一则"地球生物量普查"报告，目前全球生物总量中最多的是植物，占 82%，其次细菌占 13%，其余动物等只占 5%；这 5% 中家畜占 60%，以牛和猪为主，人类占 36%。因此就生物量而言，严格地说牲畜不算地球之最，但由于植物和菌类属于生态系统中的生产者和分解者，多位于生物链底端，远远谈不上"支配"，故作者有此一说。参见：Bar-On, Y.M., Phillips, R., & Milo, R. (2018). The biomass disfribution on Earth. *Proceedings of the Natimal Acaderny of Sciences*, 201711842. http://www.pnas.org/content/ 115/25/6506。

　　　　　　　　　　　　　　　　　　　　　　　　　　　　　　肉食星球

为"ab-fall",指屠宰时掉落之物;它在现代罗马被称为动物的"第五肢"(quinto quarto)*,得名于一种前现代的肉食分配系统:按质量由好到坏,把动物的前四肢依次分配给贵族、神职人员、中产阶层、军人,而把"第五肢"留给农民。纵观当代欧洲和北美历史,"meat"一词的语义演变反映出我们对肉类概念的不断细化,但它旧有的含义并不因为不再使用而径自消亡。或许细胞培养食物的计划表明,"meat"将回归其早期含义:任何固体食物,不限于畜体上割下来的那些。或者至少,那群追捧"替代型"蛋白质——不仅有细胞肉,还往往包括植物性肉类替代品以及昆虫肉(食用昆虫)——的科学家、企业家和活动家是强烈渴望该词的含义再度拓宽的。

第一件出名的人造肉成品是汉堡肉饼,这点引人注目。波斯特的实验室原打算做香肠,显然该肉制品更具荷兰特色,而且在其他欧洲国家也有手工制作的背景[9](虽说香肠肉和汉堡肉的来源很相似),但具备国际吸引力的汉堡终究占了上风。汉堡是现代肉品恰当的代表,不仅随处可见,还具有工业化生产、统一、便捷、灵活等特点,常涉及车内用餐和免下车取餐服务。牛肉与英国有很深的渊源,但汉堡是美国产品,尤其是美式丰盛的象征。[10]专为肉饼设计的圆面包使这种夹层食物可以拿在手上边走边吃,成为快餐食品。[11]人造肉所蕴含的诸多讽刺之一,是即便它的问世改变了我们对肉的看法,令肉类大量增产,但相比旧时人们多样化的食肉风俗,它还是局限于狭隘的肉类定义和食肉观念。人

---

* 原文为"fifth quarter",也有"第五等、最低等"的意思。

造肉正是产生于这样的时代——人类所消费的肉食大多如汉堡那样，其动物来源和食用方式都相对单一。

人造肉并未偏离肉类史，而是它的一部分。但放眼人类整个食肉史，我们只能推测 20 世纪末、21 世纪初的肉类（人造肉的基础）是过去百年间急遽变化的结果，而事实也是如此。这些变化既有量变也有质变，是工业化和城市化的产物。它们始于 19 世纪中期的英国和北美，经过了畜牧方法到冷藏车厢等一系列基础设施革新（字面或象征意义上的），最终这些基础设施推广至全球，并在此过程中日益完善，改造了全世界的肉类。[12]《经济学人》（*Economist*）用"巨无霸指数"（Big Mac Index）来衡量世界各国的麦当劳汉堡包的成本，以比较各国货币的购买力，这不是没有根据的；该指数于 1986 年推出时，汉堡之普及令这一做法顺理成章。从 1960 年到 2010 年，全球肉类消费量涨了一倍不止，在中国等疾速发展的国家更是翻了数倍。[13] 而这只是肉类现代化的最新动向，从食肉群体、食肉数量，到食肉者心目中肉的概念，这一进程几乎改变了关于肉的一切。

通过审视人造肉的倡导者，我们可以换种方式来提出问题。制作人造肉时，生物反应器采纳了谁对肉的意见，其成品影响的又是谁对肉的看法？在我调查期间，发明和推广人造肉的几乎都是西方人，大部分是欧洲或北美人，几乎都在 60 岁以下，大多数在 40 岁以下。这些人口统计上的细节很重要。它们影响到这些人视为肉源的动物种类，以及他们接触过的肉品种类。而年纪再大些，大概生于 20 世纪中叶肉类生产工业化（在 19 世纪的基础上形成，很多工厂兴办于北美中西部）以前的人们，孩童时期很可能接触过不同类型的肉。同样，虽然常说西方饮食已经全球化，但非西方人士偏好的肉食品种也许有所不同。[14] 因此，人造肉工程响应了肉类史上的一个特殊阶段，一个从人类历史的角度看恰好独一无二的阶段。除了少数明显的例外，人造肉运动的构想来源是受到工业化西方世界肉类品种的框定和限制的。本章尽管涵盖了整个肉类史，但是着重于欧洲和北美的肉类史，因为这些地方演化出的现代、后工业时代食肉文化目前最具全球化生命力。

碰巧，现今所知第一块制作出来并让观众尝过的人造肉既不是那种汉堡肉饼，也不像什么令人食指大动的传统肉肴。它是一块蛙细胞制成的"肉片"，2003 年 3 月在法国南特（Nantes）作为艺术作品《无本体的美食》（*Disembodied Cuisine*）的一部分呈予观众品尝，该作品由澳大利亚艺术家奥龙·卡茨（Oron Catts）和约纳特·祖（Ionat Zurr）创作和演示。"肉片"是一块爪蟾细胞的组织，它先在苹果白兰地中浸泡一夜，然后用蜂蜜和大蒜煎炸。蛙腿是一道法国名菜，但其他西方国家很少会食用。这道美味据说起源于中世纪的法国僧侣，当时他们设法让教会把蛙划归"鱼类"，这样当教会限制食用陆上肉类时，他们仍能多吃一些动物蛋白。虽然卡茨和祖的目的显然是质疑公众对生物技术的态度，但其演示也顺带引出了现代饮食者如何规定食肉限制、限制又如何随时间地点调整等问题。"我们去法国试吃史上第一块组织工程肉前，"卡茨和祖写道，"决定用青蛙来形容很多法国人对生物工程食品的恶心感，这恶心感类似一些非法国人士对吃蛙腿的反应。"[15] 他们打赌，人们吃错动物的恶心感就像是吃先进生物技术食品的恶心感。这或许暗示他们认为这两种恶心是一样的。卡茨在当地蛙贩子的摊位上贴了活动告示。活动结束后他说："有四个人吃吐了，我挺满意的。"

对于那些追究"肉"确切生理学定义的人，哈罗德·麦吉（Harold McGee）在其颇具影响力的著作《食物与厨艺》（On Food and Cooking）中给出一则定义。按麦吉所说，肉即肌肉。肌肉组织由细胞或纤维的有机结构组成，每一根都细如发丝，其中密密布满了纤丝。[16] 这些纤丝自身由肌动蛋白丝和肌球蛋白丝组成，当神经系统引发收缩运动时，这两种蛋白质会相互滑擦。收缩时也会缩短肌肉有机结构的整体长度。肌纤维分为两种：白肌纤维，能令动物疾速或猛然行动；红肌纤维，能令动物维持长时间活动。活动较敏捷的动物，如兔类动物（家兔、野兔和鼠兔），往往有较多白肌纤维。而长时间持续运动的动物，如鲸鱼，其发力部位往往有较多的红肌细胞。白肌纤维由糖原（一种葡萄糖结构）供能，存储于纤维内部；而红肌纤维由脂肪供能，依靠一种把脂肪转化为能量的生化机制。该机制包含了构成肉类基本颜色的细胞色素（一种在细胞代谢与呼吸中起重要作用的化合物，由血红素分子与蛋白质键合而成）和肌红蛋白（一种能结合铁与氧的蛋白质）。肌纤维不含脂肪，但脂肪细胞群通常分布在肌纤维及周围结缔组织之间。要注意的是，瘦肉中大约 75% 为水，20% 为蛋白质，3%～5% 为脂肪。脂肪对肉味的构成起到了很大的作用。肌肉周围的结缔组织（很多肉块切面上看到的银色"薄面"）有两大主要功能。首先，它支撑肌肉的结构；其次，它将肌肉连到骨头上。构成肌肉的细胞型对于肉的口感自然重要，但肌肉结构也很重要。就像麦吉说的："肉的品质——质地、色泽和味道——很大程度上取决于肌纤维、结缔组织和脂肪组织的排布和相对比例。"[17] 就质地来说，肉是有"纹路"的，而"我们切肉通常会切断纹路，以便带着纹路吃"。

有人反对这种把肉简化为肌肉的看法，这情有可原。毕竟，它源于文化上对"好吃"和不好吃的肉（废弃的内脏杂碎）的划分，还加深了这种划分。况且，把肉简化为功能性解剖体忽略了肉的其他方面，比如动物的食草方式影响其脂肪的味道，从而影响了肉的味道。但麦吉的定义很适用于人造肉，因为它描述的肉既符合肉品工业想批量生产的那种，又符合科学家想从实验室做出来的那种。本文写作期间，把握肌肉的精准结构对于想做成人造肉的科学家来说仍是一项艰巨的挑战。虽然有些肉（像汉堡肉或香肠肉）是磨碎的，所以味道和口感不那么依赖肉质结构，但吃牛排就是吃有"纹路"的肉。当然，更复杂的肉质结构指日可待。人造肉沿用了再生医学领域不断研发和改进的技术，该领域的科学家希望培育出用于医学人体移植的某些功能性组织。制造功能性肌肉结构用的就是体外培养技术。[18] 不用说，涌向医学研究的资金比人造肉研究要多得多，也快得多（前者好比瀑布，后者好比厨房水龙头漏水），不过再生医学的进步终会间接促成结构更复杂的人造肉（如牛排）的实现。

肉的生理性质令工程师们从医用组织联想到人造肉，但肉的象征性质是多样的。历史学家、人类学家及其他学者从中发现了性别意识和父权观念，[19] 发现它是人类凌驾和掌控非人类动物的象征，[20] 是规划和开发自然资源的成果，是现代化的标志，是富裕的标志，是英雄的食物。[21] 但反过来，就像人类学家乔希·伯森（Josh Berson）说的，肉也与经济不稳定有所关联，因为对世界城市贫困人口来说，廉价肉品往往比更为健康的食物更容易获得。[22] 再想想汉堡：它可以在车上、在上下班路上吃，或直接在大街上吃。汉堡的机动性始于战后婴儿潮那段富裕的时期出现的汉堡摊位和汽车餐厅，但汉堡也适应了经济衰退时期不安定生活的需要。尽管肉食观察家们多认为肉与富裕密切相关，但这关联究竟是怎样的还未有定论，特别是西欧和北美的政策专家们对其争论较多。现代化理论家和国际发展专家们通常认为，肉在各国社会有望普及的"营养转型"中占据了核心地位。[23] 随着发展中国家越来越富裕，人们预计会购买和食用的肉也越来越多。对此有个专业术语叫"收入弹性"（income elasticity），即对于某样消费品，人的收入越高，需求就越大。虽然肉具备收入弹性不是食肉欲望产生的根本原理，但它与"想吃肉是自然，甚至是本能的"观点是一致的。

　　虽然"肉即肌肉"的定义具有可观的经济价值，但不是所有肉都一样。有些部位的肉带有政治意义，就像德博拉·格韦茨（Deborah Gewertz）和弗雷德里克·埃灵顿（Frederick Errington）在其著作《廉价肉》（*Cheap Meat*）中提到的，该书探讨的"羊百叶"（flaps）或肥羊肚被新西兰和澳大利亚消费者嗤之以鼻，但太平洋岛民吃得很欢。在巴布亚新几内亚，羊百叶是人们心目中理想生活的必备食物，虽然他们或许知道，更为富裕的白人已不再吃这部分肉。[24] 在南太平洋岛国这个案例中，羊百叶起到了象征作用，表现出肉是如何分异于富裕与相对贫穷、安定与忧患的。羊百叶也是糅合了种族、经济和饮食状况的一个缩影。

　　肉的政治意义也体现在其他方面，尤其当城市化、工业化或市场经济急剧转向自由化，迫使政府对肉品生产分配做出监管时。18

世纪中叶，德尼·狄德罗（Denis Diderot）和让·勒朗·达朗贝尔（Jean Le Rond d'Alembert）编著的《百科全书》（*Encyclopédie, ou Dictionnaire raisoné des sciences, des arts et des métiers*）中称"屠宰肉是除面包以外最常见的食物"，这某种程度上证实了肉不但已是常见的食物，而且被纳入了预期，吃不到肉或许会导致政治后果——因此法国政府要保证各阶级人民都能买到肉、吃到肉。在法国、美国和其他一些国家，政府对于保障人民买到肉、吃到肉的兴趣最终减弱，转而关注保障肉品供应足够健康，并向生产动物饲料的粮食生产商和肉品工业本身提供了政府补助，所有这些措施都帮消费者把肉价维持在较低水平。[25]

人造肉构想有个非常关键的要素，2013 年波斯特汉堡演示的宣传片上也提到了，就是"人类渴望肉，吃肉是自然的"这一观念。也就是说，我们或许是杂食动物，但对于肉有种特别的亲切感，我们"对肉的渴望"是对谷物、蔬菜或菌类的渴望所无法比拟的。[26] 这一观念往往会有意无意地牵涉到另一观点：肉是古人类（由我们自身和最接近我们、今已灭绝的祖先们构成的进化支系）——或许是先从能人进化为直立人——进化为智人的过程中不可或缺的一部分。因此思考肉有时意味着要从深远的进化史角度去思考。它很容易把我们带偏到早期人类学家采用的那种"无时代"观，那些专家属于（人类学家乔纳斯·费边［Johannes Fabian］所谓的）"否认同代者"[27]，他们常常觉得当代"原始"种族便是欧洲人演化前的模样。

这种我们自古以来与肉相亲（往往同狩猎有关）的观点，在发达国家的流行文化中传扬不息。在 21 世纪头十年，该观念的翻版在"旧石器时代"饮食法中分明可见。该法认为，我们应该像智人祖先在旧石器时代——换言之，在生理学意义上的现代人出现后，而在据说开始转向农业定居的新石器革命之前——那样进食（"旧石器时代"和"新石器时代"是根据技术变革来划分的时代）。大多数旧石器饮食法包含大量食用瘦肉、水果和蔬菜，而几乎或完全不碰精面粉、糖或其他工业食品。旧石器饮食倡导者称，这样能抵御现代文明的病症，包括心脏病和癌症。[28]

虽然饮食学家、人类学家、古人类学家和其他专家对旧石器饮食法进行了辟谣，科学家们对于回归假想的原始生活来提升健康的做法也不以为然，但这些都没能抹杀流行文化中的原始饮食法。[29]而换个角度来说，原始饮食法与人造肉似乎互为镜像。二者都以现代工业食品体系的"弊病"为前提。一个着眼于过去，认为过去的肉更好，能保障现代成人的健康，令其脱离面粉和糖的饮食危害。另一个着眼于未来，觉得未来的肉更棒，既有利于环境稳定、非人类动物保护，当然也有利于人体健康。睿智的历史学家阿瑟·洛夫乔伊（Arthur Lovejoy）曾说过，理念具有"形而上的感染力"（metaphysical pathos），即一提到某个理念就会引发一连串迷人的联想，令听者陷入其中。那种从农业社会前的生活中发掘出适于我们天性的"最佳"饮食法的理念，无疑具备拟古主义的形而上感染力，它要我们善待祖先给我们的身体。而有时候拟古主义比未来主义更吸引人，仿佛它以确定感取代了危机感。旧石器饮食法的一大特点，就是把假想的进化学过去拟作假想的饮食未来，将拟古主义和未来主义结合在了一起。

肉天生"符合"我们生理需要的通俗观点有其专业依据，古人类学、广义的体质人类学以及灵长类动物学领域的科学家们提出了相关假说。但要全面地论证食肉（在人类分异于其他主要食草的灵长类动物的漫长而复杂的物种形成过程中）"造就了人类"这一点，涉及相当多的细节问题。人类究竟是何时分化出明显异于祖先的特征，而被称作智人的？[30] 人类遗迹、动物群落和原始石器的化石等，我们应该考察哪种证据？证据又追溯到了什么时候？我们说"肉造就人类"时，对应的是相对短暂还是漫长的物种形成过程？最后，或许也是人体状况的本质主义论者最头疼的一点，我们说的"成为人"到底是什么意思？这个短语指的是怎样的生理、认知和社交形态？随着我们对人类体质状况（尤其是先天形成和后天形成）的认识加深，上述观点好像就不那么顺理成章了。这些论据只涉及我们体内由遗传基因和影响基因表达的环境因素共同造就的"人类"细胞，还是也解释了诸如构成我们体内微生物群的肠道菌群（及其他菌落）等问题？不用说，随着新发现的产生、新假说的提出和争议，关于这类细节的科学文献还在不断完善和修订之中。

部分科学家认为，古老的食肉习惯令我们演化出现代生理、认知和社交形态。食肉令我们长出比祖先更小的嘴、更薄的下巴，但也进化出合作官能，不过很多关于肉食对人社交能力影响的讨论不仅谈到笼统的食肉，更谈到狩猎这一采肉策略，尤其是猎取鹿或野牛（现代牛的始祖）这类大型、群居性陆生哺乳动物。[31] 其他科学家则提出，是狩猎之后的分肉活动提升了我们祖先的社交智商，令他们更聪明。[32] 提出该观点的古人类学家和进化生物学家所基于的依据很薄弱，大多来自 200 万年前，大致为我们祖先开始食肉的时候，或许最初要从食动物腐肉算起。这比智人的出现要早得多，根据不同的参考基准，智人出现于 20 万至 35 万年前的旧石器时代。[33] 若想对照其他常见的标志性的人类文明建立时间，可参考出土于苏美尔（位于今伊拉克）的、目前已知最早的文字记录，可追溯到大约 6000 年前。

但这些把肉视为分化基础的主张，多源于现代人体生理学的推导，很少有取自早期人类部落的实证——如从凿出的石器上、带有石器痕迹的动物遗骸上、动物群落里，或古人类遗骨自身包含的信息中取得的证据。也就是说，肉于一些探究人体演化成因的科学家来说，是个诱人的答案。我们同其他灵长类动物有着显著的差异，既有外观上的（包括肌肉质量偏肥：我们比其他灵长类更胖，肌肉更少），也有寿命上的。和其他灵长类相比，我们的寿命似乎延长了，节奏也放慢了，在发育阶段和生殖后的成年期皆是如此。

我们的大脑比其他灵长类动物的更大，消耗的能量也更多。1995 年，莱斯利·C. 艾洛（Leslie C. Aiello）和彼得·惠勒（Peter Wheeler）提出了人脑发育与饮食，以及消化系统发育密切相关的假说。[34] 他们认为，我们较大的大脑汲取的能量本来能被肠组织吸收，后者的运作也很费能量；所谓"高能耗"组织，不管担任的工作是代谢还是认知，都需要大量能量。所以，我们肯定找到了某种不用大肠胃消化大量食物也能获得所需能量的办法。我们特别小的肠胃表明，祖先获得了便于生物吸收的能量源，或许有生肉，可能还有熟的块茎或动物类食物。[35] 要注意的是，艾洛和惠勒 1995 年的论文虽然可圈可点（倒也不是毫无异议），[36]

肉食星球

但提出的只是假设，不过常常被误认为是事实定论。理查德·兰厄姆最近提出的人脑形成理论称，用火烹煮使得植物和肉类食物中的能量更易被生物吸收。令人在意的是，兰厄姆关于人造肉的那段简明而令人印象深刻的话与其著作《星火燎原》有些出入，该书的侧重点不在肉上，而是强调各种熟食，尤其是块茎和其他地下贮藏器官（underground storage organs）的作用。

按兰厄姆的说法，高能量食物与**人属**物种的大脑形成是种循环促进的关系。这类食物令我们发育出更大的大脑，而大脑的发育又反过来提高我们身体和社交的能力，便于获取更多食物。2013 年短片中兰厄姆的话令人诧异的地方，是《星火燎原》问世时，部分读者以为他的论点侧重于植物性熟食，**打破**了先前人们对"肉——不管生肉还是熟肉——才是人类进化最重要的饮食驱动力"的认识。[37] 但不管怎么说，"肉造就我们人类"的观点中饮食改善与能力提升的循环关系，酷似相关的另一个观点，即我们在很多意义上是自我造就的物种。或像生物学家和科研学者唐娜·哈拉维（Donna Haraway）注解的那则古人类学共识所说的："人体是工具适应力的产物，适应力造就**人类**。"饮食适应力，很宽泛地说，也算应用新工具的能力。[38]

古人类学上的共识貌似印证了食肉"使我们成为"人类的观点。然而，鉴于现有证据的相对薄弱和不确定性，它似乎难以印证这点。或者，与其说食肉活动是现代人体形成的重要因素，不如说它代表了人类极大的饮食弹性，即能适应任何有限时间地点内能获取的食物。有证据表明，肉在大约 200 万年前被纳入了人类食谱，而且有理由相信（虽说往往是推测），从严格的生物能量利用率来说，肉于早期人类——大约出现于 180 万年前的直系祖先**直立人**（**海德堡人**大约出现于 80 万年前，**智人**则是大约 20 万至 35 万年前）——属于"改善后的"饮食。多样化的、真正杂食性的饮食，包括搜罗来的植被、挖出来的块茎和（从动物尸体上或有组织地打猎获得的）肉类，或许给了我们祖先更大的生存和繁衍机会。而这种饮食，反过来又支撑人们走出非洲，迁往多种多样的地理环境，从植物类食物丰沛的地区到一年中大多数时候基本靠动物类食物维生的北极地带。甚至在欧亚大陆的某些地区，一年中多数时候植被稀少，人们要靠有组织的狩猎过活。

先不论这一古人类学共识是否可靠，我们应该问问"肉造就人类"的简化论何以如此有吸引力。也许其中一个理由是这个理论简单实用。它令肉成为自然形态与文化形态之间的解释"枢纽"，好像人类诞生于前者，而今大多处于后者。[39] 20 世纪晚期，兴起了另一股试图解释文化与自然的关系的、名为"社会生物学"（sociobiology）的思潮，在 21 世纪初本文撰写之际依旧盛行。"社会生物学"一词由昆虫学家 E. O. 威尔逊（E. O. Wilson）的著作《社会生物学：新的综合》（*Sociobiology: The New Synthesis*，1975 年）推广而来，[40] 而且社会生物学思想在进化生物学家与社会科学家之间，以及生物学家内部引起了很大的争议：威尔逊的同行、进化生物学家斯蒂芬·杰伊·古尔德（Stephen Jay Gould）和理查德·路翁廷（Richard Lewontin）就是最突出的一批批判者。

就像玛丽·米奇利（Mary Midgley）说的，社会生物学"最简洁温和的定义是'对所有社会行为的生物学基础的系统性研究'"[41]。威尔逊书标题中的"新的综合"是指生物学与社会科学的综合。

肉食星球

他建议整合这些理论，包括从个体心理学到社会组织学的一切理论——还延伸到了哲学领域，"姑且"借用"哲学家手头的"伦理学，"从生物学角度来分析"，尤其想从进化学角度来解释利他主义，这是威尔逊推行的社会生物学的核心理论问题。[42]貌似没有生存或繁衍优势的利他行为，如何进化而来？它怎么会发展得如此广泛，成为所有人类社会的一种普遍特征呢？让我们带着这个问题往下看，因为对很多人造肉支持者来说，对非人类动物的利他主义就是这项新兴技术的核心魅力。

　　威尔逊社会生物学最早的重要批评者之一，人类学家马歇尔·萨林斯（Marshall Sahlins）称该学说（涵盖了所有行为）的基本阐释原则是"过分夸大个体基因型的作用"。[43]"文化不能轻易简化为生物学功能，还有很多其他的作用"这点，是文化人类学领域批判社会生物学的一大主题，萨林斯及其后继者都有谈到。另一大主题是自然与文化存在本质差异，而顶住公认强大的社会生物学魔力坚持这一差异至关重要；在该魔力下，自然与文化越发相似起来，令人分辨不出、理解不了二者的差异性和独特性。萨林斯（在其1976年的作品中）坚持文化的独立尊严性这点，说来复杂。一方面，它是在体质人类学家与文化人类学家争地盘时树立的学派立场。另一方面，文化和自然用一个去说明另一个，基本总会偏向一方，一直以来都带有政治色彩。[44]它的复杂还在于，自然与文化的分界是否存在已遭到多重质疑，不过抹除该分界意味着什么要看抹除者的政治意图。[45]

　　威尔逊的社会生物学本身就是个可观的综合体，它融合了很多进化生物学家的成果，可追溯到达尔文。不过，在欧洲近代早期的政治哲学中，能窥见威尔逊 1975 年著作的一点思想基础。[46] 在《利维坦》(Leviathan) 中，托马斯·霍布斯 (Thomas Hobbes) 用人类社会行为理论与自然理论相互论证，从而开创了用其中一个去定义另一个的传统。这最终演变成萨林斯所说的"从社会的生物学概念中"发现"更大的社会面貌"。这一社会生物学仍在推行的发现，在萨林斯看来是有害的。它意味着各领域的科学家分错了领域，而且会误导我们的政治思维，因为它在解释或捍卫各种人类社会行为（包括现代的市场资本主义模式）时，发现人类天性中有个"初始之谜"。[47] 比如，市场资本主义可以说起源于一系列交换和商业模式的积累，但也可以说源于人类根本的竞争本能。[48] 20 世纪 70 年代，萨林斯发现社会生物学似乎趋向于把现代文化简化为"资本主义本质"，把"本质"镀上了资产阶级资本主义色彩。[49] 这一点对于全球问题和物种层面行为（包括食肉）的探讨有重要意义，其中包括人造肉。就此来说，进化学观点之于嗜肉性的"形而上感染力"不亚于拟古主义之于旧石器饮食法的感染力。那种"出于进化原因，我们天生嗜肉"的观点含有一种无缝衔接理论和实践的知识魅力。正如一名社会生物学分析家说的，社会生物学常做"制造迷思"的事，往往通过构建出另一种"依据"——对人类状况的解释，不是基因学或行为学的，而是**本质**的解释，"把科学理论和依据用于服务意识形态或道德议题"。[50] 因此，与其说问题在于社会生物学自身技术化论断的局限，不如说更在于它给大众造成"生物学等同于命运"的印象。"我们以动物为镜，是为了看清自己。"哈拉维在另一篇文章中写道。[51] 确实，我们研究动物（包括**智人**之前的原始人）不仅是为

肉食星球

了弄懂自己，更是为了触及哈拉维所说的我们"先于理性、先于认知、先于文化的本质"。[52]人造肉也是"本质化"的肉，靠辩解人类本质来正当化的肉。

从社会生物学的争论可以看出，即便肉作为饮食多样化生存策略的一部分，有助于"造就人类"，但这并不意味着嗜肉是我们的天性——无论是狭义还是广义上的天性。当然，我们不用天生嗜肉也能觉出它的美味。麦吉认为，即便我们（打个技术自觉时代的比方）和肉不"来电"，我们也需要肉类中的很多营养成分，包括长链脂肪酸，人体必需的盐分、糖分，与血红素结合的铁元素，以及维生素 A、E 和 B_{12}。植物的细胞壁厚，动物的细胞壁却很薄，胞内营养物质极易被生物吸收。肉，尤其是熟肉，能集中供应大量能量和营养成分。就算不谈什么理论上对肉的"本质"欲望，从严格的个人营养和美味的角度来说，吃肉甚至嗜肉也是无可厚非的。其实，与其把肉看成人类生活的必需品，不如看成与人有选择性生物亲和的食物。肉是我们或古人类先祖们数万年来采用的一系列适应性饮食策略的一部分。虽然它可能在我们演化成智人的过程中发挥了重要作用，但这么说来，有证据显示工具和火种的使用亦然。若说其中哪个行为对人体形态起了决定性作用，那就超出了生物学的断言范围。这是把一系列进化选择的压力，或营养与需求的适意匹配说成是本质和定数。在这场社会生物学争论的几个世纪前，伏尔泰就已经在 1759 年的小说《老实人：或乐观主义》（*Candide：or, the Optimist*）中讽刺了这种逻辑观："譬如说，看到鼻子的形状适合架眼镜，我们就去戴眼镜。"

古人类学家认为肉以及狩猎这类采肉策略不仅给人类带来生

理上的变化。古人类学文献还证实，肉对人类社交模式的形成也功不可没。事实上，肉具有迷人的社会意义这点，在狩猎属于狩猎采集社会相对次要的维生活动这一前提下显而易见。如果某些证据确实能证明捕食哺乳动物（而不是捕鱼）获取能量的效率不及翻找、采集或捡食，那么就可以推测狩猎的目的不单单是获取养分，而是还有其他社会意义。这里有一点很关键，它最初由萨林斯在 20 世纪 60 年代中期发表的论文《原始富足社会》("The Original Affluent Society")中提出，后于 70 年代初进行了拓展。我们不要以为"原始"觅食型社会常处于饥荒的边缘，总要靠凯旋的狩猎者解救，要知道狩猎采集社会明白其谋生策略是有效的，鉴于他们投入觅食的时间精力相对不多。[53] 而采集很可能比狩猎更高效。在详细讨论狩猎给社交能力带来的具体变化前，我们要注意萨林斯描述的狩猎和食肉情形完全不同于现代所普遍认为的食肉乃生存手段。虽然肉常被视为富裕和丰饶的象征，但并不是因为它提供了维系人类生存的大部分能量。

在不断完善的肉食记载中，狩猎一直占据着独特而重要的地位。1968 年，威廉·劳夫林（William Laughlin）对此提出了相当有力的主张："狩猎是人类主要的行为模式。"他进而解释说，狩猎"涉及了个体及其所属的全人类所有生物行为中最核心的承诺、交际和后果"[54]。但劳夫林同时期的体质人类学家并不都赞成这点。[55] 劳夫林首次提出该主张是在 1966 年主题为"人：猎人"（Man the Hunter）的研讨会（是该领域具有里程碑意义的一次活动）上，很多人认为狩猎并未像座谈会主题所示的，对于古人类生活起到决定性作用。其中，理查德·B. 李（Richard B. Lee）在其《猎人以何为生》（"What Hunters Do for a Living"）的文章中辩称，猎杀哺乳动物所得的食物只占当时狩猎采集社会的 20%。由此看来，狩猎作为谋生方式，远不如采集有效，每人每小时离开营地到野外获取的能量不及后者。李提到一个布须曼（Bushman）部落，他们一小时采集能获得大约 2000 卡的热量，而一小时狩猎（一次狩猎通常要耗费数小时，这里取平均值）大约只有 800 卡，尽管肉中的热量更集中。换句话说，猎人并非真靠打猎为生。不过，所有这些都没有削弱狩猎的社会价值，包括像如今坦桑尼亚的哈扎部落，尽管肉在他们饮食中只占 20%，但向外邦人介绍自己食物时，他们提到肉的次数还是比蔬菜多。诚然，肉以及贡献肉食的动物，在很多文化中的象征意味比蔬菜更重大，哪怕植物类食物占了他们饮食的大部分。

　　说肉造就人类是一回事，说狩猎造就人类则是另一回事。后者把人类定义为捕食者，把非人类动物定义为猎物。人类学家尼克·菲德斯（Nick Fiddes）在《肉：自然的象征》（*Meat: A Natural Symbol*）一书中指出，肉对于人类生活最大的作用根本不是饮食上的。相反，肉象征了我们对自然界的统治，对其余**动物界**的支配，以及我们与"低等生物"的距离。统治也是一种分化，将我们自身及我们无法摆脱的人类占有欲（我们称为"文化"）与非人类的自然区分开来。我们很多食肉习惯就是从这一分化中纷繁复杂地衍生出来的，因为肉（尤其是红肉）同时代表了我们对自然的掌控与我们自身的兽性——既代表我们作为动物的性质，也代表了想摆脱这种性质的意志。把生肉烧熟是将其驯化，令我们能吃到棕黄而不是血红的肉。如果说菲德斯观点更广泛的意义在于揭示现代肉食行为的不确定性与模糊性，以及我们对于自然的掌控和自身的动物性（即我们是自然的一部分），他同时也暗示了人类本质上是猎食性的。菲德斯的观点有点克劳德·列维－斯特劳斯（Claude Lévi-Strauss）结构主义人类学的影子，后者发现了自然与文化相调和的意义所在：烹饪即是将前者转化为后者，说明两者间是能转化的，但两者的区别对于这两大类延伸出的整个意义体系很关键。不过在强调猎食性这点上，菲德斯的看法和其他狩猎方面的人类学文献达成了一点共识：在很多部落里，狩猎起到的核心作用更多是社会和文化层面的，而非营养学层面的。换句话说，一直以来肉在营养层面的象征性似乎是言过其实了——这一现象在当代营养学争论中依旧存在，而且竟还像 19 世纪一样以"蛋白质为人体必需"为依据。[56] 在遥远的智人时代，肉大概既是食物来源，又是地位象征。

如果说肉的象征作用始于狩猎，其维系则是依靠把驯化的动物用作食物。[57] 最初驯化的动物不是用来吃的。最先驯化的是狗，它们的驯化貌似比种植物早了大约 21,000 年。这说明它们起初是狩猎者和采集者的同伴。[58] 体质人类学家帕特·希普曼（Pat Shipman）指出，可以把驯养动物看成"工具制造的延伸"，所以家养动物既是"活工具"，又是"宝贵自然资源"的提供者。[59] 古人类学家早就认识到，动植物农业的到来并没有立刻改善人类的生活。事实上，有证据显示，早期农业的能量产出不及先前采集狩猎的觅食策略，而且早期农耕者相比采集者和狩猎者体格更小，寿命更短。很难确切地说早期人类究竟为什么会从事农业，但部分古人类学家猜测，随着气候变化，非集约化采集行为获得的植

肉食星球

物越来越少，提高某一块土地作物产量的"集约化"策略就变得更有吸引力。其他解释的依据是，农业养活的人口越多，作用越明显。狩猎和采集虽能供养少量人群，但人口一多，很快就把周边的资源耗尽了。

虽然农业对早期农耕者有些不利，但它最终还是成为世界上很多地区智人的主要谋生方法，令更大、更密集的人群实现定居。畜养食用动物也成为人类生活的一个核心部分。有人甚至发现人类因畜养动物出现了生理变化——希普曼称之为"相互驯化"，其中一大迹象就是人体的乳糖酶功能从幼儿期延长到了成人期，令大量人口能安然食用乳制品。[60]虽然最初人类或许是靠食腐和狩猎吃到动物，从而达到了高营养级（即处于或接近食物链顶端），但最终保全这一地位却是靠畜养动物。

要对肉类史有个总体把握，就要了解畜牧业和农业历经的无数变革，因为正是有了这些变革，肉才不再仅仅靠食腐或狩猎获得，而成为来源稳定的食物。若没有这番详尽而庞杂的梳理，就会诧异我们如今吃的肉怎么和几百年前（这是对欧洲而言，在世上其他国家时间还要近）吃的差那么多。麦吉称之为"城市化"的饲养、宰杀、食用动物模式取代了"乡村化"的上述模式。[61]在城市化和工业化的最后几百年间，乡村模式几乎消失殆尽。简单来讲，乡村模式指动物屠宰前会和人共处较长一段时间，且宰杀前往往会用作畜力。由于是养到老了再吃，这些动物的味道通常更浓厚或醇熟。相比之下，按城市模式的做法吃到的动物更为年幼，肉往往更嫩、更瘦，也更淡。20到21世纪，尤其是发达国家的人就习惯吃后一种肉，而在20世纪晚期，特别是在美国，部分消费者越发偏爱这类动物身上的瘦肉部分。1927年，城市模式下生产的牛肉获得了美国政府的支持，农业部推出了相关分级制度，将大理石纹理（脂肪分布）作为其中一项标准。该分级制度推行前，1925年曾在美国各地召开了一系列公众听证会，以期把公众心声传达给肉品产业。[62]

城市模式的垄断不仅仅是由于工业化。它源自一系列动物体与技术相适配的进程。由此创造了一系列基础设施，从向消费者提供肉食的供应链、养育新生代动物的繁育体系，到优质种公牛精液等抢手商品市场这类抽象性机制，应有尽有。从人造肉运动的立场来看，这些基础设施显然太浪费，于环境有害，而且残忍。而且就动物集中饲养作业来说，它们为动物传染性病原体提供了致命的滋生地，给动物注射低剂量抗生素还令那些病原体产生了抗生素耐药性。但如果全球数十亿人口的传统肉消费量真如按西方人食肉量所估计的那样多，这种种基础设施又是必需的。

20世纪中期的建筑历史学家和评论家齐格弗里德·吉迪翁（Siegfried Giedion）把所谓的"生命体"和"机械化"分开考虑。他在1948年的著作《机械化掌控：献给无名历史》（*Mechanization Takes Command：A Contribution to Anonymous History*）中，试图列出现代科技给人体和动物体带来的影响，有一部分是分析压力的影响：人由于工业劳动，动物由于被极力塞进标准化畜棚和流水线，或被迫像机器一样劳作，导致关节、肌肉和软组织的磨损。这里要注意的是，工业化肉品生产系统对动物造成的机械伤害，在做法和生理上都不直接等同于古人对原始野生动物的伤害。工业化有效地提升或增强了农业系统的生产力，但在此之前，农业系统在很多意义上已经技术化了，包括世代繁殖适应人类需求的牲畜。但这不是说，这些活生生的动物没有受罪。它们的肉体成了繁育体系的有机产品，而在这个体系中，畜体永远无法完全满足屠宰、分割、运输和销售的需要。

况且，即便畜牧业早在工业化之前就形成了技术体系，但显然新的动物育种、饲养、管理和宰杀方法，尤其是20世纪的这些，对动物体施加了一种额外的、不同性质的压迫。[63] 这些方法虽提高了肉类产量，但也带来了意想不到的后果，包括人类和非人类动物的健康隐患，以及重度工业污染。这些新的动物饲养办法包括更好地掌握理想性状相关的遗传学知识，了解动物营养学和健康甚至最佳屠宰年龄和体重（或许最关键的是抗生素的应用），并且改进饲养场和屠宰场的设计。所有这些都是基于农业大学和试验站提供的知识，法律与自然资源学者威廉·博伊德（William Boyd）称之为畜牧业向动物科学的转型。[64]

正如本章开头提到的，现代西方国家的肉食消费特点是量多而种类少。我们习惯了那几类特别容易驯化的动物，特别是牛、猪和鸡。经济历史学家常常用肉的"收入弹性"这点来解释食肉量的上涨。就像弗里德里希·恩格斯（Friedrich Engels）1844年在《英国工人阶级状况》（*The Condition of the Working-Class in England*）中写的："收入较高的工人，尤其是家中人人都拿薪水的家庭，只要维持现状，就能吃好喝好。每天都能吃肉，晚饭有熏肉和奶酪。"[65] 恩格斯下面说的，则是我们从其他社会科学家那儿听过的理论，即肉食需求具有收入弹性，随可支配收入上涨或下跌："收入较低者，每周只吃两到三次肉，而增加面包和土豆的比重。当收入逐渐减少，他们的肉食缩减至一小块熏肉，切碎了和土豆拌着吃；收入再低点，就连这个也没了。"在恩格斯这份报告的几十年后，肉作为偶尔才吃得到的特殊奢侈品的地位发生了很大变化，工业肉品的价格逐步下降，使它成为了大众主食。恩格斯实施调查时，这种令往日奢侈的肉块走入千家万户的廉价肉现象尚未出现。

直到 18 世纪末，肉对于欧洲各国的大多数人来说还是稀有食物，可能只在复活节或其他节日，或者意外丰收时食用。只有地位特别优越的人才吃得多些，而我们熟知的"廉价肉"那时还没有。19 至 20 世纪，欧洲的肉食消费量激增（增长其实是根据恩格斯的记载），而世界上其他地区增长得较晚。20 世纪初，一些去过中国的欧洲人注意到，在中国的部分地区（如北方），大多数农民一年还只吃几次肉。[66] 肉食消费量上涨，一个关键因素是用作饲料的农作物产量上升，这又得益于制造化肥的固氮技术革新、农业操作日益工业化和机械化，以及高产品种的应用。[67] 众多技术革新为工业化农业的"大批量节能"奠定了基础。[68]

肉之廉价，不仅是经济意义上的。由于我们的住地远离了畜牧和屠宰地带，动物生命从感觉上来说也廉价起来。事实上很多时候我们是完全与之隔绝的，一方面是因为肉品行业采取了一些措施，比如饲养场和屠宰场内禁止录音摄像，以确保工业化畜牧业在媒体上的呈现尽在掌控之中。肉品的广告牌和超市包装上，通常不会直接露出动物在屠宰场的样子。[69] 这一包装策略反映出19 世纪末至 20 世纪发生的一大变化。正如威廉·克罗农（William Cronon）指出的，在美国肉品加工业的神经中枢芝加哥市，人们对肉类的态度在 19 世纪末发生了转变：

> 以前，人们不会轻易忘记猪肉和牛肉是人与动物复杂共
> 生关系的产物……而在包装时代，人们轻易就忘了饮食是与
> 杀害密不可分的道德行为……肉成了人们在市场上买到的整
> 洁包装品。它貌似与自然没什么关系。[70]

第一批送入芝加哥包装场的动物养于美国的"大西部"，它
们的生活比一百年后的同胞们优越得多，后者偏向于麦吉所谓的
"城市模式"——青年期就被宰杀，一生大部分时候生长于完全工
业化的环境中。而感受隔离机制建立得更早，令大多数美国人意
识不到其消费已从乡村模式转为城市模式。

我们考虑人造肉与肉类史的关系之前，要记住现代食肉模式和
数量才出现了一百来年。它不过是现代饮食所经历的无数惊人转变
之一。蕾切尔·劳丹用"中和菜系"（middling cuisine）一词来形
容现代欧洲饮食标准之宽泛，说一样菜"中和"不是指它品质中
等，而是指它的融合性质。中和菜系融合了高端菜系和低端菜系，
以及来自世界各地的食物元素。于是乎，咖喱粉从印度殖民地流入
英国中产阶级餐桌。虽然富人和穷人的饮食差异并未消除，但在同
一民族中，阶级不再是食物流通的顽固性障碍。劳丹写道，中和菜
系"与选举权的扩大大致是同时出现的"。[71]而且随着中和菜系兴
起，肉食消费也上涨了，同样的还有脂肪和糖类（不再只用于医药
或香料）消费，所有这些统称为现代"营养转型"，而且被认为是
现代发达国家居民常患的很多慢性病的根源。就像逐步下降的糖价

令人们喝茶都加上了糖，[72] 廉价肉的出现也造就了民主化的中和荤菜系。但若说小规模的食肉给人体健康或自然环境带来的只是小问题，工业化畜牧业带来的则是大问题。这就是为数十亿人供应经济型日常肉的肉品工业不利的一面。

从人类悠久的食肉史看，20 世纪末 21 世纪初实行的工业化畜牧业已严重偏离了先前的趋势。它几乎和全球人口增长一样惊人，19 世纪中期肉品真正开始工业化时，人口已涨到 12 亿；而截至撰稿期间，人口估值达到了 75 亿。"现代化"一词几乎轻而易举就掩盖了这些剧变，包括城市化进程和前文提到的世界各地兴起的中和菜系。世界在各种层面上出现了现代化剧变，以至于有必要问问各方面的变化是否有关联，毕竟城市化、人口增长和饮食变迁是如何相互促进、相互影响的，社会学家一直在研究。趋势多样化了，这点可以肯定。部分观察家认为，发达国家的肉类消费量已经开始下滑，至少某些人口统计数据显示如此。[73] 有理由相信，随着气候变化导致全球耕地面积锐减，肉价会随其他食品价格一同上涨，迫使消费者心痛地缩减今后的食肉计划。也有些营养学家预计，在不久的将来，我们为满足自身的蛋白质需求会渐渐放宽食物来源，从我们熟悉的豆类等，到西方人吃不惯的那些，比如炸蝗——所有这些都意味着我们将回归更宽泛的"肉食"定义。因此，本章开头提出的问题仍未解决：如果人造肉真的问世而且改变了食品体系，纵然是建立在新的、更道德、更具可持续性的基础上，但它只是仿制我们熟悉的那些工业肉品吗？说人造肉有望满足人类的食肉需求，是否太想当然了？人造肉创造者们得先站在历史的角度，想想他们要满足的是人类怎样的食肉需求。

肉不仅仅是食物。肉或许造就了我们，肉或许会毁掉我们。人造肉最奇怪的就是它被称作肉这点：实验室培养的细胞就叫肉了，它所基于的还是肉总是一成不变、我们这些食客也是一成不变的观点。它所兜售的未来，是建立在过去的模子上的。

第三章

承　诺

　　快进两年。马克·波斯特 2013 年汉堡肉的另一块样品躺在一个白色碟子里。这是波斯特及其团队在伦敦人造牛肉演示的几周前手工制作的另一块肉饼，已经过塑化处理便于保存。我用北美人的眼光看，这块最终成品就像颜色淡些的冰球，陈列在荷兰莱顿布尔哈夫科学史与医学史博物馆（Boerhaave Museum of the History of Science and Medicine）玻璃柜中的盘子里。波斯特将它捐给了博物馆作为永久性馆藏，但在今天这个特殊的日子里，它属于这个大型未来食品展的一部分。有点引人分神的是，它和一台提取公牛精液的装置共用了基座，后者是 20 世纪畜牧业的一项人造产品。它和人造肉一样，也是用来繁殖牛肉的技术，不过是体内而不是体外技术。[1]

　　这款汉堡肉还没显示出对食品体系的影响（如果真的有），就已经载入史册了。我直到 2015 年，也就是研究进行了大概两年的时候，才看到它的实物，但我觉得这里要先提一下。莎士比亚借哈姆雷特之口，用"时代已经脱节／啊，这个被诅咒的因果／而我竟是为纠正它而生！"把时间比作指节，用宏大的比喻表达了不安。而20世纪晚期的一部用肉寓意时间的影片中，一位历史教授对全班学生说："永远不要忘记，我们父辈是屠夫。"之后他从公文包里取出砧板、节拍器和切肉刀，最后拖出一截又一截带血的香肠。一位学生志愿跟着节拍器的拍子切香肠——这样"时间"便脱不了节。"马克思认为人类有一天不用再赶时间。"教授说道。"爱因斯坦剥掉了时间的皮，于是它失去了形状。"这是阿兰·坦纳（Alain Tanner）和约翰·伯格1976年电影《乔纳2000年将25岁》（*Jonah Who Will Be 25 in the Year Promise 2000*）中的一幕。影片是对1968年时代遗产的反思，对于当时欧洲的年轻一代，时间好似褪去了旧的形态，换上了新的形态。"下面我要讲讲时间折叠*是怎么产生的。"教授说道，他指的要么是权力塑造了历史形态，要么是一个夏天就改变了欧洲文化和政治思想的"那些事件"（les événements）**。那么人造肉造就了怎样的折叠时间，同时代又有着怎样的"脱节"呢？

　　我把后面发生的提到前面来说，是有原因的。我有些迫不及待了。心理分析学家雅克·拉康（Jacques Lacan）曾言及"对预料之必然的断定"（the assertion of anticipated certainty），它会让时间显得加速或往前赶了，拉康称之为"心急效应"（the haste function）。那汉堡肉列入布尔哈夫博物馆表明，它极其重要以

---

*　"时间折叠"的概念—指技术发展提高了效率、大大节省了时间，也泛指剧烈的政治、军事和社会活动等迅猛地推动了社会进程，"加速"了新时代的来临。

**　指1968年的毒品狂潮和法国的"五月风暴"。

至于已经名垂史册。正如文学评论家肖莎娜·费尔曼（Shoshana Felman）所指出的，这类对于必然事件的断定往往会采取一种非常常见的话语形式——承诺。[2] 承诺通常以话语或文字的形式体现，但承诺也可能是某种实物。以下是截至 2013 年为人造肉做出的几则仓促而具诱导性的声明：

> 我们证明了它的可行性。[3]

> 体外培养技术将预示着满载鸡和牛的卡车、屠宰场和工厂农业的终结……它会减少碳排放，节约水源，并令食品供应更加安全。[4]

> 如果我们采用人造肉……它减少的温室气体排放量，将比所有人停用汽车卡车、换用自行车所减少的还要多。[5]

敏锐的读者很快会指出，这些声明都不算正式的承诺。第一则声明是波斯特在汉堡肉演示上发表的，就是字面意思。所有研究人造肉的人中，波斯特属于最冷静的那批，他支持实验成果的公开透明。第三则采用了"如果……就……"的句式，是非营利组织新收获的创始人贾森·马西尼（Jason Matheny）在 2010 年所说的。它对这项新技术会带来的好处表示了信心，但没有具体说怎么会有这些好处。只有第二则包含双重"预示"，更接近于承诺，虽说依旧没有签订合同那么严格。它出自善待动物组织，一家以大力宣扬保护动物而闻名的组织。不过这三则声明，在特定语境下，对特定观众或听众，会显出承诺的效果。那么问题来了。如果承诺最严格的形式是（法律文化中的）合同或（宗教文化中的）预言，那最宽松的形式呢？表示可能性的声明能宽松到什么地步，而依旧给人带来承诺的错觉？这个问题的答案要视情况而定，取决于所涉问题的道德分量和观众的热切程度。承诺治愈退化性失明与承诺转基因苹果的果肉暴露在空气中不会变黄，有着天壤之别。[6]

下面来谈谈承诺如何起作用的问题。费尔曼和拉康乐于解答这一问题，他们认为承诺是一种"言语行为"，其目的不在于表述事实，而在行为本身，是把语言化作了行为。承诺是不牢靠的，因为我们其实不知道能否兑现。我们用这些权宜性的语言工具，令想象中的未来显得稳妥一点。所有说某某年会推出人造肉的人都知道未必会有。然而，即便企业家、科学家或权威人士承认会出意外，预期会落空，他们也不会告诉公众，否则就毁了该技术本来很有前景的形象。这种未来主义属于逢场作戏，是一种取信策略，也就是说和骗局有些相似。我追踪人造肉进展的这几年里，其相关舆论的自由度和开放度越来越低，尤其在谈到它的技术和商业可行性以及最终效益时。我相信，这是对风险投资家涉足的新兴技术大肆炒作，从而扭转了部分或全部舆论的结果。当一位企业家表现出极大的信心，其他所有人对它的信心也会随之上升。

我们可以回想一下弗里德里希·尼采在《论道德的谱系》（Genealogy of Morals）中关于诺言与承诺的一段话："生出有权利承诺的动物——这难道不是大自然在人类此例上出给自己的悖论题？这不就是人类真正的问题所在？"[7]这些问题能让我们暂时撇开"心急效应"的影响，缓口气来思考。尼采把人类比作有目的的造物，好像人是大自然的牲口。虽说人类同驯化的牲畜已无甚关键性差异，大自然还是无形中被拟人化了。不过尼采虽然把人与动物混为一谈，他还是强调了一点区别。他说大自然养育我们，是造出有"权利"（这个法律词用在这儿有点怪）做出承诺的动物。换句话说，人类与其他所有动物的差异，不在于大脑，不在于毛发多少，也不在于会用火，而在于会承诺。费尔曼看了这段话指出，尼采把我们定义为承诺型动物，与早期人类的哲学定义不同。亚里士多德说"人"是"政治动物"，[8] 现在看来不仅缘于我们的社交能力，也不仅因为我们生来属于社会体系，而且越发依赖它，更因为语言能力令我们可以承诺。

迈克·福尔顿看了尼采这段话，指出承诺本质上含有悖论性。表示怀疑的口头语"承诺，承诺"（"promises, promises"）表明，简单重复这个词就反转了它的意思，瓦解了我们的信任。直觉上，我们知道承诺只是把确定性投射到原有时间范畴之外的一种乐观性做法。承诺将意志延伸到掌控范围以外，等于脱离了掌控。如果承诺的某个未来实现了，好像反过来证明了我们当初信任它是对的。换言之，承诺，尤其是个人承诺，会随着时间的推移来来回回地羁绊承诺者和受诺者。福尔顿写道，承诺"可以说，是一种语言性赊账——但这，你肯定也明白，不意味着账单永不到期"。[9] 承诺的悖论性质很重要，因为承诺是人类生活不可分割的一部分。我们必须以信赖的眼光看待它们，哪怕知道它们实际上不牢靠。

正如汉娜·阿伦特（Hannah Arendt）在 1958 年著作《人的境况》（*The Human Condition*）中解读尼采这段话时所说的，承诺就是靠意志在茫茫未来中开辟出一片确定域。阿伦特发觉尼采注重的是个体意志的承诺，而她更关注作为公共性、集体性，以及必然是社会性行为的承诺，最典型的一个例子就是政治主权。主权源于集体协作性行为，而后者又仰赖于我们"互订承诺或契约"的能力。[10] 所以主权仰赖于承诺的效力，即"苍茫难测的未来中有限的依靠"。而这苍茫难测之依靠的局限，同"做出和遵守承诺的能力自身的局限是一样的"。[11] 切实拥有主权的人民，拥有"把未来当现在来应对"的能力。[12] 不过，这种主权只适用于集体性承诺的政治共同体，而非从单个领导人那里（多多少少是被动地）获得单独承诺的个别人。[13]

我们生活中所有想"把未来当现在来应对"的方面，都大大仰仗了承诺者。很多亲密承诺，如婚礼上做出的，都要靠我们对彼此的"信用度"来维系。技术性承诺则显然不同，因为有客观的信用来源可作为担保。那就是技术乃历史驱动力的普遍看法，历史学家有时也称之为"技术决定论"。[14] 这个信念还有其他说法。有时是指相信发明物有独立的生命，也许是通过自身性质而不是用法改变了世界——从计算机的发明到网络化的信息世界，就是这种世界观的一个用滥了的例子。更极端一点的，就是当代某些企业未来主义拥护者所认为的，从开凿石器到生物科技，技术进步一直是人类历史的主导角色。历史学家们一般认为，技术决定论可以追溯到欧洲启蒙时代，而且与进步思想是一同发展起来的。[15]

承诺依据的是潜力。人造肉基于一种独立的生物实体——干细胞。科学家们一直认为干细胞潜力无限，尤其是医疗潜力。[16] 事实上，尽管人造肉炒得这么热，但它只是干细胞试用于再生医学领域这个大背景的一部分。科学家们常说，干细胞生成各类体细胞、影响愈合、促进生长的潜力是靠实验室技术发掘出来的。[17] 换言之，大自然有一部分潜力只能靠人类文化发掘出来。干细胞疗法"具有潜力"（潜力的英文"potential"源自拉丁文*"potentia"*，意为"力量"），摇身一变就成了这类疗法"大有前景"。或许是在心急效应的煽动下，整个病患网，或潜在的病患群体，对于潜在疗法越发地积极。暂且称他们为"承诺共同体"（communities of promise）吧。[18] 他们盼望着阿尔茨海默病这类疾病的治疗或治愈办法，敏锐地感受到现实与希望的差距。他们往往不仅期待，还会出资支持意向疗法的研究。有时非正式群体会转化为正式的游说团体。人造肉的"承诺共同体"与医患团体有点诡异地相似。两者都习惯了漫长而无奈的等待期，习惯了试验性研究这种节奏，也习惯了要在等待期间保有信心。

从 2013 年秋天研究开始时，我就知道，要探究生物技术就要加入"承诺阵营"，不管你是新兴技术的企业家、未来学专家还是道德拥护者。我也不例外。我的研究得以进行，仰赖了美国国家科学基金会（National Science Foundation）以"组织工程与蛋白质可持续发展研究"（Tissue Engineering and Sustainable Protein Development）的名义授予的研究经费，好像我不但是人造肉项目的观察者，还是参与者。我不得不去适应那些承诺词，因为我也成了其中一员。我想起了 20 世纪法国生物哲学家乔治·康吉莱姆（Georges Canguilhem）关于词源学的思考。他发现"组织"一词的英文"tissue"源于拉丁文动词*"tisser"*，意为"编织"。[19] 他写道，"'tissue'一词包含了科研以外的含义"，就好比"cell"* 一词在关于有机物及社会秩序层面的含义中都带有部分与整体的关系这一词

---

* 常用意思有"细胞""蜂房""囚室""政治小分队"等。

源意义。如果说在康吉莱姆看来,"cell"更倾向于自然模式,那么"weaving"(编织)则牢牢偏向于文化模式。"'cell'令我们想到蜂,而不是人。"康吉莱姆继续道。"weaving"则令我们想到人,而不是蜘蛛:编织物"是人类的杰作"。如果说"cell"是自我闭合性质的,则"weaving"是持续不断的,而且编织过程中的中断是任意的,不是完成织体所必然的。编织者任何时候都能停下或继续。所以组织工程学代表了"编织型"生物工作潜在的无限性,而"无限性"本质上比"可持续性"要复杂得多。"我们能合成组织,也能拆开,"康吉扬写道,"能在商人的柜台上把它一卷一卷拆开来。"

　　我在调研初期经常碰壁。该领域但凡查得到的研究员,我都打了电话、发了邮件约见,包括马克·波斯特。国家科学基金会的支持及其资助下的麻省理工学院博士后研究工作都赋予了我一定的可信度。然而,实验室的会谈和邀约依然少之又少。发出的信息大多石沉大海。挫败是无可避免的。但我幸运地找到一位谈话对象,年轻的生物技术专家伊莎·达塔尔,她最近刚当上新收获组织的执行董事,这是一家创立于2004年、以推进人造肉研究为宗旨的非营利组织。接下来的数月甚至数年里,达塔尔都是对我大有帮助的交流伙伴之一,她和我分享了关于人造肉的想法和见解,以及人造肉相关的争议、投资和企业动态。达塔尔加入新收获前,曾与人合撰了几篇流传甚广的人造肉早期论文。[20] 她希望把新收获打造成这样的组织:既是联合人造肉倡导者的"承诺共同体",又能深刻反思人造肉大热背后的环境和伦理问题。除了拜访达塔尔和其他抽空接受采访的人士,我在等候期间阅读了大量资料。我还走访了另外一些推测食品未来前景的机构,包括咨询公司、智库、环保非营利组织和很多技术会议。

达塔尔是加拿大人，但从多伦多移居到了纽约。新收获最初的规模不过是她公寓的一张办公桌，后来扩展到办公套间，最终在她的领导下招募了更多员工。他们也像创业公司一样建立了品牌，包括那个很像培养皿中长出的细胞的商标。新收获拓宽了产品范围，首创"细胞农业"（cellular agriculture）一词来指代用体外而非体内培养技术制造的一系列动物产品。这个词用得巧妙，因为组织培养领域的新词中，从"生长""收获"这类农业词汇中衍生出来的已经太多了。[21] 我还参观了达塔尔协办的一家生产无牛牛奶的创业公司。它最初叫"哞福瑞"（Muufri），以后会改名为"完美日"（Perfect Day）。其他初创企业还有仿制禽蛋蛋白或犀牛角的，仿犀牛角的这家准备打入中国药用犀角粉市场，以期减少非法偷猎。[22]

我接触正在进行相关研究的实验室时，碰壁次数更多了。风投的加持往往意味着它们有义务建立并保护知识产权，而这就表示大多数时候我虽能和公司创始人或代表聊上几句，却进不了实验室，采访不到时间宝贵的科学家们。后来我得知并不是只有我对由此产生的未知之云感到失望；很多人造肉科学家也完全没法和其他实验室交流研究进度，因此存在重复发明的风险。新收获虽明确承诺支持公开研究进展，一定程度上避免了这个问题，但也是有限度的。与此同时，承诺仍在满天飞，有时候我担心承诺垄断了沟通，好像承诺成了人造肉唯一看重的言论。其他所有的言论，包括关于食品体系该如何发展的争论，都渐渐被弃置一旁。

回到布尔哈夫博物馆，我还在注视这个拉康"心急效应"下催生的时代标志，思考人类学作品中的时间是如何脱节的。它习惯上是从当代追溯到人类过去，去寻求自然和文化的经验教训；直到近几年，人类学家才开始（抽象地说）通过探讨我们对未来的期望和创造未来的手段探访未来。[23] 长久以来，人类学家一直将其工作想象成一种时间旅行，不过是从世界上不那么发达的地区（即他们的考察地），回到较发达地区（即他们的来源地）。从考察地回来，写下人种志，好像那一切并不和他们同属一个时代——而属于一个莫名停滞的时代，好像他们的考察经历融入了苍茫的前现代世界，需要用现代意识提炼、区分出来。人类学家乔纳斯·费边称之为"对同代性的否认"（the denial of coevalness），即认为当代"原始"人类似于远古时代的人类。[24] 而从人类学角度来考察人造肉，则是从另一个角度否认了同代性。考察者成了活在旧时代的、没赶上研究主题或议题的时代的人。它与我们所熟悉的、徜徉于某大学人种学博物馆的体会相反，尤其是旧殖民国家的博物馆（比如牛津大学的皮特·里弗斯博物馆［Pitt Rivers］，再比如剑桥大学的考古与人类学博物馆［Museum of Archaeology and Anthropology］）。或许那里展览着美国太平洋西北部第一民族 * 的一个图腾柱，好像该部落的原始生活还在继续，好像现代化还未抵达，好像它们是"冷"文化，而不是"热"文化。[25] 而在布尔哈夫博物馆，从有机玻璃柜里的汉堡肉代表的未来角度看，我还在吃动物，我才是和时代脱节的人。

---

* 加拿大的一个土著民族，俗称"印第安人"。

第四章

迷 雾

我要乘的公交车终于从雾中抵达。我现在位于旧金山。几个月不停地打电话、发邮件后，我终于有了点门路，能涉足这片领域了。头顶上空，大雾湮没了一切，也湮没了几只鹦鹉，但随后它们从栖息的电线上飞散开来。红的，蓝的，绿的，鸟儿们不甘心被湮没。这部公交车身上有行字——"共享内容"（Shareable Content），是麦当劳麦乐鸡广告的花体标语，鸡块躺在纸篮里，配了一小杯蘸酱。[1]弗洛伊德（Sigmund Freud）在1905年出版的小本书《诙谐及其与潜意识的关系》（*Jokes and Their Relation to the Unconscious*）里提到，大多数类型的诙谐是把貌似不相干的概念搭在一起，或迫使听者发现之前无意中接触过但没注意的荒谬点，从而起到作用的。如其所言，这则广告的诙谐之意也分几层。最表层的显而易见：网络用语，如营销词"共享内容"，已渗透到我们生活的方方面面。显然好友们分享几篮鸡块，和网民们分享小羊坐跷跷板的视频是一样的——这类短视频有时会让形势逆转，如小羊猛地跳上跷跷板一头，意外地干翻了另一头的大羊。较隐晦的一层意思是，该广告仿佛默认了鸡块的食品价值类似我们在网上分享的很多廉价信息。垃圾食品乍看无伤大雅，但细究它对健康的影响时才发现后果严重。

弗洛伊德认为，诙谐是通过撤除平时意识不到但始终存在的心理审查机制来制造愉悦感的。通常在"保持正派想法"的社会暗示下，我们会不知不觉地分出一部分精力去审查自己的想法。弗洛伊德说，讲笑话或听笑话"收获的愉悦感""对应的就是省下来的精力"。[2]麦乐鸡块与"共享内容"的视觉对比产生了颠覆性的效果，因为有研究表明，前者不同于精瘦的鸡胸肉，主要由脂肪加碎骨、神经、结缔组织和上皮细胞（肉体最外层的组织）组成。[3]或许这点出乎了广告制作公司的意料。这个谐语似乎一下子把鸡块、快餐食品和快餐信息都嘲讽到了，省了我们不少精力。我和一位人造肉研究员交流时了解到，假设这种鸡块确实由肌肉组成，那么一个鸡块大约含有 8.75 亿个骨骼肌细胞。而一块汉堡肉则约有 400 亿个肌细胞。

在这个城市，资金已开始源源不断地涌入人造肉研究领域，而我来这里就是想了解人造肉对于部分赞助商意味着什么。据我所知，虽然这里还未产出过人造肉，但截至 2013 年，旧金山及附近的硅谷已成为 21 世纪初非官方的未来主义研讨中心，人们汇集于此，建设或探讨未来。旧金山目前迎来了新一轮的"淘金热"，满怀对未来的期待。我想起有人说过，金融化（资本从工业领域流向投资领域的过程）本身也是对未来的一种博弈，有时甚至是在赌新一轮产业革命终将到来。[4]但这座城市也充斥着骚动不安，因为近年来旧金山已成为国内甚至全球性收入不平等的象征，代表着科技行业的赢家与绝大多数输家之间的巨大落差。我在旧金山湾那头的奥克兰附近住过一阵，所以像今天这样归访时有种怀念之感。我不是来拜访谢尔盖·布林的慈善捐款或捐赠代理机构（比如 2013 年赞助了马克·波斯特的汉堡肉工程）的。出于某些复杂的原因，我联系不上布林那批人。所以，我是按计划来拜访"突破实验室"（Breakout Labs）的办公室，它是商人彼得·蒂尔（Peter Thiel）的慈善机构蒂尔基金会（Thiel Foundation）的一个分支。

截至 2013 年，蒂尔是硅谷最知名的投资人之一，也是硅谷在未来议题上争议最大的一方。[5] 他凭借突破实验室，也跻身人造肉研究的间接赞助商行列。突破实验室不投资传统项目，而是小额资助做科技研发工作的公司，尤其是突破实验室官网上说的能够"把疯狂的点子转化为改变世界的技术"[6] 的那些。2012 年，突破实验室成立，它于这一年曾资助过"现代牧场"（Modern Meadow），那是一家总部位于旧金山南部芒廷维尤的公司，截至 2013 年的目标是用组织工程技术生产食品，以及用以进军时装产业的仿皮革"生物材料"。[7] 这点引起我注意有几个原因，突破实验室慈善捐助营利性机构（即做技术研发的公司）是非同寻常的，而且我特别注意到它投资了尚未推出的食品。毕竟出于公共健康考虑，食品是监管特别严格的领域，而蒂尔是坦率的自由论者。乔治·帕克（George Packer）在 2011 年《纽约客》（*New Yorker*）上对蒂尔的简介中称，在线支付系统贝宝（PayPal），作为蒂尔首个显赫的金融成果和收益来源（包括 7% 的股权掌握在某知名社交媒体公司手中），就是源自他创建"绕过政府管制的数字货币"

的心愿。[8]

我默默给我的公交车起名为"共享内容",然后上了车。我们拐了个弯,从波特雷罗山(Potrero Hill)穿过旧金山较小的市中心向北进发,最先映入眼帘的是穿越迷雾迎面驶来的一辆科技巴士。虽然车身没标注南湾哪家大型科技公司的名号,但毫无疑问——白色双层,车尾折叠着空自行车架,它就是一辆科技巴士。现在大约是上午 10 点。我把行程排在这个点,就是希望我的大巴别碰上太多高峰期的堵车(虽说在旧金山这种人口稠密的城市,高峰永远是常态)。这辆逐渐靠近的科技巴士可能刚把一班旧金山员工送到硅谷某个园区回来,或者是来接班点较晚的一批人。我没在那些园区工作过,所以说不准。但我知道,波特雷罗山是该城市靠公交系统运转的数个社区之一,每个系统都由承包商运营,而大的科技公司又委托这些承包商创建了一种私人公交系统,叠加在城市现有的公交网络上(很多时候这类巴士会用公共的公交停靠站,名义上算是给城市缴费了),很多方面都和现有的公交系统相重叠。[9]这类大巴象征了这座城市的最新转型,但在有些当地人眼里,这种转型很不受欢迎,以至于在抗议活动、集会和聚会上,这种科技巴士形状的皮纳塔(piñata)*都被棒球棍砸烂了。[10]

我在这座城市做实地考察期间,一位慷慨的朋友安排我住在她波特雷罗山的公寓里。她的冰箱门上贴着从《伦敦书评》(London Review of Books)上剪下的一首诗——旧金山诗人奥古斯特·克莱

---

* 一种用彩纸扎成的玩具,内藏糖果、美食和小礼物。人们用棒砸破外壳获得礼物,从而预示好兆头。一说其起源于中国。

因扎勒（August Kleinzahler）所作的《雾中蜀葵》（"Hollyhocks in the Fog"）。多年后我对它才有了更深的认识，包括这首诗从诞生到完成中间隔了一代人。克莱因扎勒后来和我喝咖啡时才解释道，该诗始作于 1981 年，完成于 2009 年。眼下，当我望着科技大巴经过时，耳畔响起了这首诗：

> 每当入夜雾气漫上海岸，
> 覆舟，沉船之灵
> 聚成的海气，鬼雾。
> 笼在桉林上方，
> 湮没群山，
> 在那女同酒吧外的垃圾袋旁打转。
>
> 每当入夜黑色大巴也会抵达，
> 半岛下来的黑色信息大巴，
> 在大厦脚下卸下工人。
> 他们四散徘徊，往这头或那头，隐入雾中。
> 年轻的，漠然的，带着各自节奏的孤岛：
> 俏妞的死亡计程车，拱廊之火*……

很多科技巴士都是白色的，比如我眼下看到的这辆。但我确

---

* 分别是来自美国和加拿大的独立摇滚乐队，前者成立于 1997 年，后者从 2004 年开始活跃。

　　　　　　　　　　　　　　　　　　肉食星球

信克莱因扎勒的黑色巴士也是这种。

克莱因扎勒的诗以"打断"而闻名。开头就是浓雾每天在城市上空弥漫，如何打断了城市风景。而这阻断物自身又很快被自然气息偏弱但依然每日常见的景象打断，即运送工人的公交车。这些公交车的出现，反过来更长久地打断了城市之前的状态——诗中第一节最后一句所暗示的那样。这类酒吧在20世纪80年代是教会区（The Mission）中产阶级化的一大表现，但到了21世纪头十年，随着酒吧及其常客沦为守旧派，它们不再是中产阶级化的象征。本书撰稿期间，最后一家女同酒吧，列克星敦俱乐部（Lexington Club）或称作"列克丝"（The Lex）的酒吧也关了门。克莱因扎勒提到的桉树林也是一种侵扰，属于入侵物种的蔓延。桉树最初是从澳大利亚引进这里的，现已随处可见，虽然在我看来很美，但它也有麻烦的地方。它们极其易燃，引起了1991年10月19日星期六那场毁灭性的奥克兰山大火。火势凶猛，烧毁了很多房屋，直到10月20日晚才得到控制。桉树还会释放一种毒素，抑制周围其他树种的生长。

我们北边的教会区目前是块争议区，不太富裕的居民似乎某种程度上已经丧失了居住资格，虽说不少人还住在那儿，说着西班牙语。我要一直穿过整个城市，前往会面地点。突破实验室的办公室和蒂尔基金会的其他办公室设在一起，都在普雷西迪奥（Presidio）的一栋写字楼里。这个位于旧金山半岛北端的园区曾是奥隆人的领地，1769年西班牙人定居前一直由这个美国土著部落居住，现在隶属于加州。近几年前，普雷西迪奥曾驻扎过美国陆军（军方种植的树木现也成了普雷西迪奥林区的一部分），现在则隶属于国家公园管理局（National Park Service）。由于它作为公园而受到保护，所以相对当今旧金山的城市发展变革，它还能基本维持原状。城市化浪潮的标志性建筑模式，大概就是多功能公寓楼了：一楼是零售店面，往上二楼到四楼（有时更高）是昂贵的住宅区。登上一座小山俯瞰旧金山，你会看到遍地都是建筑起重机。

　　有发展躁动的，自然也有生乱滋事的。旧金山持续不断的开发殃及了一部分居民，教会区常有纵火的传闻。有几次严重的大火烧毁了租金受管制的公寓楼。人们普遍猜测，放这些火是为了赶走租户，以便实施新的开发项目。[11] 我从交谈中了解到，似乎不少长期住户都有些后怕，我自己的朋友大多几年前都搬离了教会区。[12] 拿不准事态就好像雾里看花，猜测在社区待不待得下去是旧金山湾区很多居民每日要做的未来主义功课，尤其是不在高薪科技领域工作的那些。有天我走到教会区，看见人行道上用人们熟悉的迪士尼风格字体涂写着："新使命：高端而刺激！"（The New Mission：Haute yet Edgy！）"这座城市是发展得越来越好了。"我访谈过的一位企业家说。他打算建一家基于豆制品的快餐连锁店。虽然硅谷 20 世纪 90 年代末的互联网热潮已令旧金山改头换面，但当前技术热潮的规模还要大得多，带来的变化幅度也大得多。"感觉这座城市就像个火药桶。"我一位住在教会区的从事商业咨询的朋友说。

　　我们穿过了市场街南区（South of Market，简称 SoMa），这一带的流浪汉帐篷与科技公司同样惹眼。可以说，前者比后者更能反映该区的历史。1909 年，杰克·伦敦（Jack London）写道，市场街将旧金山较奢华的地段与"工厂、贫民窟、洗衣店、机械修理店、锅炉厂和工人阶级住所"隔了开来。过去大多只雇流浪汉临时工的市场街南区，如今既有不少流浪人口（包括好几处帐篷村），又有很多从事技术经济领域临时工作、多半酬劳不菲的流动性人才。[13] 截至2013年，只有教会区的流浪汉营地变多了。[14] 需要注意的是，从2005年到我乘大巴观光的2013年，旧金山的流浪人口只略有增加。这就说明，那些因房价上涨而失去住所的人往往会迁往其他城镇，而不是挤进流浪汉阵营，尽管肯定有例外。[15] 旧金山很多地方显眼的流浪汉现象或许反而是市场街南区等社区中产阶级化造成的，新来的富裕居民厌恶那些流浪人口，因为后者大多（但未必全部）在他们到来前就住在这里了。

"未来怎么了？"创始人基金（Founders Fund）的一则标语问道。该基金会是蒂尔于2005年参与创办的一家风险投资公司，是独立于突破实验室的机构。"未来消失"的意象令我想起20世纪末的计算机科学家丹尼·希利斯（Danny Hillis）说的一句话。希利斯说，他生命中的每一年，未来都在萎缩。[16] 他说，虽然自己每天都在前进，但由种种希望构成的未来地平线却纹丝不动。如果这条线不动，那就意味着随着一直以来的梦想一次次落空，新梦想也无力补救这个缺口。未来卡在了2000年，好像这部由进展累成、身负众望、原本势不可当的机器坏掉了、不动了。"未来怎么了？"蕴含着类似的，而且显然是一代人的失望。

创始人基金称，最近风投界由一种"浮躁不安、捞一点是一点"的投资心态主导，大家都在追求快速回报。他们说，这表示20世纪60年代"力挺变革性技术"的大潮流已经一去不复返。虽然创始人基金那句标语显然是公关之举，但也有一层几乎是反主流文化的意思——光为了赚钱是不够的。但资本除了逐利，还为什么呢？蒂姆自己也谈到未来似乎在消亡的问题，他说："承诺给我们造出飞车，结果是140字的空话。"这里的140字指的是社交媒体平台推特每条推文的字数限制。早在蒂尔出生（1967年）前20多年，1946年美国铝业公司（Alcoa Aluminum）推出的一则平面广告就承诺，将来私人飞机于婴儿潮这一代，会像老式汽车和马于上两代人那么普及。广告的双关语标语"您顶上带旋翼的座驾"，改用了1943年音乐剧《俄克拉荷马》（*Oklahoma*！）中一首歌的歌词（歌词原文是顶上有"流苏"）。蒂尔的话表达了对技术进展之慢，以及未能兑现曾在大众文化中掀起热潮的隐性承诺的失望。波斯特推出汉堡肉演示时，人造肉就有点像之前的飞车，很容易搞成过期的承诺，之前没兑现，可能今后也不会。

"共享内容"穿过了市场街这条旧金山市中心的对角线。大街中央有条电车轨道，穿过轨道时车身颠簸了一下。我们拐过几个十字路口，从波克街（Polk）开始上行，沿着这条街从市中心经过史上最高端的街区诺布山（Nob Hill），一直到达普雷西迪奥。同行的乘客们鱼龙混杂。有几个大概是上午开工比大多数人晚的白领，有几个是学生，还有一些像乘公交去办事情的退休人员。

我在普雷西迪奥这边下了车。园内宏伟的楼宇傍着林荫带，透过树林能看到海湾一角。空气非常清新、洁净。到达蒂尔基金会的地址后，五分钟就走进办公区了，我还注意到这里也是卢卡斯影业（LucasFilm）在旧金山的办公点。基金会的办公点和影视制作公司设在了同一栋楼里。我经过一丛喷泉，四个喷嘴的水喷向乔

　　　　　　　　　　　　　　　　　　　　　　　肉食星球

治·卢卡斯（George Lucas）《星球大战》（*Star Wars*）中的贤者尤达（Yoda）大师的雕像脚边。我在前台接待员处登记后来到候客室，在那儿看到《星球大战》系列的小型雕塑和其他卢卡斯影视作品的纪念品。终于有位工作人员把我从这栋楼的卢卡斯影业区带到了蒂尔基金会办公室自己的候客区。卢卡斯影业的办公区除了那些影视制作生涯的纪念品，装潢属于较低调的风格，蒂尔的办公区则显然很豪华。墙壁非常光滑，在办公室间穿梭的员工都着装整齐、修饰有度，看起来很年轻。不过，这里邻接卢卡斯影业，令我联想到科幻电影是如何造就一代人对科技的期待，某些科技意象（举两个《星球大战》里最突出的例子，宇宙飞船和"光剑"[或激光剑]）又是如何象征未来的，可以说，它们比影片描述的社会现实更具标志性。[17]《星球大战》向我们展示了一个貌似有感情的机器人族（droids），它们以奴隶身份工作，撑起了日薄西山的星际民主共和国及其后从民主的灰烬中诞生的极权帝国，但我们印象中只记得机器种族的科技色彩、个性魅力，而忘了它们的奴隶身份。在《星球大战》系列最近的新作中，有个角色把粉末溶在水里，立刻形成了状似刚烤好的面包。我想起了之前人造牛肉短片中谢尔盖·布林的一句话："如果别人不觉得你做的事情科幻，那大概是颠覆力度还不够。"我不禁好奇，对某些风投家来说，"犹如科幻"是不是投资标准之一。

蒂尔基金会及突破实验室的科学主任哈米·帕塔萨拉蒂（Hemai Parthasarathy）从办公室出来迎接我。她把我带到一间空会议室，让我设定好录音机，之后我们开始交谈。帕塔萨拉蒂十分健谈，而且很幽默，于初入陌生环境的我是件好事。她先是取得了麻省理工学院大脑与认知学的博士学位，之后在实验室领域和科学出版业工作过，也当过顾问，所以对于学院科研、企业科研，以及发明是如何转化为技术再形成公司的，有犀利的见解。她强调，我须明白，她的话不代表彼得·蒂尔的意思，但作为科学主任自然能代表基金会的意思。她告诉我，突破实验室不是寻常的慈善组织。它并非致力于某个亟待解决的问题（如某种癌症、文盲或贫困儿童问题），而是小额资助希望把科学进展或成果转化为（用他们官网上而非帕塔萨拉蒂自己的话说）可以"改变世界"的技术的初创公司。慈善捐助意图营利的公司或许听起来有点怪，但就像帕塔萨拉蒂解释的，推动技术发展正是蒂尔基金会的使命之一。

用这一行的投资标准来看，突破实验室的资助规模相对较小，最多 35 万美元，但就像帕塔萨拉蒂告诉我的，从长远来说，资助带来的人脉和无形助力或许才更有价值。显然，很多初创企业的创始人对其投资方也是这么看的。资金固然重要，但指导和人脉亦是如此。虽然突破实验室不是初创企业的"孵化器"或"加速器"，但确实会帮投资的公司明确和实现某些目标。而作为有形和无形援助的交换，突破实验室享有该公司的一小部分股份，所得收益会流回蒂尔基金会，补助运营开销。所以说突破实验室并不是彼得·蒂尔用来投资有前景的公司的。虽然他旗下的风投机构，上文提到的创始人基金，的确有权利投资获突破实验室资助的公司，但不会特别偏向这一块。这些公司保有其创立的所有知识产权。

帕塔萨拉蒂告诉我，硅谷养成了个坏习惯。她说，投资人往往会忽视初创公司承诺解决的科学或技术障碍的难度。投资人通常太信赖该公司主创团队的资历，对其涉及的科学领域了解不细。

帕塔萨拉蒂称，是数字世界造就了这种思维。很多投资人是靠软件公司起家的，他们对公司的预期都是基于计算机受控环境下编程的绝对时效性。如果你把一群聪明年轻的软件工程师（帕塔萨拉蒂纠正我，他们不一定要年轻）关在密闭环境下，给予足够的时间和披萨，他们往往就能解决你提出的软件问题。

另一方面，帕塔萨拉蒂指出，非营利和学术机构也大多认定科学障碍是可解的。例如，对自闭症研究的大力投资把很多研究员引到这块领域，然而，像帕塔萨拉蒂说的，"或许科学仍未能"给出治疗办法。也许我们还不够了解大脑是如何工作的，所以世界上所有这块领域的投资加起来也不能立马解决，当然也没法给最需要的人提供及时的治疗。她说，这并不是说自闭症研究陷入绝境了，只不过需要一个漫长的过程。帕塔萨拉蒂发现在创业界，有时会说生物学家总抱着"失败主义"态度，或者缺乏"成功的态度"。我心想，生理（"Soma"，指生物体和细胞）上的难题比代码更难解决（市场街南区［SoMa］，甚至旧金山的中产阶级化危机亦是如此）。这从一个方面解释了为什么突破实验室不直接按特定的医疗领域或社会需要来投资。这让他们更灵活，问题能否解决都可以接受。

帕塔萨拉蒂说，现代牧场"相当接近于"突破实验室的完美受赠方。据她说，他们也在尽力攻克组织工程的一大难关，也持有改变世界动物蛋白消费方式的宏愿。加博尔·福尔加奇（Gabor Forgacs）和安德拉斯·福尔加奇（Andras Forgacs）父子团队成立过另一家公司（制造用于药物测试的有机组织的新器官公司［Organovo］），因而证明了其创业能力。而且他们的商业战略是先仿制皮革，而不是一上来就瞄准高难度的造肉。兽皮（可能就是薄薄一层细胞）不仅比兽肉容易生长，销售利润也高得多，而且现代牧场一开始就打算进军高端时装产业。突破实验室运营的最初几年，还资助过制造工具帮科学家对数据进行自然语言分类的天语公司（Skyphrase），以及制造纳米级工具应用于研究和医疗领域的细胞级生物工程的隐形生物科技公司（Stealth Biosciences）。[18]虽然这些公司的目标各异，（不用说）包括赢利，但显而易见，这些项目都推进了蒂尔基金会的宏观使命。"技术，"帕塔萨拉蒂道，"在基金会看来是赋予个人自由的一种手段，所以它对我们来说绝对是好事，是文明进步的体现。"不过她强调，以进步为大方向未必要采用"自上而下"的方法、达成特定的最终目标。我暗暗记下了这些方法的矛盾之处：既要鼓励技术发展、迎向未来，又不能太偏向某种未来的预期。

　　我向帕塔萨拉蒂道了谢，收回录音笔，与她告别。离开这栋大楼已是中午，雾似乎停了，但我觉得很快会再起。我思考着我们没直接谈到的那个问题——人造肉和再生医学的关系。人造肉其实借鉴了再生医学领域的组织工程技术，该领域的科学家培养细胞是希望最终制成用于病人活体移植的功能性器官及其他组织。突破实验室资助的企业中很多都瞄准了医药和健康领域的难关，有些追求的目标还是彼得·蒂尔直接感兴趣的，即延长健康人体的寿命。这一目标在我访问蒂尔基金会期间获得了极大的（通常还是批判性很强的）媒体关注。用技术改变人类状况的做法有个通用叫法——"超人类主义"（transhumanism），最初由进化生物学家朱利安·赫胥黎（Julian Huxley，《美丽新世界》[*Brave New World*]的作者奥尔德斯·赫胥黎〔Aldous Huxley〕之兄）创立于 1927 年。[19] 他以此形容用科学和技术探索人体状况的可能性，包括超越其天生的局限。普雷西迪奥有很多蜿蜒的登山小径，当我走出园子踏上其中一条时，我想起波斯特说的一小切片的细胞就能生产数吨肉，于是联想到人造肉算不算牛肉上的超人类主义——试图超越某些食用性物种的生理限制。

克莱因扎勒的《雾中蜀葵》以一种含糊的基调收尾，诗人没对那辆科技大巴及搭载的乘客下最终定论。"没什么可说了。"他写道。就像互联网搜索引擎谷歌用无比强大的搜索功能回应复杂的检索（如"赖恩·杜伦〔Ryne Duren〕*+ 野球 +1958 年"，"维齐洛波奇特利"〔Huitzilopochtli〕**）后说的。但答案并不能阻止这一天的流逝：

> 大雾，像老子神圣的道
> 那灵性的虚无，
> 占领了天地，随着夜幕降临，
> 之前的一切，亘古的一切，散去无影，
> 散去无影，空留风声杳杳。

------

* 美国职业棒球大联盟的替补球手，以深色眼镜和强力快球著称。1958 年在纽约洋基队常规赛季中参加了 44 场联赛，成绩非凡，为洋基队获得当年度世界大赛冠军做出了重要贡献。他的重力快球被称为"野球"，他的性格和打法都有一股狂野，比赛之外常有酗酒、斗殴行为。

** 特诺奇蒂特兰城（Tenochtitlan）墨西卡部落（the Mexicas）的守护神，也是战神、太阳神和人类祭祀之神。

大雾夺回被技术人才夺去的世界了吗？这样解读这首诗，正对很多在当代湾区挣扎求生的人的胃口。但事实上，大雾完全抹掉了一切。它是一股平衡势力，嘲讽了包括"进步"和"公正"在内的所有人类意愿。

　　当天晚些时候，我坐在波特雷罗山朋友公寓的露台上，奢侈地欣赏着从北望到旧金山市区的风景。如我所料，雾又开始笼罩这座城市。很快一切都会蒙上雾霭。当大雾再度占领天地，我看到的与其说是日落，不如说是日吞没。海湾大桥不见了，灰白的雾气吞没了山坡上那座古老的木制教堂。肯定有科技大巴带工人们回到波特雷罗山的住所，但我看不到了。这趟访问只了解到一点点人造肉的政治背景，一点点研究资金的来源，不过收获了不少它产生的背景谜团。

　　虽然蒂尔基金会的赞助没怎么反映出人造肉的政治背景，但人造肉与小型企业创业圈的关系于这项技术的兴起至关重要，还有"市场力量是推动社会积极变化的有效手段"这一观点（尽管有些社会学家不以为然，但人造肉工作者普遍认同）。毫无疑问，市场力量的确时时刻刻在改变社会，这就是资本主义作为历史推手的作用。但食品问题不只是市场层面的问题，对很多人而言，还是社会正义、公共健康、群体尊严等一系列问题。它们本质上都是政治问题，不仅有食物如何生产，还有由谁、为谁生产，以及选择哪个饮食阵营的问题，而且还关系到国家在供养民生上起到的作用，毕竟在当代社会——或许有些人要失望了——国家正是核心而典型的政治形式。

　　就像彼得·蒂尔说的，如果说相比过去对未来的期待，当前的科技形势令人失望，这一定程度上等于说我们（能源、交通、医药和制造方面）的物理技术落后于数字技术。也等于说，相比早期对计算机未来的憧憬，数字技术也让我们失望了。事实证明，网络世界这种创新形式，并没有过去预想的那么自由和卓有成效。所有这些引发了一系列明摆着的问题，还只是雾中摸"象"摸到的鼻子或腿：进不进步究竟由谁来规定？金钱是怎么摆平这些问题的？它们又有着怎样的政治性质？在这复杂的背景下活体组织问题才浮出水面，比代码要难理解、难制造、难"规模化"（我也开始学着用这个词了）得多。我余生的每一年，未来也在萎缩呢。

第五章

疑　虑

五年来，我搜罗了很多疑虑。从科学家对人造肉可行性的强烈质疑，到普通民众在人造肉网上报道的评论区发的牢骚，五花八门。当然，疑虑同希望一样，反映了偏见。一位植物肉汉堡公司的科学家坚持认为人造肉是个烂点子，不可能规模化生产。[1] 另一位匿名用户评论说，人造肉很恶心，而且"违背自然"。随着人造肉引来越来越多媒体关注，一位名厨亮相于网上一则微视频，抱怨"假"肉，宣称会忠于"真"肉。[2] 人造肉大会上，科学记者和科研人员交流时也露出疑虑，企业家们倒没有，对他们来说表现出信心十足是很重要的。我在大会上发言时，有记者向我提问（当时在场的"专家"很少），提问引得我也开始怀疑：我认为人造肉行得通吗？如果行得通，何时才能面世？我一概说这些问题不属于我的回答范畴，叫很多记者大失所望。我说，我能回答的，是人类学或历史学等外围层面的问题，可能给不了什么希望。当风投家们找我咨询时，我直说我给不了实在的商业建议。除此以外，调查数据也

肉食星球

体现出疑虑：2014 年，皮尤研究中心（Pew Research Center）一份关于美国人民对未来科技态度的报告显示，只有 20% 的受访者会吃（报告称为）"实验室培养"的肉。[3]

　　虽然我在公共问答时避而不谈，但心里是希望与疑虑并存的。调查期间，它们就像月亮一样升起又落下，循环往复。我从一家实验室拿到正面报告，又从另一家拿到了负面报告。单从一处有希望的实验结果很难推测技术最终能否成功。数百万美元的资金从这家著名的美国亿万富翁基金会或那家知名的香港风投企业涌向这个领域，我很好奇投资是不是真正意义上保障进展了。我强烈怀疑并没有。有时技术障碍是难以逾越的。就像我拜访突破实验室时哈米·帕塔萨拉蒂和我说的，选定某个科学或医学难关，然后给符合要求的实验室提供大笔资金有个问题，那就是并非所有问题都能用钱解决。而等待了几周，当该领域真正露出进展的迹象时，大家难免会有些激动。

　　从我 2013 年研究开始直至收尾，有两大技术障碍加大了我对人造肉可行性的怀疑。一是寻找无血清培养基，二是制造三维组织或"厚"组织。虽然潜在的障碍不止这些（其他还有控制生物反应器内的温度和搭建适于细胞附着的支架或微载体等），但这两样提得最多，或许是因为它们最难攻克。虽然市场上有很多不含（显然违背素食主义的）胎牛血清的培养基，但评估下来，它们用于工业化生产的话，成本都太高了。至于组织厚度，虽然培植平面状细胞群比立体状的容易许多，但后者是生成牛排这种复杂肉类的分层性肌肉所必需的。一想到要大费周章地仿制街角餐馆现成的食物，我的疑虑又加了一层。

组织工程学家谈到了营养物质和氧气的扩散极限，即哺乳动物细胞离血液供应的最远存活距离。这个距离大约是 100 至 200 微米，差不多是最粗的人体毛发或大多数纸张的厚度。这就意味着培养三维组织的生物反应器要做成血管状，即做成人造血管和静脉。再生医学领域的组织工程师们为培养出用于移植的组织，已经花了不少时间建造优质的血管系统，但收效甚微。连医学领域都未能造出适合哺乳动物组织的、完善的血管系统，培养肉领域就更别提了。就像有次鸡尾酒会上，一位生物医学工程师对我说的，10 年内造出组织工程心脏这种话都说了 30 年了。

2012 年，合成生物学家克里斯蒂娜·阿加帕基斯（Christina Agapakis，后成为加利福尼亚大学洛杉矶分校的博士后研究员）发表社论，称规模化是人造肉（她按 2012 年的惯例称其为"体外培养肉"）最头疼的问题。[4] 她说规模化是"很多科学提案期盼的救星"（*deus ex machina*），而科学家想把这个棘手的问题推给实施其理论的工程师。鉴于哪怕生产小块的哺乳动物组织都要耗费巨大的成本、面临巨大的技术挑战，规模化组织培养似乎是奢求了。培养基、供热和技术人员劳工等成本令人咋舌。阿加帕基斯补充说，规模化的魔咒，以前其他食品上也出现过。在 20 世纪 50 年代的绿藻案中，绿藻虽被吹嘘成全球营养不良问题和"马尔萨斯人口灾难"的救星，但从实验室转向工业生产却失败了。[5] 当然，考量技术未来的可能性时，过去的情形未必有参考价值。有很多先前失败却并不妨碍最终成功的技术案例。但上文提到的藻类——蛋白核小球藻（Chlorella pyrenoidosa）的案例，用在这儿很贴切。其主要问题在于，小球藻光合作用生成营养物质的能力

　　　　　　　　　　　　　　　　　　　肉食星球

特别强，以至于人们不顾细节问题，就急切地想扩大生产规模。《纽约时报》（New York Times）上一篇文章保证，每英亩高蛋白小球藻的产量约为传统农作物的100倍，因为这种有机物的某个生物特性被视为高产的保障。这一假说忽略了把小球藻当粮食生产的问题（由于它体积小，要用到离心机）。虽然有些作物的农业产量能超出预期，令价格维持在较低水平，但事实证明，大规模生产小球藻的经济学是不切实际的。有一回，我走进日本大阪外关西机场的候机大厅时，看到一张推销小球藻为膳食补充剂的海报，上面的小白瓶里撒出了清爽的淡绿色粉末。

在2013年8月6日发表的另一篇社评中，阿加帕基斯对人造肉的怀疑态度并未因前一天马克·波斯特广泛播出的汉堡肉演示而消减。[6]她向读者回顾了之前的疑虑，又提了一些新的、更显眼的意识形态问题，其中引用了厄休拉·富兰克林（Ursula Franklin）的观点。富兰克林是以技术类著作闻名的物理学家和冶金学家，她的作品很显著地区分了有机物或人造物的"整体化"与"工业化"生长模式。"生长，"富兰克林说，"是不能勉强的，只能用合适的环境来培养和刺激。"[7]我们的生产模式与自然生长模式"性质不同"。前者的一大缺点，是往往忽视外部效应，即生产对于"作业环境、生产线"以外的世界的影响。富兰克林写道："我们知道，世界环境恶化正是由于采用了这种不当的模式。"意思很简单：实现规模化生产从而降低物价的技术，往往是把成本转嫁到了自然界，虽说富兰克林作为贵格会教徒（Quaker）也简略地提及了工人们身心健康的恶化。也许富兰克林的看法并不代表肉品未来的权威观点或最终结果，人造肉也许真能（推翻所有怀疑！）实现规模化生产，而且比畜牧业更具可持续性。然而，就像阿加帕基斯引述富兰克林时所说的，怀疑也有它的用处。它由此展现出有机物与工业化现代文明失调的局面。这一失调恰恰解释了为什么这么多大厨小厨几乎抱着万物有灵般的热情反对加工食品、支持有机食品，比起人造的更相信自然生长的。富兰克林或许希望我们想想，消除人造与自然生长的界线到底意味着什么，会有什么样的后果。毕竟，人造肉先锋们是想尽快规模化生产的。他们想在极短的时间内，从手工生产少量化肌肉组织的人工模式直奔真正的工业革命。而富兰克林所说的"生长"，是指诞生之后更温和、渐进的过程，尤其还受到发展相对缓慢的环境，即人类社群和文化的庇护和熏陶——富兰克林称之为"培养"。

第六章

希 望

　　开明便是问心无愧吗？我追踪人造肉进程，是因为它也关系到我灵魂中复杂的一块。长久以来，我为吃肉而困扰。吃动物道德吗？如果吃动物不道德，我还继续吃（读者啊，我还在吃），这样虚伪地活着算什么？这些不只是关于动物及其道德地位的问题，也关系到作为个体和物种，我们的欲望以及对道德提升的期望。我发现我处理生鲑鱼或生猪肉时，明显不自在。用人造肉理念的一个出发点来说，我们的欲望，不管是源于文化还是动物本能，或许会妨碍我们实现更美好的世界。如果说希望是向不完全确定，又不排除可能的结果靠拢的心态，那我们的欲望则是可以估量全球未来的实际前景。我一直希望活在更美好的世界里——这项本原性冲动把我引向乌托邦主义、哲学思考、失望，和看科幻故事。阅读科幻故事是人造肉圈子里非常普遍的爱好，技术进步有利于道德提升的观念也屡见不鲜。

　　显然，"道德提升"一词注重的是道德主体，而非其行为后果。

我用这个词，表示用道德哲学家的话来说，我并非结果论者；也就是说，我关注的是主体的性质或美德，而很多人造肉支持者更关注行为及其后果。他们像很多功利主义哲学家一样，认为动物受苦值得道德审视，希望人造肉能缓解地球生物的整体受苦情况。

希望的理由往往比怀疑的更难说得清。对科学或技术项目的怀疑，只消用零零碎碎的证据累积起来，而人造肉支持者的希望，却难有实实在在的依托。他们不仅需要技术成果，还需要市场和消费者接受这一成果，而这意味着用一套宏观经济体制去取代另一套。当我采访人造肉研究员或研究的大力倡导者，并问及他们的动力时，所听到的最激昂的个人经历是动物保护方面的，而环境保护作为次一级的动力，虽然在理性上受重视，但感情上没那么强烈。虽然食品安全和人体保健也是反对工业化畜牧业的原因，但受访者们很少提到。

有位年轻的人造肉研究员曾做过大型动物兽医的助手，她给我讲述了骇人的一幕。有个农民的牛一只眼睛受了感染，可能会扩散。这头牛是他宝贵的资产，要救它必须摘除那只眼睛。问题在于，牛的价值还不抵麻醉费用。所以这位当时在做见习兽医的年轻研究员，被要求在牛做无麻醉眼睛摘除时按住它。手术花了几个小时，那头值得救治却不值得做无痛手术的牛嚎得很凄惨。要知道，我们寄希望于人造肉，便是想终结这类情况。

人造肉早期的学术文献读来就像一份"希望"指南。在我投入该领域的这些年里，科学、技术和社会学专家、人类学家、生物伦理学家等发表的文章都在给人造肉及其创造者和倡导者贴标签。他们的心血之作大多为描述性质，虽符合这项研究题材较新的状况，但结果就是，这类作品多半像把人造肉工作者的体会详细复述了一遍。大多数时候，人造肉运动把控了人造肉的舆论导向，并决定了人造肉最重要的问题。有一篇二人合著的论文列出了这项技术在道德层面明显的优势和隐患。[1] 作者认为，它最显著的优点，即终结广泛的动物受罪的情况，盖过了潜在的缺点。缺点包括不尊重动物体完整性和自然形态的"恶意"（这点有争议），以及随着生物技术加强人类对自然的掌控，人类的狂妄与日俱增的危害。但这些都是医学伦理学界常见的批判，这类担忧也自然扩散到了新兴的组织培养类食品生产领域。

最让人吃惊的是，这两位作者认为，开发人造肉可视作道德义务。这一点把生物伦理学家常规的操作顺序倒了过来，正常的顺序通常是在新技术出现后做出反应，探讨它于人体健康和道德的前景。"道德并不是只能在新技术到来后做出反应，令我们陷入困惑。"他们认为，相反，"道德或许能支持和推动新技术的发展"。这样，反而能"催生出符合我们道德愿景的，不再是幻想而是现实的世界"。另一篇双人合著、引申了上述作品后半段观点的文章很有代表性，文章指出，虽然常说技术令现代社会越发麻木，但试管肉这类新技术也许能"揭开"（作者原话）丰富的道德可行性，令公众围过来思考集体的道德选择。[2]

这两篇文章对希望的处理略有不同。前者发表于 2008 年波斯特汉堡肉演示之前，认为可以先有道德理念，再有力地呼吁技术来实施。后者发表于 2012 年，也在波斯特演示之前，但在人造肉炒作升温之际，它注意到新技术兴起的势头与相关道德争议和决策制定是不断相互影响的，而争议与决策也是相互转化的。但可以肯定的是，这些技术和道德上的反思抬高了这个新研究议题，人造肉有幸获得这些评论家的赏识，他们认为人造肉所提出的技术与道德的调和颇具吸引力。

从 2005 年左右便开始追踪人造肉的科学与技术社会学家尼尔·斯蒂芬斯（Neil Stephens）抓住了所有这些作品的基点。如他所言，人造肉"还是个未有定论的东西"。斯蒂芬斯提醒读者，人造肉纯粹的本质还有待考察。[3]与此同时，其他社会科学家开始用调查来探究另一个不那么抽象但同样重要的问题：欧洲和北美的消费者是会立即抵制人造肉这种"恶心的不明物体"，还是会愿意尝试？我不禁有些担心这类调查给受访者带来的影响。即便调查者称人造肉还在假设阶段、尚未实现，怎么能不给大众留下像在预告新食物来临的印象呢？

"我该希望什么？"伊曼纽尔·康德（Immanuel Kant）问道，他作为道德义务论而非结果论的哲学家，并非偶然。我们怎么能心怀希望，却不遐想它会带来某个切实、可能的后果呢？虽然康德的诠释者发现其希望论有多层含义，有说希望是种宗教信仰，或我们对它有种道德义务的，但可以确定的是，康德认为希望是同有可能实现的期待结果的不确定前景相关联的一种方式，譬如说同道德提升。至于希望有多理性，哲学家们莫衷一是。康德设法充分调和了希望与理性。后代的索伦·克尔凯郭尔（Søren Kierkegaard）却认为，希望跨越了理性这点是最关键的。而 20 世纪的马克思主义哲学家恩斯特·布洛赫（Ernst Bloch）创建的一整套希望哲学，不同于传统哲学的追溯过去，倒把我们同未来所有的形而上可能衔接起来。不过，他们的共识是：希望的作用是帮我们超越经验、迈入可能。我仍在想另一个问题，即大量减轻动物受难情况与提升我们道德之间的关系。我们希望人造肉带来前者，是不是意味着我们已经厌倦、不再寄希望于后者？我们是不是忘记了提升道德品质的旧梦想，转向了假肢性质的技术道德新梦想？

拿人造肉来说，虽然炒作无疑是希望最大的敌人，但（讽刺的是）人造肉要完全"成型"，炒作又是必需的。很多考察新兴技术的学者都认为，新闻发布会往往是为获取融资而进行的表演，所以炒作也是实现未来的一道"工序"。[4]换句话说，它带有承诺性。当然，炒作必要，不代表炒作稳妥。虽然炒作能激发希望，但如果时机成熟时炒作不能兑现，希望可能会永久破灭，至少对某些倡导团体（"承诺共同体"）或一直支持炒作的公司或个人来说是这样。虽有商业顾问把这一效应称为"幻灭的低谷"，期待最终能复原、生产力回升，但就像我采访的很多人所表示的，大面积的失信很容易彻底终结人造肉。另外，炒作会说，它不算严格的承诺，总想着逃脱问责，而问责问效正是希望和承诺的最终评判标准。如果说希望是必要的，那么像文学批评家弗雷德里克·詹姆森（Fredric Jameson）所说的，它也是"最残酷骗术与精妙推销术的准则"。[5]

第七章

树

　　我刚结束了对旧金山北部的突破实验室的访问。今天剩余的时间，我打算一边逛逛这座城市，一边想想突破实验室的难题：怎么判断技术和生物工程上哪类障碍更易解决，寻求进展时怎么知道把宝往哪儿押，进展到底该怎么定义。但经过一片空地时，一座宏伟的木制建筑吸引了我的注意。它不仅让我这个中等体格的肉体凡胎耗费了些时间，似乎还想触及天际。我走近观察，发现它名为《尖塔》(*Spire*)，是英国艺术家安迪·戈兹沃西（Andy Goldsworthy）2008 年的作品，他擅用天然材料创作。他的工作室总部在苏格兰，但承包国际业务，享有国际声誉。他的作品如今散布在普雷西迪奥各处，有的融入公园一景，有的直接拔地而起。《尖塔》由一捆树干组成，顶端近 100 英尺（约 30.48 米）高，是有机材料做成的工艺品。几名越野跑者疾速掠过。

　　戈兹沃西最感兴趣的一项主题是时间。20 世纪 80 年代，他用冰块雕出了精致的拱桥。有一回，他为了把已经冻住的石材支护从冰桥上掰下来，不得不在上面撒尿。[1]戈兹沃西用冻结的水创作，表现了时间主题趋向于无常（impermanence）次主题，但他后来的作品中，则用了石头这种特别耐久的建筑材料来彰显无常的蕴意。[2]他 2005 年的作品《长裂》（*Drawn Stone*）就是一条裂缝，一直延伸到旧金山金门公园（Golden Gate Park）笛洋美术馆（de Young Museum）的门口。这道裂缝令人想到横贯加利福尼亚的那些断层，以及旧金山对于地震一如既往的脆弱。一块石板卧在那条裂缝小道上，貌似被劈成两半，成了一对长凳。这个幽默倒是阴险又顽皮，请我们在危险地带休息。

戈兹沃西曾于 1983 年在坎布里亚郡（Cumbria）做过一个小很多的《细枝塔》（*Sticks Spire*），是《尖塔》的前身。那是一件一人高的作品，由雕塑家独立完成。几十年后，一个大型团队加重型机械建成了《尖塔》，但它拔地而起的样子活像是从那儿长出来的。《尖塔》团队把 37 棵蒙特雷（Monterey）柏树树干捆在一起做成了这件雕塑。当时砍下的柏树是普雷西迪奥再造林工程的一部分。《尖塔》塔尖高达 100 英尺（约 30.48 米），等基座周围的蒙特雷柏长大，最终会遮得看不见。难以置信，看看现在这一圈树。它们还很稚嫩，枝丫在微风中摇曳。一些专家认为这些树能活 2000 年。另一些则不以为然，说目前发现的最老标本也不过几百岁。

《尖塔》的取材涉及了再造林工程，而如果文明持续得够久，再造林最终会遮蔽塔身。《尖塔》所表达的环境忧思，从长远来看与技术发展及投资的速度有关。金融中心的寿命同树相比不值一提，虽说在旧金山容易忽略这点——这很讽刺，因为这座城市作为环保运动历史据点，远比作为科技中心要早，不过它作为淘金城的历史还要更久远。[3]我伫立在普雷西迪奥这一角，新兴科技、企业、面向未来的投资博弈等问题与戈兹沃西这件作品的复杂性并立着：时间与成长、时间与无常，以及自然给文明带来的危机——或许由于地壳构造的缘故，加州文明尤为显著。

第八章

未　来

　　一只裹着巧克力的蚱蜢加入了我的非常规饮食记录。我虽在洛杉矶吃过瓦哈卡*风味的蚱蜢料理（油炸蚱蜢），但从没吃过做成糖果的动物。我也没吃过推销者号称能解决全球粮食保障危机的动物。[1] 我正在一个食品未来的研讨会上，和其他参会者围立在一张小桌子旁。我们在吃虫子，不仅有蚱蜢，还有蚂蚁和面包虫，这会儿大约是昆虫企业家们的产品演示环节，桌上整齐地放着几沓他们的名片。和工业化牧牛相比，搜罗蚱蜢的成本非常高，但有些人认为不用去田里捉，可以规模化养殖。理论上养蚱蜢远不如养牛、猪或鸡那么耗资源。

　　现在是 2013 年 11 月。过去两天里，我们在帕洛阿尔托（Palo Alto）市中心一个中型活动大厅里听关于食品未来的报告，偶尔也会上这样的实物课。我们——大约三十多个人，男女比例差不

---

*　墨西哥本土文化最浓郁的一个州。

多，大多是白人、中年人，很多在大型食品公司的研发或战略部门工作，全都穿着沾了点咖啡渍的"商务便装"——在密闭的房间内硬着头皮听人们叽叽喳喳、滔滔不绝地兴奋讲述，每隔 15 到30 分钟会换一个话题。我们了解了肠道菌物群、公共营养教育，和消化了也能传输数据的可食用传感器。我很好奇，什么促使食品产业忙碌的管理层来参加这样一个基本为教习性质、没打算给客户什么"可交付产品"的研讨会。蚱蜢味道不错，面包虫粉能量棒则不太行。如果在不久的未来，发达国家真要接受昆虫为常用的动物蛋白源，那么我希望是完整的虫子，而不是粉棒。这个设想很有意思，因为像我这样的北美人会整个吃下去的动物极少。蚱蜢我们大多数人只能吃一口。

这项昆虫学实验，是帕洛阿尔托未来研究所（Institute for the Future，简称 IFTF）举办的周末研讨会"颠覆的火种：技术如何改变食品未来"（Seeds of Disruption: How Technology is Remaking the Future of Food）的一环。未来研究所是一家自 1968 年成立以来一直（像从业人员所说）从事"未来工作"的咨询公司与智库的联合机构；最初兰德公司（Rand Corporation）的研究员在福特基金会（Ford Foundation）的资助下，在康涅狄格州米德尔敦的维思大学（Wesleyan University）附近成立了未来研究所。之后不久迁到了帕洛阿尔托，以确保研究所的未来与这片技术区融为一体，而且只要员工想，可以全年骑自行车上班。未来研究所成立于近十年智库增长的前沿，很多智库都在研究食品未来，很多都收集了人口统计学、环境科学，以及严峻的全球人口增长数据和未来粮食供应预测方面的资料。[2] 未来研究所最初成立时，主要关注的并不是食品问题，但如今食品已成为其一项重点业务。

IFTF 早期关注的，是电话通信、住房供给和新闻印刷——都是对社会有直接和重大影响的技术——领域的未来，而本书撰稿期间它更关注人机交互和虚拟现实。[3] IFTF 的客户和合作机构从洛克菲勒基金会（Rockefeller Foundation）、美国海军研究部（U.S. Department of Naval Research）到食品巨头好时公司（Hershey's）不一而足。它最盛大的一项活动，是一年一度的"十年预测"大会，大会推动许多代表来探讨下个十年中可能凸显出来的全球问题。有一年的活动太过盛大，以至于办在了泊于旧金山湾东岸的一艘航空母舰上。我今天来参加这场小得多的活动，是想看看食品未来的工作进展，来了解一下食品未来创意的交易市场。人造肉只是这类创意之一，昆虫是另一种，市中心的城市农业又是一种。这三种创意在大会"食品未来"的博大旗号下，常常并列提出。

虽然有些未来工作者也售卖预测服务，包括关于技术的，但在能否预测未来上，未来学家意见不一。"我们无法预知未来。"IFTF的执行董事玛丽娜·戈尔比斯（Marina Gorbis）说。有张海报体现了 IFTF 对该问题的态度：标语"我看到了未来"中的"看到了"用斜杠划掉，改成了"在创造"，不过后来我才知道该标语只代表了 IFTF 的部分组织态度。除了预测，未来学家们常用的方法还有预估和情景分析。这三种方法可做如下区分：如果说预测是指一组会发生的事件（如明天会下雪），那么预估是给出该事件发生的概率（明天会下雪的概率为 30%）。而情景分析，则是探讨一系列随之而来的状况，难以量化，而且有特定的后果（如果明天下雪，你会穿雪鞋上班吗）。专业的未来工作者会擅长一种或多种方法，而且根据侧重点可能会把多种方法合并使用。[4] 有些坦率地承认，方法是根据客户需求来定的。总的来说，未来工作不像学术门类，更像一种咨询行动，而且有别于追求特定乌托邦式未来愿景的做法。虽然有些未来学家为城市、区域或国家的政府或非政府组织工作，但主要的客户群还在商界。未来的哲学探究史与实际的未来工作完全不同，但后者有时会借助前者的威望。

我访问 IFTF 期间了解到，其员工的教育背景和抱负多种多样。有些人把未来工作当成一种专业的身份标签。一些人甚至拥有未来学的高等学位，而该领域目前只有少数机构开办专业，比如吉姆·达托（Jim Dator）主管的夏威夷大学马诺阿分校（University of Hawaii, Manoa）的夏威夷未来学研究中心（Hawaii Research Center for Futures Studies）。其他的，尤其是大学刚毕业的年轻员工，就不那么在意未来学家的头衔，而把 IFTF 视为达成其他最终目标的训练营，有的目标是进社科类的研究生院，有的是在非政府组织任职或活动。我拜访期间大部分时候和食品组的工作人员在一起，他们的年纪都介于 25 岁到 30 岁出头之间。IFTF 团队很年轻，我慢慢了解到咨询公司和一些智库普遍如此。有人称之为"T 型人士"（T-shaped people），意思是这些人纵向上有很深的专业能力，而在发展顶端同样有着广阔的横向延伸。我发现这些 T 型人士大多穿蓝色牛仔裤，和我们参会者形成了对比。

对携带虫肉食品参会的企业家来说，IFTF 这次研讨会提供了向食品业有潜在影响力的人士（大多来自经济或环保方面影响深广的大公司）展示样本的机会。IFTF 则乘机用当地企业家的货品来充实宣讲，给客户上一堂关于未来食物供应一大可行方案的实物

　　　　　　　　　　　　　　　　　　　　　　　　　　　　　　　　肉食星球

课。那些蚱蜢不是 IFTF 推出的产品，而是以肠胃刺激带动思考的一种手段。坐在我左边的是一家大型汽水公司研发部门的高管，他说本指望拿到对影响食品供应和食品安全的问题更具体的预测资料，比如关于气候变化的。我一边咀嚼一边点头表示赞同。我问他，他们公司主要出于哪方面考虑让他过来的。他回答："我们想要开发注重健康的市场。"这令我想起了纽约市地铁车厢上贴的一张海报，上面画着一罐标准的 12 盎司（约 355 毫升）汽水相当于多少块糖。"我们也担心水源问题。"他补充道。同未来研究所的名字给人的联想相反，他们做的预测还没有情景分析多，会带点"预估"的概率意味，但未必跟着概率走。截至 2013 年，IFTF 形容其未来工作的核心词为"远见"。虽然他们和企业客户有广泛合作，但还是把自己归为非营利组织，称培养（团体、政府和企业的）远见算得上是社会福利。IFTF 的内部出版物表示，远见带来的不是看穿未来，而是准备更充分的行动主体，以及从公民角度来说更好的公民。"远见，"荷兰社会学家、未来学家兼社会民主党党员弗雷德·波拉克（Fred Polak）写道，"是对时间、维持、发展和延续的设想"，但它也意味着对危机的准备。[5]

帕洛阿尔托市区的路人常把 IFTF 误当成斯坦福大学分校。这体现了这座城市的一大特点，即有时很难划分学术领域（尤其是工程学和生命科学）和产业领域的界线。我记得有位科技记者曾一时疏忽，把一位"斯坦福教授"叫成了"斯坦福主管"，虽然他本意是前者。墙上的海报写着未来主义名言，如"未来昨日伊始，我们今已来迟"或"所有对未来的真知灼见，最初看来都是荒谬的"，后一句来自吉姆·达托。书架上存放着 IFTF 员工或附属机构用书，有技术和城市方面的、商业圈社交网络方面的、领导力方面的，还有电子游戏方面的。"我们生来要做未来的缔造者，而不是牺牲品。"一扇窗户上印着已故建筑师和博物学家 R. 巴克敏斯特·富勒（R. Buckminster Fuller）的名言。

富勒对 20 世纪中后期的未来主义有重大影响，但他最著名的成就要数设计了短程线穹顶（geodesic dome），这一构造受到 20 世纪 60 年代很多反主流文化人士的追捧。它们被用于一些城区的建筑地标，如 1965 年至 70 年代初科罗拉多州（Colorado）南部的空降城（Drop City）。富勒预设了这样一类人，他们与新技术齐头并进，又与之相独立，他们认为应用技术能有效地满足人类需要；他称这种人为"深谋远虑的设计师"（comprehensive designer），显然在 IFTF 工作的那些顾问（不是提出技术或方针创意的那些人，而通常是发现创意的潜力，并加以应用的人）有点类似这类人。建筑历史学家西蒙·萨德勒（Simon Sadler）——曾注意到富勒穹顶的著作权有争议——认为穹顶所代表的，远远不止实用性：它是"令短线程穹顶的建造者—观赏者感受到宇宙秩序那般宏大的法则"的"无作者可言的数学必然性"。[6] 像富勒说的成为未来缔造者，或许意味着开发超越人力的东西，开创的体系不仅反映出我们对实用目的的追求，更反映出我们对理想的追求。我们或许要证明宇宙本质上是可解的，或者至少搭建出有望论证其可解性的一个框架。如果你坐在 IFTF 公司的座椅上，想拟出一份未来水资源的报告，突然瞄到富勒这句话，或许会觉得这类宇宙问题很烦人，但是获得启发性的文化符号氛围利大于弊。在 IFTF 鼎盛时期，这片区域就像一台机器，不断将零零散散的概

　　　　　　　　　　　　　　　　　　　肉食星球

念单元整合成重要构想。

用"远见"来形容一个组织的使命，似乎是指有意含糊。或许它反映了咨询工作本身的性质。有些咨询师会给出具体的交付成果，如设计方案或金融工具，但其他人给出的服务就难以度量了。实际上，"远见"似乎是指制定计划、应对偶然性和思考可能性的能力，并做到很多机构所无法企及的地步。虽然有些商业咨询工作是基于顾问具备客户所缺乏的某方面专业知识，如如何打入巴西巧克力市场，或中国台湾酒吧中的年轻人喜欢点哪种威士忌，但 IFTF 不然。他们关注的是各个领域的变化"迹象"，这些他们的客户机构无从得知，但对其战略规划又很有帮助；迹象是 IFTF 执行未来主义操作的基点。IFTF 做了客户们通常情况下没时间、没经验做的工作，帮他们为不确定的情况做好准备。而且它利用了某些商学院的智慧，比如创新就其性质而言，不会发生在老牌机构里，因为它们必然要取悦现有的股东和客户。

在一则宣传 IFTF 食品工作的视频中，讲解员说到"催化出改变食品未来的创新"，以及"食品创新中心"[7]——大概是新食品创意的发源地。我立刻想到了眼下在打造旅游美食城的哥本哈根，那儿有世界上最具创意的一批餐厅。但 IFTF 说的是它所在的城市帕洛阿尔托，不仅毗邻硅谷，而且靠近加州的农业中心——中央谷地（Central Valley），恰好其粮食产量占全国 50% 以上。从 2013 年 11 月至 2015 年，我作为 IFTF 这类研讨会的参会观察员、客座演讲嘉宾及公共活动的观众等，多次造访帕洛阿尔托。我将在 IFTF 的帮助下拓宽人造肉研究领域的人脉，融入大工业、商业和学术知识的交际网，IFTF 对于这一交际圈的形成功不可没。

　　一位 IFTF 员工嘱咐我们："请您在自我介绍时，说一样令您对食品未来感到期待或担忧的技术。"第一天刚开始，也就是炸蚱蜢活动的 36 小时前，我们在房间里转转，互相做了介绍。我们已经在一大张白纸上写下了期待或担忧，并在一旁留下姓名，而且每人拍了张拍立得照片贴在各自那部分的旁边。很多人以期待的口气提到转基因食物，也有不少人对它表示了担忧。我提了人造肉，我说我既有期待又有担忧，不知道它代表了动物蛋白积极还是消极的未来。IFTF 的工作人员刚致完欢迎辞，介绍了研究所、其工作方式及本次研讨会的主题。现在全球食品展望计划（Global Food Outlook program，后更名为 IFTF 食品期货实验室［IFTF Food Futures Lab］；其他"实验室"还有新兴媒体实验室［Emerging Media Lab］以及管理期货实验室［Governance Futures Lab］）的联合董事米里亚姆·利克·埃弗里（Miriam Lueck Avery）开始带我们梳理研讨会场随处可见的、设计精美的宣传册的内容。这是一张大地图，25 英寸 ×22 英寸（约 56 厘米 ×63.5 厘米），主要内容呈放射状布局。五个部分分为绿、黄、蓝、紫、棕色五块，对应着"制造""供销""生产""食用"和"购买"，都是一目了然的食品体系核心活动。这几大块又从中分出一些小块："核心战略"，或者说该领域原定的大体发展方向；"扰乱因素"，或 IFTF 借硅谷界的话说，预示该领域新方向的技术变革；最后一块"意外状况"，指低概率的发展势头，一旦发生可能推翻一切。在"生产"这块饼状图中，相关的"扰乱因素"包括"遍地种粮食"（城市农业主题）、"多建机器人农场"、"重新规划蛋类"和"忽悠食评家"，最后一条指有个公司用植物蛋白做成的汉堡肉几乎以假乱真，算是人造肉技术有力的竞争对手。至少有一位食评家承认被该公司的汉堡给忽悠了。

我注意到，列出的有些扰乱因素或意外状况已经出现了，包括恢复草地式放牧法。其他的，如无人机送货或3D打印现场制作，也都出了样机，像人造肉一样投入了技术—媒体炒作周期。IFTF有份出版物详细介绍了一种让消费品完全按需生产的新生产机制理念，称之为"物质流"（matterstream）。它基于能按需打印或制造出来的数字文件，因此大多数物体付印前都存在硅材料中。这样能节省大量的能源和环境废料，更别说自然资源了。但话又说回来，我们还处在假设阶段。在"期待/担忧"活动开始前，我们在IFTF的大厅里吃早餐时，音响里放起了大卫·鲍伊（David Bowie）的歌曲《太空怪人》（Space Oddity）。"房间后面有虚拟现实头盔，敬请试用。"我们被如此告知。我都忘了，《太空怪人》开头的歌词就是："地面指挥呼叫汤姆船长/服下蛋白质药片，戴上头盔。"

"颠覆的火种"的布局图有其视觉逻辑。图中央是农业、食品生产、营销、购物和食用这些可预测的活动。向地图边缘一路望过去，看到的则是越来越不可能发生的情况。不过，如果说该逻辑和深层的食品领域变革理论有什么关系，现在还看不出来。但这关系很快在地图翻页时补齐了：图背面有段说明，"本图只是启发性的工具，望大家探讨如何巧妙利用技术来填补食品体系的重大缺口"。IFTF工作人员会选择性地采用各种工具。可能他们的专业背景是图形设计或戏剧学，而不是经济学；可能他们学的是人类学，而不是人口统计学。在当下硅谷追捧抽象的"大数据"及各种拟真数据的大背景下，IFTF 近期也推出了电子游戏、宣讲活动，组织了研讨会，安排了企业家与专家之间的会谈。虽然比起数据，IFTF 工作人员更倾向于谈"迹象"，但他们知道如何使这些迹象更有说服力。

　　类似的地图、手册、宣传品和海报合成了 IFTF 活动的视觉空间，也浸染了相应的认知空间。不过，这场大会还融入了另一样精彩的视觉元素。一名刺头染发的黑衣男子泰然自若地站在一张长可绕会场一周、宽如一般海报的纸旁。他是位插画艺术家，用各种各样的彩色马克笔把大会的关键词和主题画成一串连环画。这项服务更贴切的官方名目大概是"图像引导"（Graphic facilitation）。[8] 演示中的关键词以闪亮的字体在四周墙上依次列出，像整齐的涂鸦一样，大会这个意图很容易明白，它要我们把"保护""创新"这类词看成概念池里的动态角色。它们之间会形成新的张力。我想起亚当·韦斯特（Adam West）主演的电视剧《蝙蝠侠》（Batman）。当英雄们拳打恶棍时，观众眼前就会冒出"打飞！"（Kapow！）、"嘭嘭！"（Z-Zwap！）这类字样。本次大会的图像启迪法有个实在的好处，那就是很容易回看、回忆之前说的内容。我问那名引导者他这行是否学了很久，他告诉我，学的其实是细心观察。而且他是志愿来做这项工作的，因为他希望成为旧金山湾区的艺术家，额外的酬劳嘛总会有的。当全场讨论到商品粮时，黄色玉米、笑眯眯的粉色小猪和棕色小麦纷纷跃然于纸上。这位艺术家还给牛打嗝释放出的甲烷加上了可视化的动态

　　　　　　　　　　　　　　　　　　　　　　　　　肉食星球

能量。

乍一看，IFTF 的工作似乎与 20 世纪未来主义做法的历史渊源，以及该做法形成时期的意识形态、哲学，尤其是政治纷争相去甚远。但 20 世纪中期专业性未来工作真正起步时对认知的不确定性，也反映在 21 世纪初的未来主义中，包括 IFTF 的未来主义。[9]讽刺的是，IFTF 的创始人中有些不打算通过开发合适的技术（像 IFTF 当前的模式）来降低不确定性，而是希望通过预测来降低。在 IFTF 成立的几年前，两位兰德公司员工兼 IFTF 创始人奥拉夫·赫尔默（Olaf Helmer）和西奥多·戈登（Theodore Gordon）发布了一种力求达到自然科学精准度的预测理论。正如赫尔默（他与诺曼·达尔基［Norman Dalkey］一同研制了该法）说的，他们的目标是"像我们处理物理和化学问题那般自信地处理社会经济和政治问题"。[10]他宣布了这项德尔菲法（Delphi technique），该方法以同名希腊神谕圣地命名，但做出的是预测，而非判决。[11]

德尔菲法仍在以各种形式使用，其工作原理是找出专家意见之间的共同点。组织者会召集一组专家，就给定话题提出一系列问题，再把同样的问题、流程重复几轮。这类问题通常是关于某个事件或结果（举个冷战时期未来主义的经典例子，比如，核打击）的概率。每轮会谈后，确定多数意见，然后在下一轮开始时告知那些专家。这一步是想推动专家们在预测上趋于一致。德尔菲法成型时正值（不仅军事事务上的，还有现代社会等复杂问题上的）专家学问独具社会威望的年代，这种威望既源自二战期间的科学家赢得的声誉，也源于战后美国政府大力投资教育以及军事和社会政策方面的专家顾问。随着冷战拉开帷幕，政府推出了更多征集顾问的合约，兰德这样的智库如日中天。赫尔默和戈登这类人的地位上升，他们承诺绝对会胜过想打倒的对手，即革命派和诗人们散播开来的乌托邦主义。核战威胁意味着短期和长期未来都要做好准备，也意味着拿出有效智力武器者将赢得嘉奖。

赫尔默、戈登及其兰德同事代表主导了 20 世纪中期北美和欧洲专家团体的两大未来战略之一。这两大战略中的一种认为未来主义是追求实现某种定局，也不介意被称为乌托邦主义。另一种自诩为理性主义者、精于盘算，不想被归为意识形态派别，觉得科学方法能超越偏见。[12] 他们不能直接归为乐观派或悲观派。就赫尔默来说，不用乌托邦式提案，他已经对技术的未来相当乐观了。当然，预测学这一新科学是冷战催生的产物，是想针对莫斯科提出的预断（*prognostik*）策划出适合自由西方的未来方案，该预断虽然表面上追求某种定局，还用了一套历史发展观，但也得寄希望于概率。迫切需要预测的时期，也不止冷战。在偏向理性派未来主义的西欧与美国，20 世纪 60 年代初的一大争端就是对科技现代化的狂热，及对其彻头彻尾的批判。德尔菲法一派的专家忙着探讨核战发生的概率，而其他专家，尤其是欧洲哲学家，则在撰文抵制这个要用到核战武器的世界。1964 年，法国神学家雅克·埃吕尔（Jacques Ellul）出版了《技术社会》（*The Technological Society*），书中说，技术可能是令我们以丧失人性为代价来换取更高效率的手段。同年，法兰克福学派（Frankfurt School）成员、德国社会理论家赫伯特·马尔库塞（Herbert Marcuse）出版了《单向度的人》（*One-Dimensional Man*），来谴责东西方工业社会不断制造出人为的需要。

随着预测活动从美国国防部门蔓延到平民生活，其做法受到了冷战的影响，而且常常借助名为"近代化理论"（modernization theory）的经济和社会学发展观。1960 年，经济学家沃尔特·惠特曼·罗斯托（Walt Whitman Rostow）以该体裁发表了著作《经济增长的阶段：非共产党宣言》（*The Stages of Economic Growth*：*A Non-Communist Manifesto*），明确定位为代替苏联计划发展模式的方案。尽管罗斯托不想夸大其"纵览古今"型历史建模的精确性，但明确表示，他提出的阶段论（从"传统社会"到"大众高消费时代"）可以"代替卡尔·马克思的近代化理论"。[13] 1964 年，也就是赫尔默和戈登发表著作的那年，社会学家丹尼尔·贝尔（Daniel Bell）受马萨诸塞州剑桥市美国人文与科学学院（American Academy of Arts and Sciences）的委任负责一个关于美国社会未来的预测项目，探究未来 25 年的形势。成果便是贝尔 1968 年发表的《迈向 2000：目前的工作》（*Toward the Year 2000*：*Work in Progress*）。[14] 另一部延伸作品为贝尔 1973 年的《后工业社会的来临：社会预测小探》（*The Coming of Post-industrial Society*：*A Venture in Social Forecasting*）。[15] 正如尼尔斯·吉尔曼（Nils Gilman）指出的，自由近代化理论家关注的一项核心政治问题，是第三世界的局势，是争取发展中国家的人心，这点必须不惜一切代价实现，以免落入苏联之手。[16] 但有个理论层面的问题，近代化理论家和乌托邦主义一派不同，无法预想出发展的最终状态。换句话说，他们信仰的发展形式类似渐近线，无限趋近但永不等于"数值 1"。这是以预测为宗旨的未来主义与另一种未来主义的本质区别，后者是乌托邦式的，所以能告诉你其想象乐土中每棵树的分类学名目，甚至其果实的药理学作用。你深入了解这两种未来主义，就会发现它们差别很大，而且目前所做的工作类型也不同。当代 IFTF 的未来主义与这两类都不同，但 IFTF 的情景分析中有时能发现这两类的影子。

资本主义民主思想和社会主义，或确切地说，马克思主义思想确实在这几类未来主义中有所体现，但问题远比说预测派即资本主义民主、乌托邦派即社会主义要复杂得多。有资本主义者提出用市场机制实现乌托邦，也有社会主义者关注局部性战略问题，后者明白，哪怕马克思主义中有黑格尔主义的成分，它的历史并非理性随时间的演变，其进程是有目的性的、有机的。奥拉夫·赫尔默希望出现"建设性的乌托邦势力"（constructive utopians），表明他并不忌惮乌托邦一词。一些人造肉未来的设想强调，未来观基本上不同于政治观或方法论。我交谈过的很多素食主义者和动物福利倡导者都既指望市场经济来带动社会变革，也相信我们正在迈向一个明确而可知的最终状态：一个动物不再受到伤害的乌托邦。未来主义舆论显然重新整合了意识形态立场，与其说坚持某一立场，不如说它们采取了折中主义。但也能从历史观的角度来解读：作为苏联解体后的一代，当市场的胜利（对许多人来说）似乎已成定局，资本主义的技术型乌托邦便和其他降低不确定性的理论工具和平共处了，或许是因为这些立场基本上彼此不构成威胁。目的论导向不是马克思主义思想独有的，仅仅是自由市场时代云集的思想中的一种立场。

我们还在小桌前，望着那些虫子。我又了解了一点面包虫喜爱

肉食星球

的生长环境，和能用面包虫烤制的食物，然后移开了目光。IFTF主活动大厅和相邻的房间里都装点着主办者所说的"未来人工制品"。设计师制作的这些三维模型或平面图，整个周末都在吸引我们的注意。它们是其他活动的纪念品，有针对未来有毒空气的防护面具，还有显示合成生物学令我们空前自由地掌控其他生物的未来图片，包括用细菌生产生物燃料、用转基因树木吸收我们所有的碳排放以挽救空气。我个人最喜欢的，是IFTF食品团队成员萨拉·史密斯（Sarah Smith）的作品，名为"明日的肉品柜"（Meat Counter of Tomorrow）。它描绘了2023年一家肉铺的玻璃展示柜，画面上都是眼熟的肉块。特别之处在于标签上写着："复垦草原的西冷牛排——无骨""A级路杀——鹿肩胛肉""实验室培育的猪肩肉"。显然这件作品想表达的是，如果我们能不拘一格、别出心裁，我们的肉品供应还能更长远。更巧妙的是，它暗示传统的工业肉类难以维系，在不久的将来，我们将不得不吃以前不愿吃的东西，无论是通过开发先前未开发的资源，还是应用新的技术手段。这件"人工制品"是未来构想的一个缩影，令观赏者身临其境地感受。虽然没有文字解释该如何获取这类未来食品，但也不难想象这个"肉品柜"中的每块肉是从何而来。

请观众来补足背后的故事，恰恰是这些"未来人工制品"的用意所在。这里每一块肉我都能讲一段故事。在美国，乡村地区的司机经常上缴公路上轧死的动物肉。这些动物因不幸的事故成了肉食，或像某位作家说的，"货车带来的福利"（mana from minivans）。[17] 虽然在一些州，食物银行已经接受了所谓的"车杀鹿肉"（vehicular venison）——在阿拉斯加，所有路杀动物严格来说都归国家所有，用于救济贫民——但总体上这是一块未被充分利用的资源。"复垦草原式放牧"有时也被称为生物学家及生态学家艾伦·萨沃里（Allan Savory）倡导的"整体化草原管理"（holistic grasslands management）。它旨在通过精耕农业和选择性的"再野生化"措施[18]来恢复地球上部分沙漠化（通常认为是过度放牧的结果）的草地，这些措施（理论上）能让环保人士心安理得地食用牛肉这种公认最不环保的肉。我们到2023年就能吃到"实验室培育的猪肩肉"这一条，令我忍俊不禁。虽说我们刚见识了首个实验室制造的汉堡肉，但指望在这么短时间内制成结构那么复杂的肉组织似乎过于乐观了。史密斯这里提到它，可能只说明实验室培养肉越发受到公众关注，而不是说IFTF已秘密和某个先进的肉类实验室通了气。

如果说路杀、草地复垦和体外培养技术是"肉品柜"设想的肉类三大未来，那它们仍属于我们未来如何继续吃肉这个宏观议题，不过是偏向革新层面。史密斯的"肉品柜"虽然摒弃了工业化畜牧业，但仍旧能满足我们一如既往的大胃口。在这样的未来里，食品生产或供应变了，或许我们对肉的界定也变了，但肉在我们饮食中的核心地位没变。在这个层面上"肉品柜"有意无意地契合了食品未来史一而再再而三强调的主流观念：肉是富裕的标尺，也属于正常、健康的饮食范畴，反过来也能用来衡量一块农业用地能供养多少人口。

肉在未来食品生产宏愿中占了相当大的比重，可以说史密斯的"肉品柜"就是对此的调侃。[19]两百多年来，在欧洲和北美，人们对食品未来的探讨一直是出于对食物供不应求的担忧。但肉

肉食星球

的生产效率低。为了制造肉食，我们耗费了大量植物性食物（更别说水，以及土地）来换取较少的动物性食物。柏拉图《理想国》（*Republic*）第二卷中，苏格拉底在同格劳孔（Glaucon）的对话中谈到，肉在现代民族国家兴起的数千年前，就已经是国际关系层面上的问题了：饲养动物获取（在他看来是高档食物的）肉食的土地需求，导致了不断攫取更多领土的需求。肉食意味着扩张战争。弗朗西斯·穆尔·拉佩（Frances Moore Lappé）的著作《一座小行星的饮食》（*Diet for a Small Planet*，1971 年）就极力披露了各种动物的饲料与肉的比例，其中牛是极为可怜的 21.4：1。这些数据表明，即使不是因哄抢牛而引发战端的时候，牛实际上也是造成粮食系统生产效率低下的一大元凶。

我停下来又吃了只炸蝗，它味道很好，而且基本不属于富裕社会的生态足迹。我思考了牛肉效率低这个问题。智库一派的食品未来主义普遍认同肉（尤其是英美的牛排）为富裕标尺的观念，而这一派比兰德那派的专业未来主义要古老很多。据沃伦·贝拉斯科（Warren Belasco）称，英美思想家一直把肉食纳入他们预期的理想生活标准，也列为他们主张限制人口数量的原因。从 18 世纪末开始，英国人对肉食的偏好从为其著书立说到将其纳入政策，影响了英国殖民地，尤其是印度和爱尔兰人民的生活。

影响力最大的笔杆子或许要数托马斯·罗伯特·马尔萨斯（Thomas Robert Malthus，1766—1834），英国国教圣公会牧师、著名的政治经济学之父，后成为英国东印度公司学院的教授。马尔萨斯虽然明白肉食相比素食能效低，但认为凭肉食受重视之程度，当能左右人口问题方面的政策。如果人口增长将不可避免地导致耕地多用于素食、少用于肉食，那么就该限制生育，而不是以植物类食物代替动物类。[20] 马尔萨斯的肉食立场似并非基于个人口味。在他看来，肉是人们不愿放弃的一种文化必需品，令人们保持精神振作，但他也明白，牛肉涨价意味着肉食将仅限于那些买得起的富人。因此其人口及人口控制的观点（后成为马尔萨斯主义的学说）是基于杂食主义，略带对肉食的担忧。

马尔萨斯在他最具影响力的作品——1798 年的《人口原理》中，提出人类欲望（食欲和性欲）与生产能力之间的关系理论。从他 18 世纪末英国农村产量提升的计划来看，他也知道农业（一定程度上）有赖于技术和工艺的改进。[21] 但人们的胃口更大了。他断定人口会呈几何级数（即按指数）增长，而粮食产量仅呈算术级数（按倍数）增长。结果就是，粮食产量常常会赶不上人口增长，令最贫困的人口面临营养不良或挨饿的危险。这一悲观预期令穷人本身的处境更窘迫了。马尔萨斯认为穷人控制不住自己的食欲。20世纪晚期，在英语为母语的国家里，影响力最大的马尔萨斯主义者是保罗·埃利希（Paul Ehrlich），他在本书落稿的 21 世纪初依旧活跃。他和妻子安妮（Anne Ehrlich）合著了《人口爆炸》（*The Population Bomb*，1968 年）一书，该书早在 20 世纪 70 年代就预见了大范围饥荒，并提出了从（对发达国家的）强制节育、抽签决定生育权到（对发展中国家的）在救济粮中加避孕药等一系列严厉措施。[22] 参加 IFTF 大会的很多人便是从埃利希的这部作品中首次接触到马尔萨斯思想，包括我自己。我从交谈中得知，有些人甚至知道保罗·埃利希和乐观派经济学家朱利安·西蒙（Julian Simon）之间那场著名的赌局，埃利希输给后者 1 万美元。西蒙支持人口增

肉食星球

长，他赌 1980 年至 1990 年铬、铜、镍、锡和钨这五种原材料的实际成本不会上涨。《人口爆炸》问世后（发达国家）并未出现大面积饥荒这点，似乎令舆论大片倒向了反对埃利希的一方，而埃利希和西蒙这场赌局也让经济增长的支持者们确信，资源开采和生产会继续满足不断上涨的需求。但埃利希本人没有明确撤回他的看法，[23] 而 21 世纪初有了很多支持他的马尔萨斯论者，他们计算的不是单个国家，而是整个地球的人类"承载力"。

当代的马尔萨斯批判者有些是素食乌托邦社会主义者威廉·戈德温（William Godwin）一派的。他们建议人们只吃豆类和谷物，其出发点在 21 世纪初看来有些奇怪，即素食能养活更多人，而更多的人口总能提高人类幸福总和。单从这个目标（最大限度提高人类幸福，而不是仅仅确保生存）能看出，未来在不同人眼里是截然不同的。贝拉斯科提出了一种囊括食品未来各个派别的分类法，把马尔萨斯主义、戈德温一派的"平等主义"和另一派并立，事实上这第三派对发达国家现代食品体系形成的影响最大。他们被称为"丰饶主义者"（cornucopian），这个名字形容那些相信（不仅植物而且动物肉的）生产跟得上人口增长速度的人很贴切。虽然有些整修政策争论史的人想把孔多塞侯爵（Marquis de Condorcet）列为与马尔萨斯大致同一时期的 18 世纪丰饶主义思想家，但"丰饶主义"学派不像马尔萨斯主义那么自觉。它传播的范围也更广，因为其成员不仅包括政策专家，还有思维实际上偏向丰饶主义的企业家——不管他们是否认同这个名号。正如历史学家弗雷德里克·奥尔布里顿·琼森（Fredrik Albritton Jonsson）所说的，"这两股势力相互促进，对科技发展做出相反的预测",当然对科技能达到的极端情况也是相反的说法。[24] 奥尔布里顿·琼森指出，1817 年，大卫·李嘉图（David Ricardo）直接在政治经济理论中表达了丰饶主义观。如果说马尔萨斯认为土壤只有有限利用价值，李嘉图则认为投入劳动力和资本就能改善明显较差的土壤。李嘉图的原则展开了说，就是我们可以耗尽给定地点的某项自然资源，然后转移，寻找可以大展身手的新资源，从而获取更多价值。李嘉图的观点显然反映了工业革命的经济经验。[25] 他也提到只要转换自然基质就能维持经济增长的观念，比如从化石燃料转向太阳能电池板收集的太阳能。[26] 他还预示了（虽然说法有些怪诞和委婉）依靠信息经济、经济增长就能完全脱离环境资源的现代观。[27]

"大自然，"孔多塞写道，"不限制我们去实现所求。"我们在 IFTF 的这个周末了解的很多进展都是丰饶主义性质的，因为它们是通过转变生存基质来解决食物供应问题。有时它们推出的新型生产方法，如"物质流"设想，将彻底改变欧洲工业革命时期建立的这套国土整治、资源开采、原料提纯和制造系统。注意，戈德温派，及继他们之后的其他平等主义者（和社会主义者），往往是认可农业改良（包括技术改良）能适应人口增长的；马克思的合著者、马尔萨斯著名的批评家弗雷德里希·恩格斯便是如此。社会主义者同资本主义者一样，一直以来都抱有接受技术为第二天性的幻想。

当前（多半由坚定的自由市场主义者倡导）的丰饶主义观点是，资源枯竭和气候变化只会略微削弱二战以来经济思想上对于增长的活跃信心。人类才智会找到出路；我们会适应形势，而后

　　　　　　　　　　　　　　　　　　肉食星球

繁荣发展，或许会超越依赖化石燃料的局限。在丰饶主义观点看来，工业肉品产量会继续增长，只是面临环境，也许还有伦理等一系列障碍。实验室培养肉的吸引力，在于它承诺会破除这些障碍。生物反应器也许会成为一种自然资源的新来源，或者奥尔布里顿·琼森所说的"无限替代品经济原则"中的新人造边界。[28]我在后来的调研中了解到，人造肉支持者并非都是丰饶主义者，不过好些人配得上这个称号。

　　从19世纪中期到20世纪，日益集中、高效的工业化畜牧业使肉类成为西方丰饶主义的食物典范。从1950至2000年，工业化畜牧业已融入了威尔·斯特芬（Will Steffen）、保罗·克鲁岑（Paul Crutzen）和约翰·麦克内利（John McNeil）所谓的富裕社会"大加速"（Great Acceleration）发展时代，令世界人口翻了一倍多，从25亿上升至60亿，同一时期也令空气中的二氧化碳含量增长了三分之一。[29]从这个层面上看，让人们转而食用其他类型的蛋白质（如昆虫），不单作为肉类的补充品，更是明确的替代品，还是很有意义的。这一做法令人想起李嘉图和他那耗尽一片土地再转战另一片的设想。这意味着我们很多食品未来主义论都建立在让经济灵活、持续性增长的意识形态上，即便它们在极力缓解增长最糟的副作用。"明日的肉品柜"再怎么别出心裁，也仍旧延续了20世纪中期（廉价肉开始纳入我们生活必需品的年代）以来的肉类消费模式。"肉品柜"所基于的，就是我们太过依赖外表亲切的肉块儿，以至于会利用一切能制成肉的资源。

　　"肉品柜"也预示着失去或主动放弃传统工业肉生产的社会。估计在这样的社会里，（新形式的）食肉将包含节俭、兼容并蓄和灵活应对气候变化等美德。但这样一个社会对何谓"现代",也有着不同的见解。想想社会学家兼现代化理论家爱德华·希尔斯(Edward Shils)在纽约多布斯费里(Dobbs Ferry)说的那番话,来自他对于二战后殖民地自治化新一轮洗牌造成的"新国家"困境的主题演说:

> 一个国家经济上不发达、不进步,是无法实现现代化的。经济上发达意味着经济依托于现代科技,意味着工业化,意味着有高水平的生活。所有这些需要规划,需要经济学家和统计学家通过调查来控制储蓄和投资率、新工厂建设、道路港口建设、铁路开发、灌溉方案、肥料生产、农业研究、林业研究、陶瓷研究和燃料利用率研究。"现代化"是西化,但不必照西方国家的步调走。这种西化模式某种程度上脱离了其地理起源和轨迹。[30]

这种"现代"社会的肉必然便宜,而且是大规模工业生产。如果说工业化生产的人造肉满足希尔斯的设想可以理解,那么路杀肉类则不然。复垦草原式牧牛放在这儿也有点别扭。它需要密切注意地理来源,而不是希尔斯说的全球无根主义,即选用或摒弃生产策略时不用太在意土地的状况。

"明日肉品柜"有多重寓意:人造肉那部分象征技术的不断发展,其他采肉途径则暗示旧的肉食生产技术会被淘汰,取而代之的是各种创意性再利用手段。它寓示旧现代化模式的失败,这正是希尔斯描述的模式。而汉堡肉便是希尔斯式现代化的肉食写照。

尽管 IFTF 工作人员本身，至少明面上，不支持什么意识形态，但我们在"颠覆的火种"活动中见到的很多东西都源于硅谷。真的毫不夸张：我们听有位生物化学家说，他为汉普顿湾食品公司（后来也纳入了我人造肉调查的范围）研制了植物性、不含鸡蛋的蛋黄酱；还有一家制造家用真空料理设备的公司的代表，在精确校准的水浴中给我们演示了该烹饪技术。之后是实地考察时间。IFTF 团队带我们走过两个街区，来到全食超市（Whole Foods）连锁店这一带。该超市虽在美国大部分地区属于高档消费点，但在帕洛阿尔托不过是个邻里超市。"这个环节中，"活动日程表上说，"需要参与者购买一样未来十年有望被颠覆的食品。"我一面逛货架，一面同研讨会其他参与者及 IFTF 工作人员聊起来，我问："我们说的'颠覆'是什么意思？"在围绕硅谷的媒体舆论中，这个词最近被批为似是而非的行话套话。"颠覆"一词最初多用于商科类学术文献中，但现在似乎更偏向表示抽象概念的"能指"，而非表示实际意义的"所指"。现有的某个产业遭到颠覆时（就像工业化畜牧业兴许会被细胞农业颠覆），年轻的企业就会蜂拥而至，它们具备旧企业无法比拟的技术优势。人造肉被视为"颠覆性的"，因为它是"创新的"。这两个词几乎是互指的关系，表示两个词的组合概念，人们大多接受了这个用法。

在洗护用品货架前驻足时，我试图弄明白这个问题。这些词太枯燥、泛滥，或许也被批过头了；再过几年它们听起来会变得古怪了。"颠覆"与"创新"，尤其是两个词合用时，表示现有商业领域（或用那个领土的比方来说，"领地"）之所以垮台，主要是因为其过渡模式跟不上变化的节奏。根基没那么稳，但更灵活的博弈者加入进来，稳稳跟上了节奏。但如果颠覆的意义就在于瓦解这块核心，难道颠覆者不会也随时间而没落，尤其当可用性风投减少，由风投支撑的小型企业风潮散去时？我们停下脚步，瞧了瞧五颜六色的牙膏，询问牙科方面的革新是否会令我们不再需要牙膏。一些回应者说，颠覆观是渐进观的替代之选，后者显然古板、老旧而过时。其他人则发现，这个创新—颠覆二元论的诡异之处在于，它使所有成果都沦为白纸一张，以至于原先赌局上的赌注转眼就一文不值。创新—颠覆论抹杀了延续性，忽视了它的价值。从 2013 年这个周末造访帕洛阿尔托的管理层人士的立场来说，这就令我们回到了食品体系推陈出新的根本困境：从农业到消费，食品产业依赖的便是延续性和可靠性。但它既受到社会和环境变迁持久、缓慢性颠覆的冲击，也受到新企业和新产品带来的高热度、未经考验的疾速性颠覆的冲击。"颠覆的火种"的参与者大多是那些担心遭到颠覆的公司的代表。在我调研结束前的几年中，各大食品公司会对人造肉技术进行试探性投资，或许也是出于类似的担忧。

不止我一人在思考颠覆性创新的概念时，我联想到马克思《共产党宣言》（*Communist Manifesto*）里一段贴切的话：

> 资产阶级除非对生产工具，从而对生产关系，从而对全部社会关系不断地进行革命，否则就不能生存下去。……生产的不断变革，一切社会状况不停的动荡，永远的不安定和变动，这就是资产阶级时代不同于过去一切时代的地方。一切固定的僵化的关系以及与之相适应的素被尊崇的观念和见解都被消除了，一切新形成的关系等不到固定下来就陈旧了。[31]

马克思的主张是，令我们超越资本主义的终极革命源于资本主义世界内部，源于资产阶级不断自我改造的冲动。[32] 由此导致的结果——"一切实体化为云烟"——比某些政治或经济答案（包括共产主义本身）的蕴意更深。它意味着并非出于理性的自我改造、并非出于人类实际需要的创新是可能的，实际上几乎是必然的。

我们这一队挑了几包坚果、几片水果、几袋牛肉干和几瓶番茄酱，都是我们认为即将迎来变革的食物。事实上，我们完全有理由不让食物被颠覆，也有办法（包括技术手段）尽可能保留我们的食物体系。我想到水资源，未来数十年里可利用量或将缩减的自然资源之一；我又瞅了瞅一袋加州杏仁，这种耗水的作物。虽然我可以直接抄起一袋传统汉堡肉，放言人造肉会"颠覆"它，但我觉得还没到可以下这个定论的时候。

第九章

普罗米修斯

2014年夏天。我在爱尔兰科克郡（Cork）逛了一天后，瑞安·潘迪亚（Ryan Pandya）用邮件给我发来了20世纪早期的遗传学家、直率的社会学家 J. B. S. 霍尔丹（J. B. S. Haldane）的一段话。这段话摘自霍尔丹的著作《代达罗斯》（*Daedalus*，1923年），该书源自他在剑桥大学一个名为"异教徒社团"（Heretics' Society）的俱乐部所做的演讲。这段话的开头是："化学或物理发明家通常都是普罗米修斯。从用火到飞行，没有哪个伟大的发明不被赞为对神祇的挑衅。"霍尔丹接下来的说法和潘迪亚自己对乳制品工业的批判很相似，也是我们今天在科克大学（University of College Cork）青翠的校园里散步时讨论了很久的问题。霍尔丹认为人们从牛的乳房取奶对牛是"不敬的"，破坏了"母亲与孩子之间亲密而近乎神圣的纽带"。潘迪亚的目标是在产奶过程中，用细胞农业法来取代奶牛。这也是潘迪亚及其联合创始人佩鲁马尔·甘地（Perumal Gandhi）创立哞福瑞公司的初衷。公司眼下还在初始阶段，属于用该大学实验室场地实施的孵化项目。他们不像霍尔丹那样把奶牛奉若神明。他们谈到乳制品工业固有的体制性暴力，通过指出动物们受到的折磨来含蓄地抬升它们的道德地位。

不要轻易跳过霍尔丹提到普罗米修斯的部分。他和很多把普罗米修斯盗火赠予人类同科技和文明起源联系在一起的作家一样，也认为普罗米修斯是个发明家。但普罗米修斯没有造火。他只是盗火。而且，在这个故事的其他版本中，这还不是他第一次偷盗神明的东西。普罗米修斯盗火的光辉掩盖了前一次行动，他最初偷的是肉。

赫西俄德（Hesiod）在《神谱》（*Theogony*）中记述了普罗米修斯在男人对诸神首次献祭中动的手脚（说"男人"是因为那时人类只有男性，是单一性别）。祭品是一头公牛。普罗米修斯把好肉归作一堆，把牛肚摆在上头，装成是一堆内脏。另一堆只有骨头。普罗米修斯用亮晶晶的肥油盖住它们，遮住黯淡的白骨。他请宙斯挑选喜欢的那部分，据赫西俄德所述，尽管宙斯识破了诡计，但这位众神之父依旧欣然且故意选择了那堆骨头，之后普罗米修斯把肉给了人类。宙斯为了惩罚他的蓄谋诡计，不准人类用火。普罗米修斯的首次偷盗与更为著名的第二次偷盗之间的关系不太明朗：是因为宙斯禁止人类用火，所以普罗米修斯必须再偷第二次？[1] 还是出于简单的烹饪逻辑，即偷了肉后就应该偷火来烹肉？

主要的故事无须赘述。[2] 普罗米修斯从奥林匹斯山的众神殿中盗走了火种，赠予了人类。在一些复述版本，如霍尔丹作品中，赠予火种也是赠予文明，因为火种意味着掌控光源和热源，大大扩展了人类的活动范围，从白昼延伸到黑夜；也拓宽了人类的文化潜力，不再仅限于满足日常生理需求。宙斯对普罗米修斯的惩罚也和盗火的部分一样有名。这位泰坦神被绑在一块岩石上，有只鹰会落在他身上，撕开他的肚子，啄食他的肝脏。然后这部分器官会再生，让老鹰在次日重复施刑。虽然在故事的某些版本中，赫拉克勒斯（Herakles）最终拯救了普罗米修斯，但这刑罚原本是永久性的。由于普罗米修斯不但有自我愈合的能力，还有组织完全再生的能力，刑罚令活体成了"火种"（活种）的象征。用历史学家希勒尔·施瓦茨（Hillel Schwartz）的话说，神话本身就带有丰富的生物学矛盾。[3]

在赫西俄德的故事版本中，盗火也从生育根源上转变了人的生物性。（男性）人类和普罗米修斯一同遭受惩罚，方法便是造出女人，因为据《神谱》说，女人令男人分心，而且是未来丈夫的潜在经济负担。但在这个相当歧视女性的情节之外，有一点是毋庸置疑的：女人也成了有性生殖繁衍人类的关键。我们熟知的有性、生殖性生命，未必是最基本意义上的生命，却是源于盗取火种。科学哲学家加斯顿·巴舍拉尔（Gaston Bachelard）在著作《火的精神分析》（*The Psychoanalysis of Fire*）中诗意地类比火与生命，作为不同速度的一对解释原理，"若一切缓变者犹如生命，"他写道，"则一切疾变者犹如火焰。"[4]巴舍拉尔用语精辟，没有多做解释，但似乎影射了自然与文明的差异，或人类未登场时与人类携同技术到来时形势变化的速度差异。巴舍拉尔进一步称，控制火的欲望，属于一种"普罗米修斯情结"（Prometheus complex），想要懂得比父母和师长更多的求知欲。当孩子被父母阻止玩火柴时，就触发了这种

　　　　　　　　　　　　　　　肉食星球

情结。

普罗米修斯的故事有这么多翻版也就不奇怪了。[5]它是起源与繁衍环环相扣的故事：肉、火、女人，甚至人类的有性生殖，全都源于一场原始的违逆。人类家族始于对神庄严崇拜的忤逆。但这一切之上、悬在岩石上的是那位泰坦神（在宙斯奥林匹斯山万神殿的诸神之前就已存在的神族）不朽的肝脏。难怪普罗米修斯有时也被描写为人类的创造者。或者，就像柏拉图的哲学释义中所说的，即便是诸神创造了人类，也是普罗米修斯之火使人类超越了动物的状态。普罗米修斯的弟弟、巨人厄庇墨透斯（Epimetheus）已经把所有的优势赐予了非人类动物（尖牙、利爪、鲸须、羽翼、鳞甲）。普罗米修斯的名字有"先见之明"的意思，而厄庇墨透斯则是"后见之明"（而且厄庇墨透斯常被说成是两兄弟中欠考虑的那个）。《代达罗斯》中有一段无意中预知了未来，在第一批通过体外受精技术孕育的婴儿出生60多年前，霍尔丹就考虑到人类体外受精和繁殖技术的可能性。这段思考再度有力地揭示了赫西俄德所示普罗米修斯之举与人类繁衍未来之关联，也令普罗米修斯成为细胞农业当之无愧的守护神：一方面因为细胞农业自有其运用体外技术的方式，另一方面是因为据埃斯库罗斯（Aeschylus）版本的普罗米修斯神话记载，这位泰坦神曾教人类驯养动物、使用畜力。那他为什么不能将动物从工业化农业中解放出来呢？

普罗米修斯的故事被19世纪英国的素食主义文学引用，是另一个奇妙的巧合。1813年，素食主义诗人珀西·比希·雪莱（Percy Bysshe Shelley）在溺亡于利古里亚海岸的九年前，发表了短篇论文《自然饮食之辩》("A Vindication of Natural Diet")。他那句著名的隽语——"蛮横的肉食者，一顿吃掉一英亩地，把身体给吃垮了"——正是出于此处。雪莱引用了约翰·弗兰克·牛顿博士（Dr. John Frank Newton）在《回归自然：蔬菜养生法之辩》（*The Return to Nature, or, A Defence of the Vegetable Regimen*，1811 年）中对普罗米修斯神话的解读。牛顿发现普罗米修斯对肉和火的双重盗窃正是人类食肉的起源，因此认为我们的起源便是衰落的开始，这显然是对希腊神话的圣经式解读。在牛顿和雪莱看来，疾病、生存动荡，及永葆青春的终结——所有这些都是烹煮和食用动物肉的结果。雪莱文章中这段普罗米修斯的典故反过来要我们思考一个矛盾的问题：如何保留普罗米修斯为我们争取的文明果实，同时又要抵制"这个体系下已深入我们骨髓的邪恶"。或许我们未必要永远吃肉。或许我们能回归雪莱所谓的"自然"（或自然饮食），而又不必放弃那位神祇为我们点燃的文明。[6]

第十章

纪念录

　　谈话告一段落，因为厨师们有些醉了，变得粗鲁起来，所以我起身来到房间后面，开了罐啤酒。周围的生命都是短暂的。确切地说，是房间各面墙上挂着一系列同款海报，上面写着生命是短暂的。像城堡大厅的纹章旗那样，隔一段距离挂一张。如果我们的眼睛像鱼眼一样长在头两侧，它们或许会产生立体的死亡既视感。虽然大字号的"生命是短暂的"是主要信息，但海报上还塞进了其他理念："成就梦想，传递激情""寻求毕生所爱？别忙；做所爱之事，自会遇到"。甚至还下了道规定以防人类学家或文学家做多余的批判："禁止过度解读。"我们在一个叫霍斯第（Holstee）的地方进行着一场不太顺利的会谈，这是布鲁克林的一家设计工作室，也是按海报上的理念建立的一家企业——理念还印在咖啡杯、贺卡等所有东西上，除了卫生纸。这是一个整洁、现代化的房间，中性色调的墙上昭示着霍斯第"生命苦短，我们必须实现所有生命价值，而世界也会善意相待"的观念。按霍斯第标语所说，终极问题既不是人对人不人道，也不是最根本的"一切皆虚无"，而是时辰已到。这不禁让人想起亚瑟·叔本华（Arthur Schopenhauer）《作为意志和表象的世界》（*The World as Will and Representation*，1818 年）中的一段话，这位德国的后唯心主义哲学家写道：

> 将死之人回顾过往的一生，对超然于消亡肉身的意志体的作用，类似动机对于他的行为的作用。它赋予它新的方向，即是这具生命的道德和本质结果。[1]

顺便说下，我个人是怀疑霍斯第生命之目的现于生命之终结的说法，但宇宙应该完全不会在意。不过，霍斯第排列整齐、字迹醒目的顿悟词（设计不错）奠定了今晚的活动氛围，今晚会漫谈人造肉及其潜在利弊。厨师们对人造肉有些等不及了，当然也不止他们。当问及是否会考虑在他们餐馆烹制人造肉时，有位厨师笑说："不会！"语气中还夹杂着对当晚谈话的鄙夷。

摆在眼前的问题貌似是，实验室培养肉在其潜在烹饪者和消费者眼中是否"自然"。这次对话及否定回答的意义，不在于我们弄清了这个问题，而在于我们对眼下这个深层次的问题找不到切入点，这倒给我们一些启发。相比辨别"自然"和"非自然"的潜在含义，或许考察它们与工业化农业法及小型有机农业法之间的关系，才是我们最应该呼吁去做的。意识形态上的差异导致我们无法对农业和粮食生产的目标达成共识，更别说对吃肉的意义达成共识了。

用人类学家希瑟·帕克森（Heather Paxson）的话说，本次会

　　　　　　　　　　　　　　　　　　肉食星球

谈中反人造肉的核心主张是，人造肉不具备"生产的道德生态"。[2]
这种道德生态是包含生产者、消费者和自然资源的良性循环，不限于产品周期而能世世代代持续下去的循环。换句话说，本次会谈不是把人造肉和工业规模的传统肉做比较，而是把它和小规模、较环保的畜牧业做比较。蕾切尔·劳丹指出，虽然人们常把食物分为"自然"和"非自然"的，但大多是为了加强语气，而不是它自身解释得清。[3] 这一区分常用于说明劳丹所谓的"烹饪卢德主义"（culinary Luddism），即抵制所谓的"烹饪现代主义"（culinary Modernism），这俩词的意义几乎不言自明；机器能压玉米饼、磨面粉、挤巧克力和烘焙咖啡，有人打砸机器，也有人推崇机器。完全契合"道德生态"理念的卢德主义"不仅注重味道"，"更是一场道德和政治运动"。[4] 美食专家的书籍文章、食谱，甚至餐厅菜单的图案设计（如上面的插图不是工业面粉厂，而是葡萄藤、干草叉和生铁锅）上可以看到形形色色的烹饪卢德主义。不得不说，就像烹饪现代主义有市场，卢德主义也有市场。

今晚这场卢德主义（也许更客气的叫法是新唯农主义［neo-agrarianism］*）和现代主义就实验室肌肉组织培养这一典型案例交锋的活动，名为"食物之战：人造肉的深入探究"（Food Fight: An In-Depth Look at Cultured Meat）。眼下，在 2014 年 11 月 13 日这个异常温暖的雨夜，我握着啤酒，活动已经开始了几个小时。这次活动由一群记者主办，他们来自三大组织：久负盛名的

---

* 唯农主义或唯农论通常指重视农业地位和农民利益，提倡农业经济及相关生活方式，与工业经济及其带来的生活方式相对立。

科学技术杂志《大众科学》（*Popular Science*）；"气候机密"（Climate Confidential），一个经营气候问题、农业和技术类网站的记者团队；以及《现代农民》（*Modern Farmer*），一家探讨食品和农业问题的杂志，很注意时尚都市感和农业实用经验的平衡。你可以在《现代农民》网站上，通过远程的"山羊摄像机"（GoatCam）观看反刍动物的田园历险记。我猜是气候机密派人邀请的我，又把我的发言排在今晚多场讨论会的第一场。我之前和他们断断续续接触了几个月，分享了我对人造肉的初步研究，知道这种友好交流有时会招来这类活动的邀请。

虽然霍斯第没在"食物之战"上直接表露立场（只有那些醒目的海报），但他们对于食物也有着自己的见解。霍斯第的设计师做了幅名为"食品规定"（Food Rules）的海报，灵感源于一张经典的、公示大后方采粮措施纲领的美国一战海报，其中包含"购买本地食品"等建议。这条 20 世纪 20 年代的指令呼应了 21 世纪初的一则食品常识，即缩短生产商与消费者之间的运输链可减少食品系统的碳足迹。[5] 这些运输链最初是 19 世纪城市化的产物，它们联结了城市与农场，征用了北美大片土地和生物量以满足城市和城市化人口的需求。威廉·克罗农（William Cronon）曾用"消灭地带"（annihilating space）一词来形容肉食产业的现代化。这个双关语既指 19 世纪芝加哥的牲畜围场（现代肉食产业的发源地之一），也指肉品供应链切实消灭了动物的妊娠分娩、生长发育、屠杀宰割，以及最终消费这些环节之间的物理距离。[6] 供应链和工业流水线一样，都是现代化的引擎，而用所谓"土食者"（locavore）的工业食品改革观来说，供应链必须缩短。土食者，顾名思义，指热衷于食用本土食物的人。依照此理（也有人表示质疑），我们要鼓励地方农业，或许还要推崇有望缩短种植者和消费者距离的都市中心农业。都市农业——无论是通过水培法，还是叠在摩天大楼上，或就在城市仓库或空地上的垂直农场——向来是食品未来大会上的热门议题。[7]

霍斯第的新唯农主义态度，同这家设计公司周边典型的水文特征形成了鲜明对比。霍斯第的办公楼在布鲁克林的郭瓦纳斯（Gowanus），从郭瓦纳斯运河走几步路就到了。这条运河建于19世纪，以前是布鲁克林工业工厂（包括造纸厂和皮革厂）的运输路线。霍斯第办公楼附近的仓库上留有褪了色的工厂名，令人回想起纽约市过去那套商品生产、消费和出口机制。运河开凿前，郭瓦纳斯这片松软低地接纳了东面较高、较富裕的公园坡（Park Slope）社区流下来的污水；它西面是卡罗尔花园（Carroll Gardens），南面是红钩（Red Hook），北面是波恩兰姆小丘*（Boerum Hill）。整个20世纪，尤其在暴雨令布鲁克林下水道溢出的时期，污水夹杂着工业废料一齐涌入，令郭瓦纳斯运河自那时起就一直以污染严重而闻名。2010年美国环境保护署（Environmental Protection Agency）将该运河纳入"超级基金计划"（Superfund）**，自此这条1.8英里（约2.9公里）的运河被定为美国污染最严重的航道之一。[8]

某些郭瓦纳斯的地区文化标志上对污染的讽刺性吹嘘，也不

---

* 卡罗尔花园、红钩、波恩兰姆小丘均为街区名。

** 该计划旨在清理废弃的、影响市容或对公共卫生构成危害的污染地区。

算是新旧唯农主义。这类调侃做派似乎是随着城市这一带房地产的繁荣兴起的，尽管这繁荣按布鲁克林的标准算晚了。但凡运河那狭窄的、布满桥梁的河道上能举办一点游艇活动，郭瓦纳斯游艇俱乐部（The Gowanus Yacht Club）酒吧的名字都不会显得那么讽刺。而薰衣草湖酒吧（Lavender Lake Bar）之名是形容19世纪该运河的风貌。若说那些年的河面还有点紫，那么泥泞的河底可谓是"黑色沙拉酱"了。一些人推测，这类调侃做派源自布鲁克林周边社区的中产阶级化与相对滞后的郭瓦纳斯中产阶级化的一种失调，这一失调使郭瓦纳斯成了时尚边缘地带、后工业化保留地、富裕和污糟的最终汇集地。霍斯第设计师布置"终极圆满"信息的这个社区，其居民先是提请环境保护署把运河列入超级基金项目对象，之后欢呼得偿所愿。他们知道这个身份可以保护社区不受房地产开发商的侵害。现在附近开了一家高档的全食超市连锁分店。我曾在隔了几个街区的卡罗尔花园住过。虽然在全食开业前就离开了这个社区，但我还记得那会儿关于全食开过来于这一带有何影响的争论。问题不在于这个社区有没有中产阶级化，而在于它到了中产阶级化的哪个阶段。当然还有世代住在这儿的家庭能否继续长住的问题。我住在布鲁克林时，想了解该运河自然史的游客可以去一个叫普罗透斯·郭瓦纳斯（Proteus Gowanus）的小博物馆兼艺术馆看些展览，博物馆离霍斯第的新址也没多远，就在运河附近的一座砖体建筑里。[9]

我到达霍斯第办公区时，宽敞的大厅里还放着几排办公桌。在活动主办方的欢迎下，发言人和来宾们陆续入场。白天的工作刚刚结束，晚间活动正要开始。桌子渐渐被搬走，面朝房间一角

肉食星球

的平台放上了几排椅子，那是讨论者们的临时舞台。在旁边的房间里，有位记者正把摄像机对着现代牧场的联合创始人兼首席执行官安德拉斯·福尔加奇录制采访，关于这家公司在用组织培养技术生产肉食（这块 2014 年就不做了；几年后，现代牧场协办了一家专门生产肉食的公司）和一种胶原蛋白制成的仿皮革材料。我之前见过福尔加奇，知道他是新兴生物技术的热心代言人。他在今晚讨论会上的角色是人造肉代表，须应对一大批反对意见，很多来自倡导新唯农主义食品价值观的人，这类食品类似霍斯第食品小海报上的那些：本土的、有机的、真实的，常被视作生产、消费和土地管理这个道德生态系统的一部分。[10] 就像劳丹指出的，我们希望食物具备的这些，也恰恰属于现代性质（而不是传统性质），这反映的更像一种伪怀旧心态，而不是严格回归历史上我们祖先的饮食对象和方式。我不是最先注意到 21 世纪初发达国家富裕地区的食品新生态的人，食品的两类"价值"似乎融合到一起，生产、运输、销售、购买这类资本主义行为似乎既能达到经济目的，又能满足道德要求。而相应地，手工食品生产业的工作性质，有点类似马克思·韦伯（Max Weber）指出的所谓"新教伦理"（Protestant ethic）下的工作模式。[11] 今晚会谈最大的挫败，不是我们没能对何谓"自然"达成共识，而是对于手工化食品生产相比工业化食品生产的优势，我们没能贯彻坚定不移的立场。

陆续进来的观众大多很年轻，穿着体面，且白人居多，我并不意外；人造肉讨论会往往会吸引比较年轻、学历较高且较为富裕的听众，但种族和宗教背景或有不同。主持人欢迎观众们的到来，介绍了小组嘉宾，之后会谈开始。首先，福尔加奇和我走上舞台，他夹克上印着的"解决 X"字样让我分了会儿神。这是谷歌主办的一个系列讲座的名字，演讲嘉宾要就全球重大挑战提出解决方案，尤其是技术性方案。比方说，"解决气候变化问题"，或者"解决家畜受虐待问题"。福尔加奇肯定做过这个系列的演讲。这类夹克或 T 恤对硅谷大会的演讲者来说，是种并不罕见的身份标识，有着非常独特的社会意义，类似以前美国高中和大学运动员常穿的优秀运动员外套。虽然福尔加奇很年轻，但现代牧场不是他开的第一家公司。他和他父亲加博尔·福尔加奇（一位有理论物理学根基，但专长为生物物理学的科学家）之前创立过新器官公司，目标是印制用于药品测试的人体组织。

福尔加奇在开场白中，介绍了现代牧场及其 2014 年现阶段的使命。现代牧场的灵感来源于新器官公司组织工程和 3D 打印技术的成果。如果可以打印人体组织，那何不打印非人类动物组织，用作服装或食物？福尔加奇在 2013 年 6 月（大约是马克·波斯特人造牛肉媒体见面会的两个月前）TED（"科技、娱乐与设计"〔Technology, Entertainment, Design〕的缩写）全球大会的演讲中，介绍了现代牧场的目标。他开场就说，到 21 世纪中叶，用动物做"手提包或汉堡包"会显得傻气又土气。对于供应人们肉食和皮革的陆生动物的"全球总数"，他给的数字是 600 亿，和地理学家瓦茨拉夫·斯米尔在他关于肉和地球动物量关系的著作中给出的数据相差无几。福尔加奇指出，到 2050 年，陆地动物总数会涨至 1000 亿，供养约 100 亿人口，将对资源和环境造成极大破坏。福尔加奇还引用了一个熟悉的数据，即饲养牲畜产生的温室气体占大气中碳排放总量的 18%。[12] 我们目前制造肉类和皮革的工业办法除了有道德顾虑——这点福尔加奇也有涉及——还危及"环境、公共健康和食品安全"。

福尔加奇接着说道，所幸，可以换一条路，因为"动物制品不过是组织集合"。这或许是细胞农业核心要旨的夸张说法。"如果，"福尔加奇问道，"我们不从复杂、有知觉的动物入手，而从构成组织的基本生命单位——细胞入手呢？"他的主张部分引起了反对，在情理之中。鸡、牛、猪有无知觉尚有争议；而动物制品虽为"组织集合"，但说它们不过如此就小看了其结构的复杂性。就肉而言，"组织集合"忽视了它关键的时间维度，即骨骼肌发育、成熟需要经年累月；更漏掉了空间维度，即整个动物体的生长环境（工业的还是田园的，拥塞的还是相对自由的）。"组织集合"一词暗示，不用复制动物的生长经历便能复制出组织。但福尔加奇又不是在写论文或做注解，而是代表企业发言。所以这无损于他的演讲风范，依旧是一席出色的推销词。

截至2014年年底（即本书撰写之际），现代牧场的目标是用胶原蛋白（那种动物皮中的天然成分）制作仿皮革材料，战略层面上完全正确。相比肉，构成皮的细胞类型更少。它的结构也更简单，不怎么涉及肌纤维排列或肌肉分层这类三维复杂结构。就技术障碍而言，皮的处理难度对现代牧场的科学家们来说比肉小。而且作为面向市场的商品，皮革占有优势。福尔加奇说，我们穿的"在消费者和监管者方面"，没有吃的或喝的"那么两极分化"。现代牧场的生物材料无须经过人造肉那样的监管机关。福尔加奇称皮革为"把关材料"，为其他类型的生物制品打通门路，"不用再牺牲动物"。显然，皮革的利润通常远高于肉类。

福尔加奇接着谈到他和其他人造肉支持者的共同愿景：希望人造动物产品不再是靠屠宰，而是从类似酿酒厂那种光洁无菌的设备中生产出来——这种人造肉生产设想非常多见。他以偏向预测性和概括性的口吻结束了讲话："或许生物制造是人类制造业的自然演化。它环保、高效、人性化。要我们发挥创造力。我们能设计新材料、新产品和新设备。"他继续道："我们必须超越捕杀动物，以此来达到更文明、更进化的层次。或许我们将迎来更人造化、也更人性化*的时代。"这时，他拿起几条皮革状的材料给观众们看，这是实验室的早期研究成果。一条是黑色的，不透明。另一条只有几层细胞那么薄，像有色玻璃一样透光。这是现代牧场多年后推出的第一个生物材料品牌的前身。

福尔加奇是提出一种观点，但也是做出一种承诺。很多这类讲话都是这种性质，当企业家推销一项新技术时，侃侃而谈该技术的未来利益。有时候很难说他们给出的是两种常见承诺中的哪一种：是指新技术"有前途"，还是谁能"保证"借这项技术实现未来的利益？这里的含糊自有妙用。倘若承诺的未来没能如期兑现，它仍能脱责。换句话说，承诺的模糊之处有利于应对现代牧场这类投机性研究项目的固有风险。

像福尔加奇 TED 全球演说这类演示活动是人们了解人造肉热议的一类重要平台。福尔加奇在布鲁克林发言时，我的思绪飘走了，不仅想到我在网上看过（从网页浏览数来看，还有 100 多万人看过）的他那场 TED 全球演说，还想起人们对 TED 和它这

---

* "人造化"和"人性化"原文都用了"cultured"一词。

一类的"大思想"巡讲大会的评论。除了 TED 及相关大会——包括（貌似数不清的）地方性附属大会 TEDx、TED 全球大会和 TED 医药大会（TEDMED）——还能列举几样：阿斯彭思想节（Aspen Ideas Festival）、西南偏南文化节（South by Southwest，简称 SXSW）等，所有这些都有一些共同特征。

记者内森·海勒（Nathan Heller）在 2012 年的文章中，称 TED 是"数字时代知识风采的展厅"。[13] 以豪车展厅为喻还是有些贴切的，因为虽然 TED 史上大受欢迎的演讲不都出自工程师或科学家，但它确实牵涉到技术，牵涉到应对大范围（事实上是全球性的）挑战（通常是自然环境、人体健康或教育方面的，既有发达国家也有发展中国家）的动员力量和资金。"大思想"一词中的"大"字暗示它带有明显非观念性的东西，即某种新技术或社会措施具有潜在的世界影响力。

TED 及其演讲也招来了批判，通常是斥责大会将知识内容简化为无须多想的速食信息。加利福尼亚大学圣地亚哥分校（University of California，San Diego）的视觉艺术教授本杰明·布拉顿（Benjamin Bratton）利用一次 TEDx 演讲批判了 TED："TED 当然代表了科技、娱乐和设计……但我认为 TED 其实是中产阶级的大型资讯娱乐节目。"虽然他是故意挖苦，但也坦言了部分学者和科学家的忧虑。他们担心 TED 及其他很有影响力的"大思想"集会令公众重视我们的工作，不在它艰难或进展不畅的时刻，却只在它承诺"解决 X"而鼓舞人心的时刻。海勒对此给出了温和点的解释，即"大思想"演说成了当代的一种"感性"模式，其观看不仅是出于求知或商业目的，也略带有道德目的，即观众在寻求鼓舞。这类演讲中有些甚至起到了霍斯第标语的那种煽情作用，像指令般要人们在现世采取行动、追求某种激情，以示对最终死亡的顿悟。在 2009 年的一场 TED 演讲中，机器人手术设备设计师凯瑟琳·莫尔（Catherine Mohr）解释说，致命疾病不会在乎"你写了多少书，或创办了多少公司，你还没来得及获诺贝尔奖，或者本来打算花多少时间陪孩子"。她的设备旨在帮助治愈病人，让他们得以"走出去拯救世界"。[14] 先撇开那句老梗，她想表达的是，新技术能暂时修复伤病，至少延长一点获救者的人生历程，让他们的意愿更多地表露在这个世界上。

连美国国家公共广播电台（National Public Radio）都有一档放送 TED 演讲的节目，这些（TED 口号所谓的）"值得分享的创意"的到处泛滥激怒了很多毕生钻研难以分享的创意的学者。知识分子抱怨 TED 浅薄这点，看似是精英之间的一场小小的派系争斗。但 TED 大会最初的创始人理查德·沃尔曼（Richard Wurman）很简练地指出了这项活动更深层次的问题："他们是在那儿推销'功绩'。"[15] 这个观点的提出要慎重。很多 TED 演讲者、阿斯彭思想节或谷歌"解决 X"的演示者都相当真诚。沃尔曼的"推销'功绩'"道出了比单纯的虚伪更复杂的问题：只看最终目的会忽视某些工作的特殊性和困难性。有位机器人专家谈到拯救世界；知名电子游戏设计师说玩家的心理激励机制可用于实现社会利益。各行各业的专家，从语言学家、遗传学家、物理学家到电子游戏设计师，站上同一个舞台，到头来是争取同样的关注热度，最终实现（"最终实现"是 TED 演讲的常用措辞）创意的影响力，而指望诗歌、政治或者质子以差不多的方式撼动世界。一个

肉食星球

精心布置的舞台可以抹消差异，无论是语音学和光子*的类别差异，还是组织培养实验与快餐汉堡生产的规模差异。

虽然 TED 演讲作为感性模式好像纯属偶然，但它对于理解人造肉议题很重要。网上流传的 TED 和类似 TED 的演讲已成为观众了解人造肉制作的主要途径之一。不仅如此，人造肉相关的道德计划也和上述"大思想"巡讲会所用的大前提有点相似。人造肉是技术性的、创新的，是改变时局的潜力股——这都是我们在大会堂外或新闻报道上数见不鲜的流行说法。它的目的也是通过打通市场、胃口和消化道来改善世界。作为消费品，它和创意在大会舞台上的展销手段异曲同工。晚些时候，有一位观众问福尔加奇，现代牧场对他们父子来说是否"只是一个枢纽"，让他们从一个商机迈向另一个商机。这对加博尔和安德拉斯·福尔加奇有些不善，不过当有人提出利用市场经济机制来实现积极的社会变革时，这总归是值此一问的。

和安德拉斯·福尔加奇在台上发言时，我略微谈了谈新兴技术的社科研究，以及饮食的时代变迁。我更希望福尔加奇来谈谈他工作的一些要点，所以上来就提了个有点刁难他的问题。"所以说，如果马克·波斯特想做汉堡的话，"我说，"现代牧场就不大会去仿制现成的肉制品了。"福尔加奇承认了这点。现代牧场已经培植出很多他所谓的"牛肉片"（steak chip）**，我在人造肉圈的几个熟人都尝过。其造价依然很高，但比波斯特的汉堡肉低很多，福

---

* "语音学"（phonetics）和"光子"（photons）原文发音相近，暗含作者的讽刺意味。

** 一种状似薯片的脱水肉片。

尔加奇今晚没带样品过来。我进一步问道："但如果你们肉饼的最终目的是用一种精确替代品来取代动物长出的肉，供给人们的实验室培养肉却不像真肉，怎么办？它们能和真肉一样吗？"福尔加奇有备而来，说我所谓的"仿品"是多虑了。如果消费者选择了新品肉，必然会减少对旧品肉的消费。我的脑中盘桓起各式各样的肉。来布鲁克林前不久，我曾收到一本叫《试管肉菜谱》（*In Vitro Meat Cookbook*）的艺术项目手册，由荷兰"下一代自然网络"（Next Nature Network）设计室出品，其中分析了为什么人造肉工程最终得到的不是仿品，而是新品。下一代自然及其作者和画师们共同设想了一个充满新奇肉制品的未来，从"肉制颜料"（想想手指画）到人造牡蛎，后者培养于小贝壳状的生物反应器，也许每只都要灌入某种海洋土（有观念认为动植物的生长地会赋予该动植物做的食物或饮料独特的风味）添加剂，以及从北大西洋或日本沿海水域（这属于"海土"吗？）提取的水源。

我的下一个问题有意挑衅，问向室内所有人。我问人造肉是否反映了对人性的嘲讽，因为它好像宁可相信组织工程，也不相信我们能控制自身的食肉欲望。"这个问题很有意思，但过于学术，"福尔加奇回答，"如果今天过后，世界上所有人都加入素食派或纯素食派，就太棒了，但那不现实。"福尔加奇虽然承认（在富裕的发达国家，或如布鲁克林这类高档地区）很多人出于对自身健康的考虑在尽量少吃肉，但他有理由觉得这一趋势不能解决畜牧业带来的问题。他说，北美和西欧做出的一点改善，根本抵消不了世界其他地区动物产品消费量的增长。他有个论点已经是发展中国家肉类消费量上涨的标准解释："当你成为中产阶级，在新兴市场上，你第一样要买的就是更优质、更营养的食物，典型的就是肉制品。"在主持人的催促下，他总结道："希望我们的产品给人们更多选择余地，这样的选择总体上才会有更好的结果。"

下一个讨论组的代表们来自提倡本土化、环保型农业，尤其是肉食产业的组织。他们的观点大多和霍斯第《食品规定》及其强调的本土化一致。其中有些人还提到了新唯农主义食品活动家常说的一点：自然有它的"灵性"。他们说，相比之下，想用科学完美解决我们的食品问题完全是误区。一位发言人说，我们距离消费品越远，情况就越糟糕。而在她看来，人造肉把人和动物隔开了老远。福尔加奇圆滑地回应了这一点，强调现代牧场不准备加入工业食品体系，而是想手工生产产品（他指出"我们有位科学家是法国人"）。不仅如此，本次辩论中他和对方都秉持环保价值观，虽说他们从未细究怎么样才算环保。其间，有位新唯农主义者搞混了，好像忘了福尔加奇和波斯特是两个人，说成了"安德拉斯的汉堡"。不过第二场讨论的大体思路是，人造肉并非解决环境、食品安全或动物福祉问题的良策。他们说，最好是采用（新唯农分子们推崇的那种）有利于生态，而且相对人道的小型畜牧业项目。至于规模问题，供养饥饿地球的难题，好像已经抛诸脑后了。一位以维护小农场为重任的发言者抱怨，人造肉基本上于农民无益。虽然我探访人造肉时没听说他们反对唯农主义，但确实人造肉研究大多是从城市消费者，而不是农村生产者的角度去想象食品生产的。也没有人会喜欢这样的蓝图：自己、自己的手艺和熟知的世界都湮没无闻，其他人却迈向了更美好的未来。

一个叫迈克的厨师质问福尔加奇："谁的钱你不赚？"迈克以

为，福尔加奇肯定深受大型农业综合企业的利益诱惑。福尔加奇坚称，现代牧场的投资者们绝大部分是投机性风险资本家，不是大型农综企业的代表。事实上，尽管福尔加奇没解释这么多，但应该说现代牧场是小型科技公司，不是动物制品公司。现代牧场不打算被史密斯菲尔德（Smithfield）、泰森食品（Tyson）或其他超大型肉品公司收购。福尔加奇的父亲，坐在观众席上的加博尔，一直在努力澄清现代牧场并没有站在大型农业综合企业一边打压小农户，也没打算消灭传统农业。加博尔接着表示，不管是好是坏，所有能够开发的技术终会开发出来。也许手工型和工业型实验室培养肉会一起出现。

迈克的问题让我们意识到这里所说的食品与科学确实有区别：它问的其实不是科学本身，而是大型、工业化、资本主义农综企业。在座所有人都承认，从犁具到精心培育（或转基因）的种子，农业史上遍布着"技术"产物——我们再不情愿，也无法否认。而且，所有人都拎得清植物育种的技术性质和转基因培育的技术性质的区别。如果进一步追问，我们所有人大概也都同意，所有在美国政府监管体制内生产、购买和销售且符合相关机构健康和安全标准的食品，大致都是"科学的"，因为食品遵循的标准是科学家帮忙制定的。但这些共识并不能让在场的新唯农主义者认可人造肉。其实我们的分歧倒不在于怎么定义最根本的自然，而是在工业、规模和商业方面。人造肉代表的食品生产技术完全不同于以往用过的任何技术，它斩断了和生产的道德生态的一切联系。

我在啤酒桌旁一边观看最后一场讨论，一边思考这些问题。厨师们上了舞台，空气中充满了高高低低的争论片段，人人都

肉食星球

想自己的意见压过对方。"总之，我们肉吃得太多了。""大公司也能讲道德啊。""如果人造肉做出来，会在麦当劳这种地方卖吧。""风险投资家怎么不投资农田复垦？""因为那个不赚钱嘛！"福尔加奇说到了制作培养类食品可以直接比作传统形式的发酵，像很多鱼酱的发酵，然后观众席上一位食品记者粗口还击，说虽然可以说一罐罗马鱼酱油（*garum*）或越南鱼露（*nước mắm*）是培养细菌的生物反应器，但这类发酵的生化反应和人造肉所用的细胞培养技术是两码事。福尔加奇受到了来自各方的批判，但一直保持着相对冷静的头脑。眼下，他的主要工作是面对一群执意将食品技术妖魔化的人，为现代牧场去妖魔化。

有位新唯农主义者称农业是一种传承。我们会死，但农业和饮食会继续，所以我们要把它们好好地践行和传承下去。小组讨论者们互相问起有无子女。新唯农主义者们（我一烦就喜欢称他们"卢德分子"）感慨过与自然和谐相处的农业生活，憧憬能世世代代这样下去。其中一人说，为人父母真的让你意识到生命中重要的东西。我的目光从讨论者身上转到霍斯第"生命是短暂的"标语上，再转回来，有一部分思绪飘到了西格蒙德·弗洛伊德的一个词上，*Überdeterminierung*（英译为"overdetermination"），它（在弗洛伊德《梦的解析》[*Interpretation of Dreams*] 中）本来的含义是有些梦境意象在原主的现实生活中有多重源头，导致解读的复杂性。然而，"overdetermination"最常见的通俗用法，是另一种含义——过度明确。过度明确的意思太过鲜明，以至于掩盖了更细微或许更重要的意思。我不禁在想，霍斯第的标语有没有影响到我们。显然，而且或许不只是今晚，关于某些食物是否自然的争议属于道德争议，而非科学争议。这一点对所有想用通俗、明白的说法来描述食品未来的人很重要。它表明我们的用词往往是规定性而不是描述性的，比起符合最新科学研究，往往只是符合我们的价值观。劳丹指出，实际"寄生"于现代工业食品体系的烹饪卢德主义幻想出一个道德生态虚影，还说它的宿主不如那个幻影，其实工业生产自始至终压了手工生产一头。[16] 郭瓦纳斯这个后工业地带为考量这一点提供了绝佳范例：手工食品生产商和销售商一直活在无法匹敌的对手的阴影下。郭瓦纳斯的一切都在向提高人们生活水平的工业化致敬，只不过某种程度上是反面致敬，因为这种提高法不是土地和水源能长久维系的。

今晚在郭瓦纳斯，大家对于改革工业畜牧业现状的必要性没有争议。我们这群人最终在细雨中四散离去。大家仍有分歧的地方，是改革应该从过去的幻想还是未来的幻想中汲取力量。短短几年后，现代牧场会改变重心，不再是用组织培养技术生产肉和皮革，而是挖掘生物材料的时尚和设计潜力。2017 年，纽约的现代艺术博物馆（Museum of Modern Art）会展出一件委托现代牧场设计的 T 恤。现代牧场的首席创意官苏珊娜·李（Suzanne Lee）会用这件 T 恤来回答一个假设问题：如果服装开始用液态材料制作，会是什么样的？现代牧场的目标还是用非动物性替代品制作仿动物制品，这次是寻找制作胶原蛋白——在动物体内起到凝胶作用的细胞外基质的成分——的新方法。如果液态生物皮革能大规模生产，最终成为动物性皮革的替代品，势必会引领一场材料革命，可能争议还小于人造肉革命——衣服的自然性没有食品的自然性争议那么大。

第十一章

复 制

我回想起布尔哈夫博物馆那碟塑化的肉饼，稍逊于马克·波斯特演示时用的那块。它们都仿制了传统肉饼。但我谈到仿制或复制要慎重些。我不想搞成"假冒"的意思，好像生物反应器中的细胞代谢、分裂、组成功能性组织没牛体内的真似的。这全看你怎么定义"真"肉。你习惯吃的才叫真？染色体吻合的才叫真？青草地饲养的才叫真？还是外形符合什么标准的才叫真？不过从某个意义上来说，体外汉堡肉绝对是仿制品。它是用新材料仿制了我们熟悉的一款肉，性质同"原品"——这个词很微妙——略有差异。

模仿（英文"mimesis"源于希腊词"*mimos*"，意为"模仿者"）一直是人造肉制作和营销的基石，重要性不亚于规模化。2017 年的一则人造鸡肉宣传片中，不同于波斯特 2013 年的演示片，镜头反复切至画师画鸡毛的一幕。一只手持着铅笔，优美干净的炭线条跃然纸上。这一幕令我很意外，它让人注意到（貌似）

完美的机械或电子作品同不完美的手绘作品的差距。或许是指望我们联想到手工食品生产，又或许这画作只是肉厂的遮羞布。这让人不禁想起埃米莉·迪金森（Emily Dickinson）的诗句"希望是长着羽毛的"（"Hope is the thing with feathers"），但可以肯定，人造鸡肉是不长羽毛的。

波斯特对人造肉的期望建立在其仿真性上。他认为，只有当人造牛肉饼的口感、味道和价格都接近传统肉饼，消费者才会开始接纳人造肉。虽然有以道德为卖点、定价略高于传统产品也卖得出去的产品例子（如互惠贸易咖啡或放养鸡肉），但波斯特不想太依赖消费者的利他心。他解释说，消费者只有在保障现有美味的基础上，才会考虑道德选择。

德国犹太文学批评家瓦尔特·本雅明（Walter Benjamin）在1936年著名作品《机械复制时代的艺术》（*The Work of Art in the Age of Mechanical Reproduction*）中，反思了20世纪头十年艺术作品大批量复制的问题。[1]过去人们远观艺术品，如在博物馆欣赏绘画时感受到的独特"光环"，改在明信片上欣赏时就突然消失了。人们不上博物馆就能摸到这些艺术画，还可以对着光瞧，或把它们堆在桌上。但复制不是万无一失的。文化历史学家希勒尔·施瓦茨注释本雅明说："机械复制时代凋零的，不是艺术品的光环，不是它的独一无二，而是我们自身对生命力的确信。"问题不是原作有什么损失，因为我们仍然能瞻仰到它，无论它是博物馆的艺术品，还是什么声名显赫的、让实习建筑师观摩的建筑物。复制品的出现反倒让我们担心起原装性和生命力本身。我们拥有它们吗？它们当真存在吗？实现升华的，并不是艺术品自身。我们再也不能确信眼前的实体未来价值如何。

　　显然反驳者会说，汉堡和本雅明说的那种艺术品怎么能相提并论？一种是食品；另一种，起码在本雅明看来涉及我们的感受力，涉及感受（而不是自然实体）能否复制的问题。[2] 而汉堡已经大批量生产，也就是自我复制了。这种情况下，还谈得上光环吗？但记得本雅明另一篇讨论诗人夏尔·波德莱尔（Charles Baudelaire）的文章里是这么说光环的：赋予一物光环，"是赋予它回望我们之力"。[3] 这里不要太抠字眼。想象我们被艺术品（或食品）审视，其实是想象艺术鉴赏上的另一重视角，从而丰富对艺术的感受。如果复制导致光环消失，令艺术欣赏或品尝食物时的"生命力"不再，可想而知本雅明会怎么看复制性食品了。也就不难理解他所说的，慢食运动（Slow Food Movement，1986 年由意大利农民卡洛·彼得里尼［Carlo Petrini］发起）是想夺回食物的"光环"，继而恢复对食物的爱戴。1986 年，罗马第一家麦当劳开业时，提倡"享受的权利"的彼得里尼加入对这家快餐连锁店的抗议游行，给抗议者们发了很多盘通心粉。慢食倡导者会说，一碗意大利面胜过一百个汉堡，这话巧妙地将意式食品的本土性与汉堡的量产性和全球无根性（汉堡既是全球食品又是美国食品，这是它自相矛盾的一个地方）对立起来。按慢食原则做食物的人，比起机器生产，往往更喜欢手工制作及其特有的粗糙感。[4] 蕾切尔·劳丹提出了对彼得里尼的重要反驳，她写道：他带着通心粉四处晃悠时，"快餐店"已是罗马悠久的传统，"可追溯到恺撒时期"。此处说的是供应便宜、快捷的油炸食品，包括著名的罗马甜甜圈的街边小摊。油炸食品在家里难做，还是交给专业人士吧。[5]

而恢复那假想的、理论上因食品工业化而丧失的光环，并非人造肉从业者的关注点。汉堡肉"真不真"与能不能复制和量产关系不大，况且人造肉工作者最想替代的肉制品（典型的如快餐汉堡肉）往往也没有多"真"。仿制是技术问题，涉及如何最优化地生产合适的肌肉组织，再糅合合适的脂肪等要素以贴近牛排或鸡肉的味道；也是战略问题，涉及若要赢得消费者，应优先选择哪种肉。从这个层面上说，波斯特选择做汉堡肉的决定是有战略考量的——选香肠可能就没这么大国际吸引力。很有理由相信，波斯特选汉堡肉是对的，对仿制的看法也是对的。

　　尽管仿制奠定了人造肉的未来，它仍旧存在问题，面临障碍和杂念。之前说过，障碍是在技术方面。复制我们所谓肉的动物肌肉和脂肪事实上比以前说的难多了。杂念（这个词是点明，不是指责）是指我们有发明和游戏的冲动。如果培养肌肉、脂肪及其他细胞可作为构造食物的原材料，干吗还盯着旧式食品？干吗不试试做砖形鸡胸肉、片状骨髓、丸状猪腰肉或锥形鳟鱼？当然，有人会反驳说，素肉制品在世界各地上市这么多年，不也是一直做传统肉，尤其是汉堡肉和香肠肉。没人问植物组织蛋白咋不做成十二面体到处卖。不过，实验室培养肉的轰动性，加上完美制作的技术难度倒激发了各种新型肉，像意欲（或者可以说，允诺）打破自然形态的"自然"肉。有人想通过培养半透明的鱼肉片做出透明的寿司；还有人用菠萝蜜做的支架培植火鸡细胞，做成混合鸡块。虽然基于体内外生长肉生物性相同的理念的仿生风潮推动着人造肉发展，但它也引发了什么叫模仿自然形态、什么叫打破自然形态的问题。[6]

仿制、模仿或复制有很多种，包括有意的（如为小学科学展所做的干冰火山）和无意的（如生出的双胞胎）。[7] 若从哲学概念上算起，模仿在柏拉图的《理想国》中名声不好。《理想国》第十卷提出反对整个再现艺术（representative art）*，基的的观点是模仿自然在本质上比发明创造低一等。《理想国》认为相比模仿，分有（methexis）更胜一筹，后者和理念型相是附属关系**（可以列表来看，柏拉图举例说），而前者寓示着可感型相相比理念型相的缺陷。这一模仿观有个宇宙论解释，有些诺斯替派宇宙说中会出现，说这个世界的起源是瞎眼的傻瓜造物主伊达波斯（Ialdabaoth）输送完美理念世界时失手了。但对人造肉来说，细胞复制乃最最根本的复制，整个技术产业都依托于它。组织培养靠细胞复制来生长，而细胞培养试验中最常见的一个拟人现象，就是细胞"想要"分裂、生长。但没有什么组织的生长过程和最终形态像人造肉这般分离，即产物最终形态可以不是当初取细胞切片的动物体。正是这一可塑性，不必长成活体自然长成的样子，造成了人造肉的某种异样。或许也是这一可塑性启发了那些用名人的肉造肉，或培养和食用人肉的粗俗笑话，这些都不意外地在网上传开了。延展性带来了诡异的恶心感。

模仿成为发明，有什么深远含义吗？睿智的历史学家汉斯·布鲁门伯格（Hans Blumenberg）在1957年论文《自然的模仿：追溯

---

* 再现艺术与表现艺术（expressive art）相对，前者指艺术作品是对自然形象或真实人事的反映或模仿，后者指作品是艺术家个性和感受的表达。

** 模仿是事物与型相的相似关系。如，以花为美，是花具有美的性质，这部分性质和美是附属关系；而以花喻人，花和人是相似关系。

创造物理念的史前史》（"Imitation of Nature: Toward a Prehistory of the Idea of the Creative Being"）中，在广阔的欧洲历史的背景下展开了这个问题。[8] 他认为，现代对于创造新事物的态度（包括对创造的热情和试图与创造物共存时常常面临的正当性危机）源于人造行为性质和意义的一系列演变。技术（一般解释为"制造"）虽然始于对自然过程的模仿，但终于摆脱自然模式的自由发明。布鲁门伯格的解释公认是从哲学高度俯视这个问题，开始还是亚里士多德那套观点，即所有技术都属于对自然过程的模仿或延伸。在该观点下，模仿不仅是形态或功能的复制，它也算作自然秩序的一部分。后来到了现代，现代人对技术的感受是建立在自立为造物者的深度不安上。我们对权力上瘾后，发现落下了后遗症，但后遗症的根源却在之前我们现代化过程中脱离的时代特性中。这些都需要进一步解释。

布鲁门伯格的文章开头是一段制勺者的描述，他是库萨的尼古拉（Nicolas of Cusa）1450 年《三段对话》（*Three Dialogues*）中的主要对话者之一。库萨这位独出心裁的制勺者不以自然形状为模板制勺，而是完全按照人的想法——只存在于人脑中的模板。所以，这位制勺者效法了神的自然创造力。布鲁门伯格认为，现代性的特征就是人对模仿自然的反抗，以及自立为造物主、创造合法产物的愿望，但代价是得接受其"无根据"的存在。因为模仿首先是和自然界——其内在关联用现代的"ecosystem"（生态系统）一词还表达不全，尽管前缀"eco-"源于希腊词"*oikos*"（家或家族）——的一种关联。我们反抗模仿会感到不安。库萨之前的另一个哲学根源，是分有（或该物与相应的最终型相之关联）高于模仿的柏拉图

肉食星球

式观点，渗入了大体为亚里士多德式[9]的、认可或无所谓模仿价值的制造和创造体系。换句话说，实际上柏拉图式观点带来一个前所未有的制造体系，这一体系又渐渐转化为神学意义上的反抗，模仿不仅是反抗自然，更是反抗神。布鲁门伯格像技术员那般激动地称，我们现代人所做的"*techne*"（通常译为"工艺"）是种形而上的活动，而新意是种形而上的需求。但我们的需要是什么、它们是否正当，还是个问题。"当神的欲望"（*Homoiosis theoi*），既难以抗拒又难以承受。科技与文明失调的问题已是老生常谈，且很多时候掺杂了政治意图。但布鲁门伯格想补充的是，问题不仅出在人造产物对世界和人身心的影响，还出在创造的本质上。

　　人造肉在布鲁门伯格的世界观中，属于一种有趣的中间地带。它在一定程度上符合亚里士多德式技术解释，即"延伸"细胞和组织的自然生长过程，超出自然限度。但同时又赋予肉类开拓新形态的大好时机，除非特别热爱旧形态，才会让人造肉继续模仿自然肉。虽然许多从事人造肉生产实验的科学家觉得，他们培养的肌细胞和动物体内生长的一模一样，不过他们得努力在实验室找到适于细胞生长和健康的环境条件，而耗费的心力让他们强烈意识到目前成果和仿真的差距。他们知道，眼下，或者长远来看，人造肉只有最终成果才有仿真效果，实验室里的还达不到。虽然很多倡导者如是说，但人造肉生产并不是"从动物体内改为实验室生长"，因为二者的"生长"不一样。虽然我接触的科学家和工程师没说是亚里士多德一派，但若知道其生物技术引发了亚里士多德式**能动的自然**（*natura naturans*，主动生成的自然）与**被动的自然**（*natura naturata*，被动形成各种形态的自然）的重要争论，大概也不意外。[10]

仿真学的束缚，拿人造肉来说，是把这整套哲学体系塞进汉堡一个模子里，明明完全超出了这个模子。模仿自然在亚里士多德看来，是一种关系法则，人类动手制造前祖先留下的东西是铭记这一依赖关系。在 21 世纪初的组织培养和组织工程中，这一依赖性已变得薄弱，而人类意志的作用越发明显。布鲁门伯格 1957 年文章的观点，不是模仿及其附带的关联感比发明对我们不安的现代人更好，也不是推崇单靠亚里士多德的思想来认识整个创造史或具体的技术史。他不过是希望我们能把存在（不管天然还是人造的，生长还是制作的）视为合理，承认我们名为创造的自由的同时，不会陷入不断追求新工具或新玩具的强迫心态。布鲁门伯格希望人类的创造能不那么折磨人。

但人造肉实验室和我交流的那些人没怎么感到折磨，至少不为模仿和发明的区别而烦恼。组织培养工作分出**能动的自然**与**被动的自然**，主要是开放更多的可能性。走到复制这一步（假设复制成功了）的技术势必会超越复制，最终推翻最初的模型，这点布鲁门伯格可从某些庸俗的人类心思中窥见一二。问题是，我们在实验室造出肉时，这一造物反映了我们自身和欲望怎样的本质？

第十二章

哲学家们

"各位，会上有彼得·辛格（Peter Singer）在，你们就别显摆
啦！"现在真稀奇，动物保护人士来打断动物受苦的哲学探讨，而
哲学家彼得·辛格是该领域公认的专家。现在是2014年10月。
我和一群人在纽约下东区的曼尼·坎托社区中心（Manny Cantor
Community Center）参加一场关于蛋白质未来的圆桌会议，问答
环节已经吵翻了天。一个叫饮食博物馆（Museum of Food and
Drink，简称 MOFAD）的组织主办了这次座谈会，请来新收获的
伊莎·达塔尔，和传统畜肉经销公司美国传统食品公司（Heritage
Foods USA）的负责人——与迈克·爱迪生（Mike Edison）合著
《食肉者宣言》（*The Carnivore Manifesto*）一书的帕特里克·马丁斯
（Patrick Martins）。[1]另外还有辛格和另一位哲学家马克·布多尔
夫森（Mark Budolfson）。辛格1975年的著作《动物解放》（*Animal
Liberation*）常被称为动物权利运动的"圣经"。[2]主持人是戴夫·阿
诺德（Dave Arnold），一位餐饮业的厨师和专业创新人士。阿诺

德在美食界一些内行圈子很有名气。关于他的成就，我仅简单举两个有代表性的例子——成立了饮食博物馆，以及一家很受鸡尾酒鉴赏家欢迎的酒吧，名叫布克与达克斯（Booker and Dax）。阿诺德曾是哲学学生和雕刻家，最近发明了一种他称为"烤滤网"（Searzall）的装置，其实就是在厨房喷灯口装一套金属网，这样烤食物时食物的气味就不会和烧焦味混在一起。动物活动家们在问答环节打断活动，得要阿诺德来喝止他们。

2014 年，辛格的《动物解放》已出版了 39 年，它的功利主义阐释几乎影响了我在人造肉运动实地考察期间碰到的所有哲学派人士的思想。该书在倡导将动物从我们食品生产、医学实验及化妆品等行业涉及的实验系统中解放出来等方面树立了里程碑式信念。它不是从热爱动物的情感着手，而是从激发保护动物意识的哲学信义着手。"我是素食主义者，"辛格写道，"因为我是功利主义者。"[3] 那么为什么活动人士挑这次活动表示抗议呢？"彼得，我们感激你、爱戴你，但你们没讨论如何让动物活下去。"女发言人道。她的意见无意中显示出辛格对动物受罪的看法同活动人士不一样。"让它们活下去"的口号似乎只说让动物们各自存活，没说是怎样的活法，反正它们的命和人命一样宝贵。而辛格的哲学则不认为动物生命具备固有价值。在辛格看来，人或动物的生命，都是由快乐或痛苦的体会构成的。这些，不同于固有价值论，是功利主义者可以衡量、可以指望来改善世界的条件。对人类感受敏感的哲学家们通常不会谴责同情或同理心的感性反应，但辛格的理论却不要我们从感性情绪，而是从理性判断入手。

这些活动人士是一个叫集体自由（Collectively Free）的组织

的成员，他们举着带有食用动物图案（如牛、猪、龙虾）的标牌，标语写着"我想活下去"，活动者们的口号为应答式："它们想活下去，就像你想活下去，让它们活下去。"[4]集体自由干扰本次座谈会的目的仍不清楚，因为发言人几乎都不是提倡工业化饲养、屠宰和食用动物的大胃口肉食主义者。帕特里克·马丁斯倒是提倡肉食主义，但那是美国慢食协会（Slow Food USA，马丁斯响应国际慢食运动而成立的组织）推崇的极温和的肉食主义。慢食运动的大工程可以概括为撤回工业化农业和快餐，弘扬传统和集体价值观。马丁斯反对工业化畜牧业，后者在他看来饱含环境损害、过度残忍等外部效应。他赞赏（意大利工业化之前）意大利农民良好的食肉习惯，他们每次就着酱汁吃一盎司（约28克）左右的碎肉，而且是偶尔吃。马丁斯说，像这样一点点分食，一只火鸡够养活一村人。这种小规模消费可由小农场的肉产量供应，从环保角度来说也是更可持续之选。很少有肉食倡导者叫你少吃肉，但马丁斯会如此。他还很乐意表示，叫穷人吃比富人廉价的肉反映了可耻的阶级歧视。他认为廉价肉必须消失，每个人都应该想着吃较少量的优质肉。

达塔尔也是改革派。作为新收获负责人，她的目标是推广组织培养法生产的动物替代产品，她在当晚的会谈中表示，希望食品生产再也不用动物做任何牺牲。她描述新收获的工作时，我注意到她的态度很温和。她表示人造肉是值得研究、值得投入金钱和精力的技术契机，但不是解决食品体系问题的保证或万灵药。确实在这场大会上，细胞农业的期望被传统或者说活体肉食生产一贯的伦理争议压倒了。彼得·蒂尔也是改革派，是一位花了很大力气向大众推广功利主义或广义上的"结果论"道德哲学的哲学家。布多尔夫森也站在结果论哲学一派，但不完全赞成辛格的理论，尤其是辛格认为消费者选择能推动社会变革这点。布多尔夫森反而支持通过政府监管来减少对动物和环境的伤害。他在讨论中贡献了"伤害足迹"（harm footprint）这一术语，借用了碳足迹的概念，不只希望借以衡量痛苦，还要我们像重视环境破坏那样重视道德败坏，将其视为我们文明的体制性问题。[5]

对于活动派的搅和，专家小组没好气地回应。我不怪他们。集体自由揪住马丁斯不放，问如果要杀的是他，他作何感想。他为自己辩解了一会儿，大概以为可以理性地驳倒对方。他讲到一种叫红荆猪（Red Wattle pig）的猪品种，本来要灭绝了，多亏饲养者当食用动物养，才把它从灭绝的边缘救回来。然后，马丁斯情有可原地被这批粗鲁的诘问激怒了，他对着"我想活下去"的标语沉吟道："其实，我不是总想活下去的。"这倒不是说他想自杀，而是从人道的角度来说，渴望或追求生存是复杂的旅程，带有艰难的停滞和曲折的重启。辛格表示，我们尚不清楚哪些动物明白自己的未来（如果有这样的动物的话），也不清楚食用动物们是否有想延长自身存在的意识。生存本能也许只是本能，不代表存在意识。我记得有些动物保护人士指责辛格没采取动物生命神圣不可侵犯的绝对立场。集体自由不是要别人同他们的目标大体一致，而是要完全一致。辛格没有也不打算不惜一切代价保护动物的生命。这一立场并非他的观点。

辛格所拥护的功利主义，是产生于英国18世纪晚期的一个思想流派。古典功利主义（有时叫这个名目）发展到后来是半学术性、半政治和社会性的。功利主义融合了以下特点：它是结果主义的（是结果主义的一个分支），因为它判断对错只考虑行为后果，不考虑行为本身的性质。它为达目的，不择手段。它是普遍主义的，因为它表示对每个个体的利益一视同仁。它是福利主义的，因为它根据人们需求的满足度来判断和衡量人们的幸福度。它又是集体主义的，因为它考虑的是所有人利益的总和，目的是将多数人的福祉最大化、痛苦最小化。个体只是集体的一部分。一个个体算一分子，不超过一分子。

如果这部分功利主义解释显得程式化，那么得说，世界上很多功利主义解释就像线型图或版型图。正如哲学家伯纳德·威廉斯（Bernard Williams）在一篇批判功利主义的文章中说的，这种方法论"对应的，是相比道德模糊……更愿意应付技术困难的心态，无疑是因为后者没那么可怕"。[6]也就是说，对功利主义者来说，平衡多方利益的复杂工作比搞不清怎样才算是好的结果要强。功利主义吸引讨厌道德模糊和注重结果的人，而人造肉圈子里很多一心想终结畜牧业的人就是这类。可以说，这是现在和未来问题解决者们的哲学。

功利主义的编年史作家之一、哲学家巴特·舒尔茨（Bart Schultz）称早期功利主义者为"幸福哲学家"。这个名称凸显了威廉·戈德温、杰里米·边沁（Jeremy Bentham）、詹姆斯·米尔（James Mill）和约翰·斯图亚特·米尔（John Stuart Mill）一派非常积极的一方面。哲学家伯特兰·罗素（Bertrand Russell）在1926年论文《好人带来的危害》（"The Harm That Good Men Do"）中，将英国19世纪许多伟大的社会变革都归功于功利主义的影响，从

1832 年的《改革法案》(Reform Act，令议会改变贵族独大的局面，反映更多中产阶级的权益)、1833 年的废除奴隶制(Slavery Abolition Act)，到 1840 年代末废除《谷物法》(Corn Laws，降低了粮食价格)，再到义务制教育的出台。[7] 那么，一个看似具有如此进步力量，在减少全人类痛苦、扩大全人类幸福上如此可敬的道德哲学，却在罗素的几十年后被视为与个体自由和尊严相悖的官僚主义、狭隘思维模式，实在很奇怪。米歇尔·福柯(Michel Foucault)就是基于后面这点写道："这么说请哲学史家们见谅，但我认为边沁于我们社会比康德或黑格尔更重要。我们所有的社会都应向他致敬。"这是在讽刺。福柯指的是边沁的管理性发明"全景监狱"(panopticon)*，该项建筑设计是为了改善监狱条件，帮助罪犯改造。[8] 虽然福柯说"全景敞视主义"(panopticism)是边沁真正的遗产有点本末倒置，但抓住了些许要素。功利主义构想从一开始，就常常(但不是全部)属于管理性构想。它采取一种全然公正的立场，把不同个体的快乐与痛苦当成可管理的单位来衡量。要做到这一点，就必须在它监管的各个单位之间建立某种等价性。关于这点，辛格承认人和动物的需求或许大不一样，但二者都受制于功利主义者常说的"满足感"。

从这个层面来说，满足感的概念具备可分析的优势。虽然你我无疑有不同的需求，但我们都能意识到自己的需求是大大满足、微微满足，还是完全没满足。然而，需注意的是，这满足感原则将个体不同的利益拉至同一水平线。如果一个个体一分子，且不

---

* 也称为"圆形监狱"或"环形监狱"。

超过一分子，那就绝不会偏袒某人或某人的目标。"衡量对错的，是多数人的最大化幸福。"边沁 1776 年写道。[9]辛格觉得，这才是能够指引我们正确行动的"完善理论"，而不是从道德直觉（或者，比方说，我们对某个生物的同情）出发，再建立可以解释或捍卫这一直觉的理论。优秀的功利主义者会注意到他/她的偏见，在做道德权衡时记得筛查偏见。这一"筛查"的问题，哲学家阿拉斯代尔·麦金泰尔（Alasdair MacIntyre）指出，在于它意味着功利主义"不会做真正无条件的付出"，就像是父母对孩子的那种付出。[10]

1781 年的夏天，边沁重要的哲学事业开始的几年后，他梦到"功利主义"一词。在这个命中注定的梦里，他创立了名为"功利主义者"的教派，而他的著作迅速集结了一批有着共同信仰和信义的人。边沁的目标不只是短暂地折服他人。[11]英国古典功利主义的矛盾在于"幸福计算"（felicific calculus）同时有两方面的追求。一方面，它追求社会进步，颠覆和瓦解不利于人类提高的传统模式；另一方面，尤其在其他道德哲学流派看来，它逐渐演变成一种官僚化思维，通过单调地处理"幸福"或"满足"这类概念，低估了道德决策的复杂性。功利主义者就好像想站在宇宙的角度来观测这个世界的喜怒哀乐。

功利主义也不像其他一些讨论那样关心人与动物共处的（用哲学家克里斯蒂娜·科斯嘉德［Christine Korsgaard］的话说）哲学后果。[12]科斯嘉德认为动物是我们思考世界的"一个大难点"，好像我们"无法切实地看透它们，看到它们的真面目"。[13]思考它们很有收获，因为它们很难想。动物对待生活的方式与我们的方式不同。狗熊能判断浆果是好是坏，但不是用我判断自己是好儿子还是坏儿子这样的认知系统或文化环境。狗熊和人，这两种动物都有标准，但是不同的标准。人的生命"多出来一个怪维度"令之与众不同，即生命仿佛是我们每天都要努力干的工程。诗人保罗·马尔登（Paul Muldoon）写道：

> 我和白猫潘古儿，
> 有股冲动相近尔，
> 潘古追鼠不放弃，
> 我抠字眼扣到底。
> [……] [14]

但抠字眼和追老鼠不完全相同，这也是马尔登这首诗的张力所在。抠一个字牵扯到其他字、牵扯到表达目的，耗费的时间比猫咬死老鼠，或许再叼给主人看要久。就像诗人和猫相似而又不同，我生活的"工程性"令我的求生欲不同于龙虾的那种。这不是说我俩的求生欲同样正当，而是说两者有别。[15]然而，光说人和动物共处反映出人类独特性这个大问题，还没解释我们对待动物的道德问题，除非肆意夸大人类独特性作为杀害和食用动物的凭据；即除非我们全盘接受人类中心论，认定了作为人类，为满足人心所欲而虐待动物是名正言顺的。

辛格《动物解放》的核心，就是上文所说的动物受苦问题。辛格的目标一直是"扩大"我们认为值得道德关怀的生物所在的"道德圈"。[16]辛格没说动物生命和人类等价，但也没说过人类具有道德优先级，或人类需求有道德优先级。辛格也不认为动物或人的生命本身有什么价值，而认为我们（意为"人类集体"）的幸福或痛苦才令我们值得道德关怀。因为我们当前及潜在未来的感受总和是有价值的，所以有必要对是否畜养动物为食做艰难的道德抉择。

《动物解放》与其说是哲学书，不如说是哲学观点打头的活动派书籍。其哲学论述部分和详细描述我们食品、医药研究体系中虐待动物部分的比例，就像特别干的马提尼酒——少得可怜的苦艾酒兑上多得要命的杜松子酒。这并没有削弱它的哲学效力（虽说有些哲学家要反对我用苦艾酒而不是杜松子酒来类比哲学了）。论点不是越长越有力。辛格希望克服他所谓的"物种歧视"偏见，即相信人类问题就是比其他动物的重要，甚至其他动物的苦难不值一提。科斯高指出，哲学上最显眼的物种歧视表现，要数康德思索人类起源时，对天人和其他动物差异的以下描述：

> 理性使**人类**完全凌驾于动物群体之上的第四步，也是最后一步，是人……意识到他是自然真正的目的所在。当他第一次对羊说，"你身上的毛皮不是自然给你用的，而是给我用的"，并夺走羊的毛皮自己穿上时，他意识到了自己享有高于所有动物的……特权；于是他今后不再把它们视为动物伙伴，而是将其看作可以随心所欲地利用以实现任何目的的手段和工具。[17]

这种动物不过是"手段和工具"，与人类追求的"任何目的"相比都不值一提的观点，显然激怒了辛格及其追随者。从宇宙的角度来看，兽类受苦和人类受苦是一样的。杰里米·边沁自己在《道德与立法原理导论》（*Introduction to the Principles of Morals and Legislation*）中，论及人和动物的差异要从二者受苦的道德角度来考量："问题不在于它们会不会思考，或者会不会说话，而是会不会受苦。"[18] 辛格用"物种歧视"（speciesism）一词来形容否定动物的道德地位，该词出自心理学家兼动物活动家理查德·赖德（Richard Ryder），辛格在牛津大学认识了他。赖德在 1970 年出版的同名手册中开创了这个术语。[19] 这个词的意思与其说是哲学上的，不如说是社会科学上的（"物种歧视"指类似种族歧视的社会偏见）但也可以说是功利主义的普遍主义在非人类物种上的应用。再者，用知觉（即痛苦或快乐的能力）作为人和动物的一种等价物，也不算不同物种之间多完善的道德等价物。

辛格反对工业化食品系统中的动物受苦，但奇怪的是，他不反对动物死亡。辛格的思想中并不会把生命或动物个体的生命看得神圣不可侵犯。他强调，生命受苦其实比生命消亡的问题更大。辛格指出，很多动物对其目前的生活和未来是否有知觉这点尚不清楚，故它们的死亡和大多数人类的死亡不同。不过，他仍旧认为冷血地杀害动物的行为属于物种歧视，除非人可以杀害和该动物认知水平差不多的人。辛格秉持这一观点不是说物种歧视本身不道德，而是说物种歧视导致了动物受苦。[20]

辛格的《动物解放》不乏批判者。有些干脆说动物受苦没有道德意义，但更有趣的对手是赞成保护动物的大方向但反对辛格的功利主义方法的哲学家。[21] 法律学者加里·弗兰乔内（Gary Francione）就是这样一位批判者，他很奇怪辛格（像边沁一样）

肉食星球

反对动物受苦，却认为动物死亡不算伤害形式，无须道德纠正。[22]
弗兰乔内推断，辛格突出知觉的表面作用——表达快乐或痛苦，
是误解了它。弗兰乔内说，知觉的真正作用，是帮动物个体生存。
统计我们对动物的整体伤害时排除杀害，是逃避理性和道德责任。
弗兰乔内的观点不无道理，因为生物不仅是直接情感和认知状态
的集合体。

　　辛格另一位著名的道义论（即关注行为本身的对错而非其后
果）批判者是哲学家汤姆·里根（Tom Regan），著有《动物权利
的理由》（*The Case For Animal Rights*，1983 年），他在书里称，我
们对动物的主要错处不是令其受苦。小牛取肉和龙虾活煮所受的
那些痛苦，不过是我们藐视动物权利、工具化地利用它们这一深
层错误的加重。里根摒弃了权利契约理论，也否定了功利主义，
尽管后者有诱人的平等性。"功利主义中的平等，"他写道，"不是
动物权或人权倡导者应追求的那种。功利主义不会认为不同个体
有平等的道德权利，因为它不觉得他们有（平等的）内在价值。"
这点很妙。在里根看来，功利主义注重平等很好，可惜不在乎个
体价值这类观念，因为它把个体同其感受（快乐、痛苦）割裂开
来并只在意后者。这里呼应了弗兰乔内的观点，即知觉不仅仅是
动物感受的部分。

　　里根先是写了篇文章，称如果特定人群（智力低下者和幼儿）
拥有权利，那动物也拥有，继而提出了一项不基于契约理念而基于
固有价值理念的权利理论；固有价值即人和动物，也就是"所有生
命主体"都具备的性质。[23]里根的权利理论对畜牧业的"废除主义"
（沿用史上"废奴主义"[abolitionist]一词来说，该词常见于动物

权利运动）色彩比辛格的功利论更强烈。当然，权利理论没怎么提到实际生活中如何捍卫动物的固有权利，或为了捍卫动物权利人类愿意付出怎样的代价（直接的或以放弃机会为表示的）。关于动物道德待遇的哲学争论，讽刺之处在于主要争论派大多是为了同一个目的，就是终结畜牧业。我在曼尼·坎托社区中心和同伴们交谈得知，周围很多人都是废除派的纯素食主义者，一心想终结畜牧业。其他人则是批判畜牧业的、热心的食物爱好者，他们能接受让动物少受点苦的小规模畜牧业，也愿意相应地缩减自己的食肉计划，时不时地吃点猪肉或牛肉，偶尔来一块火鸡肉。

眼前的问题是，对于人类吃动物的行为，有没有有力的道德—哲学辩护。这不是指为危及人类生命的特殊情况下（很多功利论者可以谅解在飞机失事碰上大雪封山这类情况下吃肉，只有特别严格的道义论者才会反对）吃动物辩护，而是为工业化畜牧业的做法辩护，或者说为日常肉食消费、廉价肉消费辩护。就像辛格指出的，这一主张用功利主义的话说，就是权衡人类的快乐与动物的痛苦，认为人类的每一分满足比动物的每一分痛苦重要得多。事实上，我们现在所处的世界就是这样的，不是我们的道德选择如此，而纯粹是一代代动物饲养、捕杀、屠宰、食用，及其（请功利主义者注意）在现代工业化背景下大规模升级所累积下来的结果，也是来参加这次饮食博物馆活动的每个人，无论哪个哲学立场，都悔憾的结果。

来看一个反驳辛格物种歧视即道德败坏的观点。1978年，哲学家迈克尔·艾伦·福克斯（Michael Allen Fox）同时回应了辛格的主张和汤姆·里根的文章，其中把他俩截然不同的动物解放论看成了一类。[24]虽然福克斯承认动物有权益，但不同意他所谓辛格与里根的共同观点，即动物权益与人类权益平等。他进一步称，不该拔高动物的权利。不过，福克斯不是为虐待动物做哲学辩护，他所辩护的只是人类有种凌驾于动物之上的道德优越性，动物处于我们道德圈之外这一点。福克斯认为，把知觉等同于痛苦和快乐的能力、把人类和非人动物都归为有知觉者有问题，因为具备道德权利需要一种认知基础。他表示，确实，由于人的能力五花八门，往往很难找到一套普遍又有辨识度的性质作为人类道德权利的基础，那么道德权利的资格必然在别处，即便认知力不算我们权利的资格，我们（由认知力保障）的自治意识也算。因为我们天生具备道德自治的能力，所以人能成为道德社群的一员，而作为社群一员才真正保障了道德权利。

这里的重点不是福克斯的哲学观点有没有压倒里根和辛格，后两者也都否认了这一点。[25]重点是，即便在力争人类道德优越性时，福克斯也没有说到人类有资格虐待其他动物。不过，他是提到了由于动物权利缺乏道德依据，人类可以动物为食，只要能人性化地处理。他承认工业化养殖毫无人性可言。福克斯对辛格之"物种歧视"的辩护属于为肉食主义辩护的一部分，但支持的是马丁斯那种肉食生产模式（前提是它像马丁斯说的那么人性化），而不是廉价肉那种。

截至本文落稿，除了《创世记》第9章第3节提到的上帝把所有动物送给诺亚和他的儿子们（即送给大洪水后复苏的人类）当食物，[26]我还没碰到其他捍卫廉价肉的有效哲学论证。我能想到的关于吃动物的理由，要么是基于文化（包括宗教）传统上的正当性，要么是政治上的食物主权论（即各民族习惯畜养和食用自己的动物），但我不能昧着良心说这些理由扳得倒功利论和道义论反对吃动物的立场，尤其是吃那些养来做廉价肉的动物。基于这些缘故，我觉得吃肉是自己的道德污点。我为吃肉所做的任何道德—哲学辩解，在我看来都是掩饰我贪图口腹之欲的遮羞布。

　　哲学很少在意识形态争论中使用艰涩的术语。"你见过有资料显示甲壳纲动物有痛觉吗？"戴夫·阿诺德怒了，向一位举着龙虾标牌的活动人士反问道。集体自由组织有科学依据表明龙虾感受到痛苦吗？一位活动人士道："你们有权利随随便便地讨论杀死它们，它们就没权利活下去吗？"阿诺德努力提醒活动人士，座谈会大致是站在他们那边的，但而后他们还是紧抓不放，他自然恼火了。"你们这样，就像可恶的小猪崽子。"他说，借用了其中一个标牌上草地猪的田园形象。"请提问就好。"阿诺德叹了口气，从怕他爆粗口而取走麦克风的同事那儿把麦克风夺了回来。辛格极力想使房间的氛围融洽些，他说，感谢活动派的意见，而对于认知能力是否是有想活下去的意识的必要前提这点，确实值得进行诚恳的哲学探讨。辛格说，猪或牛可能有这个能力；至于龙虾，他则比较怀疑。[27] 但它们也会痛苦，活动派说。辛格道：没错，显然它们有这个能力。马丁斯抓住机会展开了辛格提及的受苦这点，说像他这类的公司，决心让农场动物快乐成长、安然死去，就是解决痛苦的一种办法——当然，人造肉成真的话，也能解决。"大家都想活下去，"达塔尔道，"如果我们不用杀掉什么就能做出肉来，我觉得没理由不这样做。"辛格对观众说，他希望未来不用再吃肉，当一波掌声响起又平息后，他补充道，他希望未来不再吃

　　　　　　　　　　　　　　　　　　　　　　　　　肉食星球

肉，除非吃人造肉这类的肉。会场响起更热烈的掌声。

　　但人造肉也引发了一些道德问题。不是我们对培养细胞的道德关怀问题，而是人造肉会对我们对于动物的道德关怀产生什么影响的问题。事实上，人造肉对我们的动物道德哲学观的影响，比我们的动物道德哲学观对它的影响更大。人造肉是否符合各种动物保护的哲学理论这点比较显而易见。辛格所支持的人造肉观点，是直接用体外培养技术来消灭目前所有或大部分肉食生产系统，终结数百万动物的苦难和继续饲养的必要。或许每种动物会留少部分（数万只）做种，以保证遗传多样性。而最可能反对这一安排的是汤姆·里根学派，他们认为细胞活组织采样属于对动物体的另一种工具化利用，或许侵犯了动物的权利。

　　但假如人造肉最终废除了畜牧业，它会改变这些生物、这些非人类动物在世界上的生活面貌。被完全或部分解放的动物是什么样的？细胞农业时代的食用动物，除了让我们提取一些细胞，可能会回归自己的生活轨迹。所以它们的面貌会和现在的大不相同，里根所谓的"生命主体"于它们会越来越贴切。如果我们闯入农村，会碰到动物们更自由地追求它们所求的个体发展，觅食、交配、育雏、变老、结交伙伴，还有以自己的方式沉思。关键问题是，较有满足感的猪或鸡比起那些被圈禁的、剪了毛的、不快乐的同类更值得被满足吗？它会像有自身目标的生物，像我们一样拥有终极目标吗？就算它们"想活下去"的表现和我们的不同，我们也看得出来吗？在我们探讨世界如何变得更美好时，会考虑生物的个体经验，且不仅仅是物理体内泛起的积极或消极的情绪吗？

第十三章

马斯特里赫特

为什么人造肉最早兴起于荷兰？为什么荷兰科学家最先采纳这个点子，并付诸实验？其实这纯属巧合：坚决支持人造肉、晚年征集研究员和政府资助促成马克·波斯特汉堡肉工程的威廉·范·埃伦，恰巧是荷兰人。但波斯特这位荷兰医生、科学家、教授兼企业家，也是我2014年至2015年跟踪采访的人物，给出了另一个答案：荷兰人不像其他欧洲人那么尊崇美食。他们随性地认为食物只是能源补充品，随性地畅想它的款式和制作，好比畅想他们自己的领土——他们几个世纪以来围海造田，开拓了近五分之一的领土。[1]你在荷兰旅游，不出几步路就会发现整片土地都有效整治过，每一寸可利用土壤都培肥了。虽然波斯特的回答无从验证，但确实符合荷兰的建坝历史及其食肉文化，包括那精加工的炸丸子和香肠，特别是肉馅热狗（*frikandellen*），虽然工业上的肉食成分不甚明了，但颇受欢迎。波斯特多年来每天午餐只吃同一种三明治，我们评论他对本国菜肴的看法时要记住这点。

　　　　　　　　　　　　　　　　　　　　　　肉食星球

我最初见到波斯特是 2014 年，从旧金山出发，绕了点路才到他在马斯特里赫特的实验室。他个头比我高，但很亲和。我以我们家的标准来说算高的，但略低于荷兰男人 6 英尺（约 1.83 米）的平均身高，而波斯特比那还高。[2] 我们会参与一场关于人造肉的对谈，在旧金山渡轮大厦（Ferry Building）附近的领事馆办公室举行，靠近城市东北角的码头和海湾大桥（Bay Bridge）奥克兰那侧的桥塔。尽管汉堡肉演示已过了一年，波斯特仍是时下的风云人物，尤其是在荷兰的活动中。波斯特年过半百，精神矍铄，满面春风，幽默风趣，对喜爱的歌剧话题也是如数家珍。他就着领事馆窗外绝美的海湾风光，讲述了他听说的地中海海岛上废弃的圆形剧场，和隔着墨西拿（Messina）海峡望见的意大利海岸风景。你会觉得波斯特就是活跃的代名词，是一位终于在诊所和实验室之外的广阔舞台上大展身手的医生企业家。我了解到之前制作波斯特 2013 年演示宣传片的拓展署又拍了部片子，关注点不再是肉饼，而是波斯特，讲述了他创造汉堡肉背后的故事。虽然片子尚未完成，也未发布，但制片人给我看了几段，有波斯特和家人一起吃饭、在后院做仰卧起坐以及乘船航行的场景。从 2008 年加入范·埃伦发起的荷兰人造肉研究项目以来，波斯特俨然成了这个新兴产业的代表，他的笑脸也出现在了互联网热搜之中。

我们今晚的会谈由帕洛阿尔托的未来研究所和荷兰经济部（Dutch Ministry of Economic Affairs）下属的荷兰科技办公室（Netherlands Office for Science and Technology，简称 NOST）硅谷分部联合举办。活动从前景餐厅的晚宴开始，这家餐厅便是在城市富人区也算特别高档的。前景餐厅的菜式可称为"加州菜"，我们这一大群集会者有来自领事馆的、荷兰科技办的、未来研究所的，还有美食作家哈罗德·麦吉。讨论的开场有点始料未及。我们为一种意识形态上算是和加州菜对立的食物的优缺点争论起来。它是一种叫豆羹（Soylent）的代餐饮料。一位年轻的领事助理称赞豆羹，虽然它才上市不久，但在湾区的名声越来越响，因为很受年轻男性程序员的欢迎和推崇。他们也许不想花太多时间在做饭或和他人一起吃饭上，以便多花时间工作，属于精神重于肉体的轻度做法。但加州菜就相对复杂了。你叫三个厨师来解释加州菜及其起源，会得到四个略有不同的答案，主要涉及成分的本土性、花费的工艺，还有盘中餐与当地农民及拾穗者的特殊关系。"加州菜"是个高端词，相关的餐馆都比较昂贵。而豆羹就是一种干粉或预制浆料，配料不明。加州菜和豆羹都代表精英食品，不过两者涉及的食物与土地、食物与社交的关系，还有时间合理分配上的理念都截然不同。就像有则豆羹广告所显示的，消费者可以一手执游戏机手柄，一手持瓶装豆羹。

在前景这样的餐厅里一边和体面、精明的同事们共进晚餐一边挑剔豆羹有点缺德。或许我们会说，豆羹是一种当代失范的象征，一种近乎反乌托邦式的美食枯寂。但领事助理说到了很有意思的一点：工业化以来，美食的历史趋势是花在制备上的时间越来越少。豆羹或许代表了这一趋势的终点，但不是人人都喜欢，因为它明显把食物分子化了，暗示只要分子的完整性在，营养就还在。蕾切尔·劳丹说过，农业和食品加工现代化造就的时代是，炊事人员（鉴于性别分工情况，大多为女性）花在做饭上的时间，可能只有他们祖母辈的几分之一。[3] 不管怎么说，不要傻傻地以为加州菜或

肉食星球

豆羹是所有人的生存之选，它们只适用于一小部分人群，有些人希望食物有丰富的寓意，另一些觉得没有也无不可。

豆羹取自"Soylent Green"，后者即 1973 年同名电影（中译为《绿色食品》）中特有的神秘食物。电影改编自哈里·哈里森（Harry Harrison）1966 年的小说《让地方！让地方！》（*Make Room！Make Room！*），那是一部关于人口过剩的马尔萨斯式幻想作品。[4]绿色饼干"是人肉做的"，是电影中最著名的台词。那些绿色饼干由加工过的尸体做成。这让人好奇，现实中豆羹产品的创造者到底想表达什么意思。其公司挖掘过另一块反乌托邦的幻想，根据弗雷德里克·波尔和西里尔·科恩布卢特的小说《太空商人》（1952 年）中令企业薪奴们上瘾的那款咖啡，把咖啡味的豆羹饮料命名为"最咖啡"（Coffiest）；那部小说是人造肉最卓越的文学表现之一。不知这个命题能激发多少讽刺作品呢？

波斯特明天将前往洛杉矶，给罗登伯里基金会（Roddenberry Foundation）做演讲。他觉得，如果实验室培养肉得到《星际迷航》（*Star Trek*）之父吉恩·罗登伯里（Gene Roddenberry）之子创立的基金会的支持会比较好，我表示赞同。波斯特提到了《星际迷航：下一代》（*Star Trek：The Next Generation*，1987—1994 年）中的"复制术"（replicator）。复制术是一种通过精妙的分子组合，几乎凭空造出食品饮料的科幻技术。片中角色常说的"处理菜谱"，是指通过改编电脑程序来调配配料，比方说，肉豆蔻和姜在热牛奶中的配比。不管人造肉有没有荷兰"成分"，波斯特工程的资金和灵感反正有一大部分来源于加利福尼亚的赞助者和加利福尼

亚人 *的想象。

如果说波斯特是实现人造肉的创业型科学家，威廉·范·埃伦（1923—2015 年）就是这一工程的推动者。20 世纪 90 年代，范·埃伦酝酿了这个想法几十年后，由于自己不是科学家，便和医学研究人员合伙开发试管肉生产技术，在荷兰和美国都申请了专利，但实验室一直没取得实质性进展。2005 年左右，范·埃伦渐渐急于实现愿望，便和乌德勒支大学（Utrecht University）兽医学教授和肉类科学家亨克·哈格斯曼（Henk Haagsman）展开合作。哈格斯曼渐渐成为这个重大研究项目的带头人，团队又吸纳了他乌德勒支大学的同事贝尔纳德·勒伦（Bernard Roelen）、卡莱恩·布滕（Carlijn Bouten，埃因霍温理工大学 [Eindhoven University of Technology]）和克拉斯·赫林韦夫（Klaas Hellingwerf，阿姆斯特丹大学 [University of Amsterdam]）。他们从荷兰政府机构创新及永续发展局（SenterNovem）获得的资助，从 2005 年持续到 2009 年。波斯特直到 2008 年（他当时的研究基地在埃因霍温理工大学）才加入团队，接手了卡莱恩·布滕的职务。因此，波斯特也承认，他是荷兰人造肉研究的继承者，而不是开创者。

波斯特常说，他成名纯属偶然。当时有位记者为路透社和美联社撰稿，刚好联系到他做采访，从那以后他就转运了。尽管波斯特不追求名声或形象打造，但显然也很享受成为焦点的感觉，哪怕是在今晚荷兰驻旧金山领事馆这个小舞台上。北面旧金山、东湾和马林县（Marin）一望无垠的风光，是我住在这儿多年以来见

---

* 吉恩·罗登伯里在加利福尼亚的洛杉矶长大。

肉食星球

过的最美景色之一，这让我想起汉斯·布卢门贝格的一段话："高层会议即便没有成果，还是有光环在的。最高权力机构附有一种迷信：依靠这类机构，肯定能做好防灾和救援安排，而这类预防措施是其他组织或个人无法想象或承担的。"[5]最高权力机构？或许我们不是，但我们有一定的高度、视野，和预防全球性灾害的共同目标，只不过对于灾害的看法不完全统一。尽管我们都认为气候变化问题切实而紧迫，但并非所有人都觉得动物受罪和未来粮食安全值得重视。此处能清楚地看到泛美大厦（Transamerica building）那座48层高的瘦削的商业金字塔，和坐落在远处山坡上、最初开放于1933年的科伊特塔（Coit Tower）。荷兰领事就着这一背景，在夕阳西下之际，笼而统之地做了一番开场白，强调我们要携手共建"利益、人民和地球"（profit，people，and planet）金字塔，还引用了"制定顾及整整七代子孙的未来规划"的易洛魁人理念。之后他告罪离开了，之前说过他女儿从阿姆斯特丹飞过来参加内华达沙漠（Nevada Desert）的火人节（Burning Man festival），他得赶去机场接她。

波斯特给大约40位宾客做了演讲。他演讲的核心，是我们日益熟知的人与肉食的关系问题。人似乎挺喜欢吃肉，但对它又没特别的营养需求，全世界数百万健康的素食者就是明证。似乎一种和饮食需求没多大关系的欲望诡异地攫住了我们。波斯特谈到了人造肉圈子里广为流传的一个观点，即大面积推广素食主义不大可能，我们得寄希望于技术来解决行为转型解决不了的问题，因为工业化肉食正带我们走向末路。波斯特不是专业推销员，但作为科学家，他对于手头技术障碍及解决进度缓慢的坦诚值得称道。尽管如此，不大了解该议题的观众可能会一听而过，以为技术障碍远没有消费者接受度这一最终障碍来得重要。波斯特说他希望今年之内能找到经济的非动物性培养基（来代替胎牛血清），我听了很惊讶，接着他用我听过无数遍的说法讲到了牛：牛是过时的技术，饲料能量转化为食用肉量的效率过低。

波斯特想用生物反应器来代替"过时"的牛，每只反应器有 2.5 万升容量，产出的肉够 4 万人吃。这样的反应器里，装满水也不足以让人尽兴地游几个来回——2.5 万升大约是小型油罐卡车的容量。波斯特还向我们介绍了他和团队采集干细胞所用的牛——"比利时蓝牛"（Blanc-Bleu Belge），这是一种具有肉产量优势的变种牛，用于细胞采集比普通牛更高效。通常哺乳动物会分泌一种叫作肌肉生长抑制素的蛋白质来抑制肌肉生长。而比利时蓝牛的细胞不会分泌肌肉生长抑制素，这意味着它们的肌肉生长速度是其他牛的两倍，以肉多而珍贵。这也意味着比利时蓝牛的幼崽出生时就体型过大，无法通过母牛产道，必须通过剖腹产生产。话虽如此，比利时蓝牛的肌肉细胞无法自己在体外增长，还需电子、机械或化学手段进行人工刺激。波斯特细述了汉堡肉肌纤维烦琐的制造过程，我不由想到，这场演示是不是另一种刺激手段，刺激观众把体外培养法视作正当的肉食来源。一种办法是把牛说得跟机器一样。这样就可以说生物反应器里的细胞和肌肉生长与活体内的生长相差无几。

当波斯特说到英国和荷兰早期的消费者调查显示很多人愿意尝试实验室培养肉时，一位自诩素食主义者的观众打断了他。她觉得波斯特之前说的推广素食主义并非不可能（但双方都没拿出论据来支持自己）。她想扭转大会的风向，问道："你直接告诉人们一直吃肉不好不就完了？"当晚，波斯特第一次默然了，但他很快恢复过来，回应说就算推广素食主义可以合理解决工业化畜牧业的问题，但我们选择食物是基于感性思维，不是理性思维。他以荷兰的肉馅热狗为例，说虽然大家都知道它从健康、味道到工业源头样样不行，但它依旧很受欢迎。感性思维是波斯特认为有必要（像他顺口说的）"仿造牛肉"、尽可能复制活牛组织的原因。美食惯性是强大的，所以应该迎合人们现在的口味，而不是叫他们换个口味。波斯特在掌声中结束了讲话，下面是其他人发言，其中有些倒是希望我们尝试新口味——他们是昆虫粉、无乳素食奶酪和食用蟋蟀的供应商。晚会最后讨论到由于全球变暖减少了可用耕地，动物的生存更加艰难（它们必然要把有限而珍贵的能量用于竭力降低体温），畜牧业可能不得不转型。只有素食主义者持反对意见。没人质疑波斯特的大前提，即未来的动物蛋白质问题能靠技术解决，也许还比各种社会改革来得容易。

马斯河（Maas，法语为"Meuse"）将城市一分为二，城市最初是横跨马斯河的一个罗马据点——"跨越马斯"拉丁语为"Traiectum ad Mosam"，后来才演化为荷兰语"Maastricht"（音译为"马斯特里赫特"）。[6]一天清晨我慢跑穿过马斯河上这座荷兰最古老的桥时，发现主干道中间惬意地蹲坐着一群羊。它们被围在篱笆里，牧羊人不在，也没有其他人，那会儿还很早。我很少在城市里遇到羊群，便愉快地冲它们看了一会儿，一面原地蹦跶着，以免双腿冻僵。我想起了从伦敦乘火车过来，途经比利时看到的牛羊，同车厢的人像是美国游客，很多操着得州口音，不像中年人而像老年人。火车从圣潘克拉斯火车站（St. Pancras）优美的钢屋架下开出后，经过金褐相间的田野，牧场上有牛羊，是非密集型畜牧业的残留物。一个男人转过头，向同伴们回忆起大型饲养场兴起前他在得克萨斯州长大的经历。"都变成农业综合企业了。"他叹息道，遗憾再不能像以前一样，放学回家路上见到零零散散的动物。我在城市长大，自身没有这方面的体会。我还从来没和这么多羊对视过。[7]我担心自己看起来像猎人。

马斯特里赫特倒是风平浪静得很。作为生理学系主任，波斯特一边忙着教学和管理，一边顾着日常家庭生活。他人造牛肉项目的技术人员、助手和志愿者们正在做实验，但眼下没有做肉。我要是指望看到小型工厂生产牛肉饼，现在要大失所望，好在我已经习惯把这个工程看成渐进的而不是跃进的。与此同时，波斯特实验室的日常工作常被媒体采访打断。截至2015年初，波斯特仍是记者们报道人造肉的首选对象。不过，风平浪静完全是假象。交谈中波斯特提到他在协办一家初创公司——莫萨肉品公司。其他时候还受某大型运动鞋公司的委托在造皮革。实习生和学生们在实验室里来回穿梭忙活实验，有的是冲着见识组织培养肉跨国过来的。波斯特没怎么因为应付企业管理、融资和业务而放慢工作进度。我联系上他的时候，正值他表示他们技术在实验室已经成熟有效，下一步就是从实验室走向广大世界的转折当口。

马斯特里赫特是个约有10万人口的国际化小都市。作为林堡省（Limburg）的省会，几个世纪以来它一直属于比利时、德国和荷兰的交界地带。虽然马斯特里赫特原住民在罗马人驻扎前就建了这个地方，但似乎是罗马人最先从附近的"圣彼得山"（Sint Pietersberg）开采白垩、燧石和石灰石，然后挖取大量白垩筑成原城市周围 4.88 米高的围墙。有心人会发现，这里的一些地方还留有罗马遗迹。[8] 听说当地方言比阿姆斯特丹人的荷兰语更接近德语，我在街上听到的也确实如此。从我的旅馆到马斯特里赫特大学（University of Maastricht）要走很长一段路，途中有很多建于 20 世纪末的高楼大厦，寒冷的春风从楼间空隙穿堂而过。这所大学建于 1976 年，建筑风格单调、偏向功能化，而且坐落在郊区。我到达这里后，尽量做出可怜迷路的样子，在过路学生的帮助下从混凝土和玻璃建筑中找到目的地。

生理学系管理员薇薇安·谢林斯（Vivian Schellings）带我到波斯特的办公室等他。虽是题外话，但从这儿能看出波斯特的一些业余爱好：有一张普契尼（Puccini）《蝴蝶夫人》（Madam Butterfly）的剧作海报，上面一位风格化的日本女人摆着持扇姿势；还有一些博物馆和艺术馆的展览海报，有画家西蒙·查耶（Simon Chaye）的，还有伦勃朗的，后者来自纽约市大都会艺术博物馆（Metropolitan Museum of Art）。我记得波斯特在美国工作过几年——在波士顿的贝斯以色列医院（Beth Israel hospital）6 年，住在比肯山（Beacon Hill）社区，还在新罕布什尔州汉诺威（Hanover, New Hampshire）的达特茅斯—希区柯克（Dartmouth-Hitchcock）待过一阵。办公室还有两张桌子，一张放电脑，另一张用来会见学生，旁边各有把椅子。波斯特来了，我们首先谈的是隐私。我给了他一份要受访者会签的表格，上面是我做正式采访时沿用的声明条款。他表示用不着签这个。他说隐私正在消失，这点我访问期间他还会多次提到。我承认我很疑惑，但没有追问他。波斯特是指互联网公司收集到的巨量用户信息吗？他的透明态度不禁让我想起"in vitro"（试管中）的拉丁语含义——玻璃后。

我们讨论了接下来一周的安排，在此期间我会尽量跟访波斯特。他除了教学、指导和实验安排，还有几项特别活动，包括两个电视新闻组的采访，有一个后来没来，或许也让波斯特频频受扰的实验团队松了口气。另外，波斯特要在奈梅亨附近一个城市的会议中心给一群医学生做讲座，距埃因霍温理工大学不远，而且他还是本地一家电视栏目的专家小组成员，要定期上节目。波斯特笑着说自己太忙了。他说，在荷兰，像他这样的学者基本上也是公务员，有义务做很多教职之外的事。波斯特带我参观了整个实验室，包括他的团队制作人造牛肉饼的房间。我看到波斯特和技术人员操作T型烧瓶、生长基和吸量管所用的防护罩，以及观察细胞生成肌纤维所用的显微镜。走廊墙面上的会议海报告诉我，波斯特实验室所做的研究大多是医学方面的，而且得到了马斯特里赫特心血管研究所（Cardiovascular Research Institute Maastricht）的赞助。

这里几乎没有以前汉堡肉工程的痕迹（没留下伦敦那次活动的庆祝横幅或海报）除了公用办公室（访问期间这儿给我留了一张小办公桌）门上有个标牌用英语写着"我是肉类科学家"，还有办公室墙上挂的T恤上写了"kweekvlees"，差不多是"人造肉"的荷兰语，后面的荷兰语写道："你的终极肉食？无骨鸵鸟肉。产品信息：实验室制备，非转基因，无牛脑病。"这有种人造肉生出幻想的意味——如果任何动物细胞都能培养，你会吃哪种动物？此外基本没别的培养食品迹象了，除了几包速食拉面，想来不会是做细胞支架的。书架上放着实验草案的文件夹，挨着说明手册和实验室设备目录。我了解到，他们实验室的工作很多都涉及猪这类大型动物的心脏衰竭，它们的心脏组织与人的很相似。实验室用动物做了大量研究工作，但波斯特说只要人类从研究中受益，他就没什么顾虑。我还见到了一个波斯特想扩大尺寸以适于工业肉生产的生物反应器。看起来像个锥形烧瓶，内置金属旋转刀片，连着将生长介质输入和输出反应器的导管。我想象了一下，它变到酿酒厂的酒桶那么大是什么样子。

阿农·范·埃森（Anon van Essen）是实现波斯特汉堡肉的技术人员之一。他从 2012 年以来一直全职参与这个项目。"用细胞做汉堡肉"可以少吃点牛，而且"更环保"，"我觉得这点子不错"，他用略带停顿但很娴熟的英语说道。阿农说，他做的肉"长得像汉堡肉，味道也有点像汉堡肉"。他本人不是素食主义者，但是个训练有素的组织工程师，眼下在寻找培养第一块肉饼所用的胎牛血清的替代品。市面上有数百种候选品，但大多太贵，无法用于工业生产。所以难点在于找到和要培养的卫星细胞相适配的生长基质，然后看看能不能通过逆向工程法做出更实惠的等价物。阿农告诉我，该工程目前其他的技术难关还有脂肪生成（即设法造出肉饼所需的脂肪细胞），和开发适于细胞生长的支架或微珠（可能要用到海藻酸盐制品）。我问他汉堡肉预计什么时候能大规模上市，而且价格具备快餐竞争力，他回答要 15 到 20 年；但隔天我听波斯特说只要 3 到 5 年，比他 2013 年预计的更短。我暗暗纳罕，是不是天天泡在实验台上同技术难关斗争，会高估目标难度，但很高兴波斯特没让员工去附和他的预测。阿农 2013 年伦敦活动的媒体证还在办公桌上；尽管那会儿他儿子刚出生，他还是出席了活动。

　　我在走廊里跟员工们聊了几句。丹尼尔是波斯特实验室长期的博士后研究员，他推测荷兰人之所以长这么高，是因为他们河里富含鲑鱼，以前能随意吃。丹尼尔觉得现代普遍追求的"天然"食物不大可能存在，即便有，这一标签也是不科学的。说到另一种意义上的标签，他表示荷兰其实是帕尔玛火腿（Parma ham）的著名产地；苗猪在这儿养大，然后用船南运到帕尔玛，在那儿养到猪"吸收"了当地的土饲料，再送到意大利宰杀。迈克尔是一名志愿帮阿农整理培养基数据的技术员，他说虽然他们很有希望找到胎牛血清替代品，但都达不到它那种效果。他期望纯素替代品能达到原有生长速度的 80% 到 90%，这点听其他实验室的研究员提到过。一位叫达恩的年轻研究员表现得很热心。他是一名访问实习生，目前在攻读一个生物技术和商业相综合的硕士专业。他眼下的任务是找出微载体珠与细胞的准确比例，使细胞按预定方式增殖。达恩很遗憾欧洲公众反对把科技应用于食品，他说运用基因技术在很多层面上都有利于人造肉生产，包括培养脂肪细胞。[9]另一位年轻的实习生马可在做细胞培养生产皮革方面的探究，他目前在研究纤维原细胞对皮肤生长的作用。几周前，他出了个组织培养常见的问题：一次真菌感染令他不得不废弃整个培养工程。波斯特曾说过，这个问题可以通过制作完全无菌化的设备来规避，让机器人负责组织培养，杜绝这类感染风险。

　　两天后，当我像往常一样一边观察实验一边做笔记时，阿农

　　　　　　　　　　　　　　　　　　　　　　　　　肉食星球

进来告诉我,《德国之声》(Deutsche Welle)的节目组来了。然后导演安德烈亚斯·豪斯曼(Andreas Hausman)带着摄影师和年轻的助手走进来,后者在拍摄时耐心地举着吊杆式话筒,节目以流利的英语进行录制。我猜,他们是想重现波斯特团队制造汉堡肉的过程。穿着实验室白大褂的阿农坐在实验台旁,解开了一小包牛肉。当他切出一小片肉,放在盘子上的溶液里时,节目组把摄像机对准了他。这分解组织的一步,是为了激活样本中实际处于休眠的干细胞。这是卫星骨骼肌细胞,波斯特实验室先前做汉堡肉用的那种,它们增殖后会形成肌束,然后变成肉。这种骨骼肌细胞在活体中起着重要作用——肌肉损伤时进行修复。从刚杀的动物身上取肌肉样本时,这些尚未死亡的干细胞就会工作起来。人造肉始于肌肉修复机制,把愈合过程转化为潜在的生长过程。

安德烈亚斯问阿农,培养足够的材料做一块肉饼要多久。用现在演示的技术,"大概两三个月。"阿农答道。现在还在手工阶段,要先工业化才能推行起来。"你认为未来就是这样吗?"安德烈亚斯问道。阿农答说:"嗯,我觉得是。"我们休息片刻,他们摆拍了几张照片。阿农对着镜头摇了摇试管,里面有一点肉。这块肉里有多少细胞,安德烈亚斯问道。阿农回说有很多条肌肉组织,每条约含有150万细胞,所以这块肉肯定有几十亿细胞,而最初的样本只有30个细胞。

这时,波斯特进来了,招呼过安德烈亚斯后,他披上了白大褂。下一步,样本会在离心机中旋转。"没什么看头。"波斯特略带歉意地说。他的意思是这在观感上并不精彩,但离心机起名叫

"温和的麦克斯"（Gentle Max）*，致敬了它较慢的转速。波斯特对着话筒做了几句笼统的介绍：理论上，人造牛肉消耗的资源比传统牛肉少得多，用这些资源创造的食品价值更大；它产生的温室气体比传统养牛业少；它不用再牺牲牛的性命。波斯特突然开始了小型演讲，谈到荷兰近年来人造肉的研究史，然后安德烈亚斯问他是不是和范·埃伦一样痴迷于人造肉。他报以微笑。"不，没那么痴迷。"波斯特道。他喜欢表现得头脑冷静。他坦言，2013年汉堡肉的品尝师们没说它和传统汉堡肉味道一样。还需多多努力才行。

我没想到话题会突然转向健康问题：波斯特承认，有些维生素，如B12，必须添加到培养肉中，因为培养性组织不像活体肌肉，无法从周围组织中吸收B12。不过，他接着说，我们也有办法丰富人造肉的营养，比如让脂肪细胞生成 Ω-3脂肪酸来降低胆固醇。他对这些把肉改造得更健康的做法谈得相对少，大概因为太容易让一些观众联想到转基因食品；换句话说，更健康的肉，反而更不拟真，更易让人反感。随着镜头转动，波斯特表示消费者绝对会购买人造肉产品。当吊杆话筒操作员不断后退，我也跟着退后，免得妨碍到他。

我们离开实验室来到学校大厅，纯粹是出于拍摄需要。安德烈亚斯想要波斯特走过科学图书馆（波斯特承认，由于实验室和教学工作，他几乎没什么空闲时间，有好几年没来这里了）、骑自行车到学校以及给车上锁的镜头。没准儿这是荷兰人的行事习惯，我暗自想。波斯特说，得确保你的自行车锁比车高档。

---

* 这一戏称出自著名动作冒险电影《疯狂的麦克斯》（Mad Max）系列。

我们坐上了德国之声的面包车，前往马斯特里赫特市中心的一家汉堡店，离马斯河不远。主厨的妻子是波斯特一位邻居的女儿，波斯特常来这儿吃饭。不过，餐馆内部与其说是乡镇风格，不如说是休闲风格。我们像是在旧金山、波士顿或芝加哥的某个汉堡店，有现成的蓝纹奶酪、焦糖洋葱，也许还有火鸡、羊肉等牛肉以外的肉。安德烈亚斯让波斯特点了个牛肉堡，名叫"黑虎"。波斯特在镜头下一边吃，一边又说起了预计推出有快餐竞争力的汉堡的时间。他说，可能还要三到四年才能造出能在餐馆供应的汉堡，之后还要七到八年才有和主流快餐连锁店竞争的实力。当黑虎的酱汁和奶酪汁滴在波斯特的餐盘上，他表示圆面包没怎么起到包住馅儿的作用。然后，安德里亚斯让他拿手上的汉堡当道具，讲下他的观点。波斯特很尽责地说，如果汉堡少费点资源，让受害的动物少受苦受罪，就更好了。

波斯特讲起他以前和厨师费兰·阿德里亚（Ferran Adrià）聊过一次，对方是已经停业但曾经很著名的斗牛犬餐厅（elBulli）的大厨。波斯特问过他是否愿意担任 2013 年活动现场烹制汉堡肉的主厨。阿德里亚显然考虑过，但最终说他出场对演示不好，给出的理由很耐人寻味：如果阿德里亚碰了汉堡肉，就改变了它的烹饪价值，像是蹭了他的烹饪名誉。这就偏离了证明人造肉本身切实可靠的初衷。我想起了我调研期间参加的一次媒体活动上，另一位名厨对人造肉问题的回应。这位厨师和阿德里亚一样，也从事"分子料理"（molecular gastronomy）；虽然这类厨师不大喜欢这个叫法，但它通常指用复杂的设备（有时要借用实验室那些）把食材改造得超出常规形态。比如鹅肝膨胀成一大团，而火腿蛋松饼看着是烤面包块，叉子一戳却流出蛋黄。这位厨师说，他是不会烹制人造肉的，因为这个材料明显缺乏"整体感"。我很纳闷，在这种往往把食材变得面目全非的烹饪风潮下，他竟然在坚持整体感。这是否因为注重自然和文化的分界，以为（经过几代动植物农业培养出来的）材料取之于自然，而通过厨师转化为文化？换句话说，真正的原因在于他们相信厨师分得清何为自然、何为文化？

我们谢过餐馆主人，再次出发，这次是去圣瑟法斯桥（St. Servaasbrug）不远的一个地方。这座人行桥横跨马斯河，被称为荷兰最古老的桥，自罗马时代以来重建了很多次。波斯特背对河流摆好姿势，安德烈亚斯让他把主要观点再复述一遍。我暗想，不知多少类似的新闻组来过马斯特里赫特，波斯特又对着多少地标建筑摆拍过。我无聊地想，所有这些拍摄有没有让他厌烦。最后，双方互道了感谢，然后安德烈亚斯及其团队把设备收回面包车，动身返程。

傍晚时分，我和波斯特骑车穿过乡间前往他在附近村庄中的家，沿途经过一片农田。他指出了獾洞的位置，还有哪几家邻居在养猪。他滔滔不绝的讲述令我钦佩，之后我们把车停在了其豪宅边上。他家里有妻子莉斯贝丝和两个十几岁的孩子。这里有一间是波斯特自己修缮的谷仓。木工是他的爱好之一，当他一个博士后同事说想到附近买栋待修房而他随即借出修理工具时我就看出来了。莉斯贝丝慷慨地为我们五人做了晚餐，然后我们坐在拌着香蒜酱和培根的意大利面前，怀念起新英格兰（New England），莉斯贝丝和波斯特在那儿住过很多年，而那是我生长

肉食星球

的地方。话题很快又回到实验室，波斯特沉思说，很快他的人造肉工作就不能像现在这么开放了。风险投资的加入意味着他们要保护知识产权，也意味着像我这样的访客去参观实验室的机会少了。我们谈到怎么来定义"食物"，波斯特的定义就是多年以来天天吃同款三明治的人的风格：食物是能源补充。再后来，夜幕降临了，我谢过他们的"能源补充"，骑车穿过昏暗的乡村返回马斯特里赫特，幸好租来的自行车配有摩擦发电的车灯。

　　次日是我参观实验室的最后一上午，下午我和波斯特挤在他的旅行车里，开往奈梅亨。我们的目的地是一个中世纪修道院改建的郊区会议中心，波斯特要在那儿给一班医学生做讲座。途中我问了他一些问题。我听很多观察家说，人造肉可能会发展得比再生医学慢，因为医学研究吸纳的资金更多，我问他怎么看。他承认人造肉技术是源于医学组织工程，但他猜测新人造肉产业兴起后，再生医学才会吸收它的技术，跟着发展。经过一个养猪场时，我问波斯特为什么选择从牛下手。他回答说因为他最重视环保和粮食保障问题，牛是对环境危害最大的饲养动物，饲料的能量转化率也最低。如果他最看重动物福利，那么首要选择的会是鸡。我们养的鸡比牛多多了，可以说养殖环境也更不人道。在我的一再追问下，波斯特坚持说他绝对不是看重牛肉的文化寓意。他选择牛肉不是因为汉堡的国际影响力或牛排的声誉。我问他，对于不信人造肉能大规模生产的批判者，他怎么回应。他回答说，举证的压力在怀疑者一方。虽说人造肉确实面临从医用规模转向工业规模的前所未有的挑战，但波斯特觉得，没有先例不代表不可能。

当天再晚些时候，波斯特做完讲座、答完疑，在我俩疲惫地返回马斯特里赫特途中，他意外地提到了加尔文主义。我们从荷兰人对美国私有化医疗体系的怀疑，聊到科学和工程学的各种区别，再聊到荷兰福利制度的近况。波斯特提到加尔文主义，是来解释他的职业道德。这不是他做人造肉工作本身的动机，而是他作为一个职业生涯已有稳定地位的科学家，觉得不宜自满的原因。波斯特说，在当代荷兰社会，很容易一杯白葡萄酒就打发了一天时光。他觉得一种安逸的氛围笼罩了这个低地国家，担心它带来惰性。把科学当成生活方式一直是波斯特应对惰性的良方，而且他习惯了持续不断地挑战，以至于叫他向下一个项目进发，倒比满足于现有成就容易些。

波斯特提及的加尔文主义有一段众所周知的历史。宗教改革后，加尔文主义成为荷兰文化的一股重要势力，将救赎天定和世俗行为的信义结合起来。荷兰加尔文主义者认为，物质上的成功是天命的证明。这一思想几代下来铸就了一种奋斗不息的文化，而且社会科学上有个经典论断说，正是这一思想促成现代资本主义的兴起。这是社会学家马克斯·韦伯在《新教伦理与资本主义精神》（*The Protestant Ethic and the Spirit of Capitalism*）中的观点。回马斯特里赫特途中，我总忍不住去想加尔文主义文化、现代化和大规模畜牧业的危害之间的联系。我常常觉得人造肉一边修补现代化造成的伤害，一边用的还是市场资本主义手段（包括它的局限）。我知道，这样把整个问题概括得太简单了，但我不禁想到，很多人造肉企业家都说他们是出于道德使命来创业的。

肉食星球

几个月后，我在马斯特里赫特及附近的法尔肯堡市（Valkenburg）之间的一处洞穴里，同几十名科学家、记者等人共进晚餐。我们受波斯特邀请来参加首届年度人造肉研讨会（Cultured Meat Symposium）。虽然这不是该主题下的首次国际性会议，但其特殊性在于这是波斯特汉堡演示后的首次大会，也是首次由波斯特发起且在风投热切关注人造肉之际召开的会议。波斯特安排了组织工程学、干细胞科学、肉类科学及广义食品科学的专家讲话，甚至还有一个社会科学家小组，我注意到会议议程表上他们有个竖大拇指的标志，标注着"赞成"。

　　顺便说下，社会科学小组的学者们出示的资料并不完全符合他们"竖大拇指"的标志。他们的研究结果更像"两边倒"的大拇指，像是意味着"矛盾"。维姆·费尔贝克（Wim Verbeke）的调查探究了受访者对风险问题的态度，当然还有对人造肉来源"不自然"的反感和忧虑。生物伦理学家科尔·范·德尔·韦勒（Cor van der Weele）和克莱门斯·德里森（Clemens Driessen）表示，他们发现一种矛盾心理，即食肉的享受和对动物福祉的关怀之间的矛盾。[10] 曾用"未有定论的东西"一词来描述试管培养肉的社会学家尼尔·斯蒂芬斯（Neil Stephens）则说，这种肉似乎已过了最初的模糊阶段。也就是说，对于培养肉的性质有了越来越多共识，这一共识从"人造肉"这个名称就能看出。虽然社会科学讨论中只有部分涉及对人造肉潜在消费群体的早期调查，但讲到这部分时，在场的企业家们纷纷掏出手机拍下了幻灯片。"他们要把这个带回去给风险投资者看，"一位和我交流的科学记者耳语道，"然后添加他们的营销词中去，作为人造肉有市场的证据。"

真是讽刺，我望着洞穴的岩壁想道。岩壁是"泥灰"做的，泥灰指黏土、泥沙和石灰（或碳酸钙）的混合物，不是严谨的地质学术语。在圣彼得斯堡（Sint Pietersberg），白垩和泥灰萃取物被用来建造了一批美术馆，面积大到纳粹及支持他们的荷兰人掌权期间让近万名马斯特里赫特居民藏身其中。[11] 被击落的盟军飞行员就在隧道里避难，然后从地下沿着所谓的飞行员路线，前往比利时安全地带。伦勃朗的画作《夜巡》（*The Night Watch*）伪装成石笋安然地卷着，直到 1944 年九月马斯特里赫特解放。但我们现在所在的洞穴不在圣彼得斯堡；这儿离马斯特里赫特大学有一站公交的距离，乘车来时那个科学记者朋友告诉我，科学新闻刊物上的大多数文章都沿用一个围绕未来的基本框架：先是简介，然后报道近期的突破，然后推测它会怎么改变我们的生活。我暗自想，或许正是因为科学新闻类似宽泛或"外行"的未来论，才做出草率的承诺，或至少引发了随意承诺的氛围。波斯特在研讨会的开场白中告诉大家，我们的工作获得了很多媒体关注，但我们圈子内部也须做批判性探讨。

当然，我没有吃到人造肉。虽然我离开马斯特里赫特的 5 个月时间理论上够做一块肉饼了，但我们今晚没吃到细胞培养的比利时蓝牛肉。大会发言者众多，很多都谈到医学干细胞科学和肉食生产的联系。这些也大致属于推测，提出这些的肌肉和干细胞研究员认为他们的工作无形中影响到了人造肉生产。发言中细节之丰富令人惊叹，从干细胞功能，到化学工程师玛丽安娜·埃利斯（Marianne Ellis）讲述生物反应器时指出的"细胞培养实验所用的每一个 T 型烧瓶中都有大量空间浪费"。其他发言有的剖析

肉食星球

了欧洲工业肉生产和监管的现状，有的分析了人造肉的生命周期。伊莎·达塔尔分享了新收获在推广人造肉及其他细胞农业产品上的努力。

大会第一个主讲人，渥太华医院研究所（Ottawa Hospital Research Institute）的迈克尔·鲁德尼茨基（Michael Rudnicki）是位干细胞专家，他谈到骨骼肌生长和再生过程中控制干细胞运作的分子机制还没被完全破解。鲁德尼茨基解释说，通常静态的肌肉干细胞在受伤或承压时进入细胞周期——阿农在德国之声镜头前切肉样就是为了触发这个。之后它们会经历一个叫作细胞不对称分裂的过程生成子细胞，发挥肌原特性，或者说形成肌肉组织，而这反过来又产生更多的肌源性祖细胞。这时，其他反应过程会引导初始干细胞回归静态。

鲁德尼茨基的研究目标是肌肉再生，即肌肉对外伤或萎缩症等疾病的反应，他希望从分子机制的层面来实现。他一直在研究干细胞功能退化，尤其是干细胞对称性——即生成两个一样的干细胞——增殖的退化，它本能地补充这种初始静态的干细胞。通常情况下，对称和不对称分裂由愈合组织中的反馈机制控制，维持在一种平衡状态，以确保肌肉不仅再生，而且在新一轮的损伤或压力后还保持着再生力。鲁德尼茨基发现，加入一种特定的蛋白质，可以在愈合过程中促进干细胞的对称性增殖。其医学意义不仅惠及肌肉紊乱和疾病，还惠及衰老导致的干细胞功能退化。

鲁德尼茨基的工作让在座的听众兴趣盎然，因为引导干细胞长出肌肉对于肉食生产意义重大。目前实验用的还是白鼠而非人体模型，当问到能否给出研究投入治疗或食品应用的具体时间，鲁德尼茨基拒绝作答。我总是尊重这种选择的，倒是思考起愈合拉动生长的意义，还有愈合作用"规模化"的能力是否有极限。

随着我们听到越来越多的干细胞科学报告，一些窃窃私语的反对和质疑出现了。有人在餐巾纸上简单算了下，如果谁梦想建造奥林匹克泳池那么大的不锈钢生物反应器，他很快就会发现世界上的不锈钢不够他们用的。我怀疑这一反驳的准确性。纽约克莱斯勒大厦（Chrysler Building）顶上就覆盖了不锈钢，圣路易斯拱门（St. Louis's Gateway Arch）也是。另一批判则更加犀利。我那位科学记者朋友指出，如果生物反应器有实力生产人造肉，就会引发这些反应器该用往何处的生物伦理问题。能生产供人消费的肉食的生物反应器，也能生产供病人移植用的人体组织。如果能生产挽救心脏病病人生命的心脏组织，干吗还去生产汉堡这种生命极短、一天不到就变质的美食？不管是从道德还是经济角度，现在都无法直接做出选择。虽说这一点纯粹是假设上的，建立在有那么个万能的、可以随意分配食品和医疗资源的资源分配处的前提上，但它确实通过想象实验抓住了人造肉问题的一大要点。认为人造肉可行，就是认为可以一边利用医学的组织培养技术大规模生产食物，一边又没有分走医学领域的资源。对于有些人，这也等于说，人造肉产业成功的道德和现实影响，从环保和道德的角度都比医疗发展更有价值。我也见到一些科学家和企业家认为，组织工程学的发展会水涨船高地带动一切，开创一个丰饶主义时代，届时我们培养组织用于医疗和食品的能力将大大改变我们同活体材料（包括我们人体）的关系。

波斯特的意愿很明确，我们要成立一个推动人造肉研究的科学协会，他将下一环节用于讨论这一协会该做什么。结果，科学家和企业家七嘴八舌地争论起来，各有各的战略思想。一个人说，我们要生产汉堡、香肠及其他仿真肉制品。另一个说，不，我们要开创消费者以前没见过的食物。我们是应该想怎么通过欧盟和美国现有的市场管制，还是想办法绕过管制？这一点也引起了争议。波斯特重申，他是想建立一个研究生产肉类的组织工程技术的科学组织，而不是推销产品，令它们通过或绕过监管体制，融入消费者生活的公众化机构。然而，就算他这么说，科学操作与商业操作的分界似乎已然消失。有人问，真的要完全取代现在的肉食产业吗？这让我想到在座的有出于动物保护目的才对人造肉感兴趣的活动家，也有看重人造肉背后独特市场机遇的人士。

还有人提到很棒的一点，即生物学家和工程师的分工不该是前者制定计划让后者来实施这种顺序——换句话说，生物学家不该把规模化问题推给其他人解决。而且超大型生物反应器面临着从温度控制、生长介质循环，到细胞在整个反应器内相对均匀的分布等一系列工程学难点——这里列出的还是最表层的。这位发言者说，这两类专家更理想的交流，不该是零零散散的，而是应该在人造肉生产的整个开发过程中持续通畅地对话。

茶歇时，一名服务员问我有没有吃过北极熊干细胞做的冰激凌。北极熊干细胞？我后来才知道这是有意设计的玩笑；她指的是"下一代自然网络"推出的一个展品。这个组织制作了《试管肉菜谱》，其中呈现的预测中的未来食物仿佛真的一般。我回到会议时，心中还想着北极熊、冰和水（甚至正在消失的冰川）。我听一个发言者说，肉基本上由水构成，确实如此：75%的水、20%

的蛋白质加 5% 的脂肪是描述肉类组成元素的常见比例。达塔尔说，我们才开始在实验室培养肉类，还没法想象它最终的定义，我在一旁猛点头。毕竟，水的形状是什么呢？这个环节结束了，波斯特站起来鼓掌，我们也都鼓起掌来。

　　　　　　　　　　　　　　　　　　　　肉食星球

第十四章

洁 食

长久以来，犹太人一直在问人造肉是否属于洁食。这个问题甚至出现在《塔木德》(*Talmud*)上。在《塔木德》的法庭书(Tractate Sanhedrin，65b)部分中，禅印那(Chanina)和奥沙亚(Oshaia)这两位拉比在每个安息日的晚上都会钻研卡巴拉教*的《创造之书》(*Sesfer Yetzirah*)。他们用书上的教义造了一头小牛，然后没有按"洁食教规"(*kashrut*)宰杀就直接吃了。虽然这像是违规操作，但法庭书的阐释者有理由怀疑禅印那和奥沙亚是否真的违反了洁食规定。至少在拉比耶沙亚胡·哈列维·霍罗威茨(Yeshaya Halevi Horowitz，活跃于 16 世纪末至 17 世纪初)看来，人造牛犊应该不算"真正的动物"。它的非自然性说明无须使用"洁食屠宰法"(*shechitah*)。不过其他权威人士虽然也赞同该牛犊是非自然的，但认为不用洁食屠宰法违背了另一条原则——"看着妥当"(*marit*

---

* 犹太教的一支神秘主义分教。

ayin）：不要做看起来不妥的事，哪怕实际上并无不妥。所以，即便是人造牛犊也应妥善地宰杀，以免禅印那和奥沙亚像是凌驾于法律之上，食用看似自然实则不洁——因为宰杀不当——的牛犊。这是个关于撑门面的故事，但也是关于如何对待动物、关于肉和动物自然生命之关系的故事。

《塔木德》另一章（法庭书 59b）中，出现了另一种"假"肉。一位旅行的拉比，途中险遇狮群，向上天祈祷后立刻收到了回应：两大块肉从天而降，吸引了敌方注意力。狮群很懂事地抓走一块，让拉比把另一块带去了自修室。在自修室，那块肉满足了另一种意义上的需要：争论的渴望。最终对那肉的判定是："上天不会降下不相宜之物。"该肉不仅"对犹太人有益"，而且填饱了肉体和心灵。这个故事同禅印那和奥沙亚的故事一样，让我们思考现有秩序下如何定位神奇或超常的肉。把一种新型肉纳入我们的世界观、纳入执掌我们饮食的监管体系，需要哪些思想基础？

犹太洁食教规既古老又现代。洁食"*kasher*"一词的原意为"宜"，意思是"合适的"。虽然巴比伦语版的《塔木德》约于公元 5 世纪就已完全编成，但比起《利未记》和《申命记》中对洁食教规圣经起源的记载还算非常滞后的。另一方面，说洁食教规现代是因为它随着犹太人食物生产和消费方式的改变而改变。过去的几百年里，犹太人像发达国家的其他人群一样，因食品工业化改变了饮食方式。从明胶到白面包再到肉类，更别说洗手液和洗发水等非食品类日用品，所有这些都能带着"洁物"标签买到，所有都是工业化生产的。标签是由一个监管犹太教洁物认证的特殊机构颁发，其中很多反映出对某些成分洁与不洁的争辩和论证，而争论本身就是犹太人现代化的重要一步。而今，洁食绵延不绝的争论落到实验室培养肉上。

2016 年春末，在加利福尼亚的奥克兰，一名新收获组织的代表在食品未来讨论会上发言时，我就在观众席上。当我问她人造肉会否纳入洁食，她高兴地告诉我，最近一次网上讨论解决了这个洁食规定问题，其中有参与者转述了某拉比的话，说实验室培养肉会是合格产品。[1] 所以，谈话者继续道，犹太人没有理由缺席蛋白质的未来。虽然这个回答信心满满，但人造肉制品的洁食地位还没定下来，拉比群体向来分歧多于一致。

另一个推崇组织培养法制肉的组织好食研究所（2016 年时）提倡我们给"人造肉"换个叫法——"洁肉"（clean meat），这一下子把《利未记》的强烈印象带到了 21 世纪。这"洁"字一如既往地勾起了它的反面，暗指传统肉食的"脏"。因此，"洁肉"一词激怒了很多农民和肉品产业的游说者。人类学家玛丽·道格拉斯（Mary Douglas）写道，"污秽绝非孤立的概念。它必然是发生在一套观念体系之中"，洁净也是如此。[2] 用道格拉斯的观点来看，洁食规定就是这样一套"观念体系"，对人类经验和行为的一种界定。几年前我在肯塔基州的乡下"捡猪肉"时，道格拉斯的《洁净与危险》（*Purity and Danger*）就在我背包里；我从一只猪的腹中掏出嫩软的肉，它肠子里烤热的苹果还冒着蒸汽。那猪在地下的坑里困了几个小时，四周都是热烘烘的岩石。它的肉在我看来是洁净的，而且，没记错的话，味道很好。

新收获网上讨论中提到的那位拉比认为，既然人造肉无须杀害动物，那么按洁食规定来看，这种肉根本不能算肉。人造肉或许要算中性食品（*pareve*），不含肉（*fleischig*）或奶（*milchig*）的一类食物，根据洁食教规，这两大类绝不能混淆。那个网络讨论帖的第一条回复（显然没有丝毫反犹主义的意思）是高亢的异教徒式"培根万岁"论，一大串关于培根和猪肉的风趣评论，打头的意思是，如果牛细胞培养的肉可以完全不算肉，岂不是也能用猪细胞培养"洁肉"*？越界评论一个接一个，发展成一本正经的犹太式戏谑："洁食培根啊，美梦成真了。""咱们下次筹款活动能用这个主题欸。"几年前，有人创了个网站表达另一种越界式调侃。他们自称是一家用名人肌细胞做人造肉的公司。这与其说是鼓励我们吃人肉，不如说是满足我们心中一种隐秘愿望的双面调侃：吃掉八卦小报怂恿我们去追的明星，既表现我们想占有他们人生的愿望，也包含了我们对他们顺风顺水（也是公共讳言）的显赫人生的嫉恨。

新收获不是第一个提问组织培养技术生产的肉是不是洁食的。2013 年 8 月，马克·波斯特公布著名的细胞培养汉堡那会儿，网上就涌现出大批询问的声音。关于人造肉和洁食规定的早期讨论大多集中在（像《利未记》第 11 章记载的）哪些动物为犹太人可食或禁食这点上。换句话说，最初的探讨认为，细胞培养的动物源是决定它洁食与否的主要因素。照这么说，从牛身上提取的活组织切片产生的是洁净的细胞系，而从猪或骆驼身上提取的产生的是不洁的细胞系。

然而，如《塔木德》中拉比禅印那、奥沙亚及其人造牛的故

---

* 根据洁食法，犹太人可食牛肉（不包括腹部肉、蹄腱及血液），禁食猪肉。

　　　　　　　　　　　　　　　　　　　　　　　　　肉食星球

事所示，洁食与否除了动物类别，还取决于很多因素。首先，无论哪种动物，患病或受伤都是不洁的。其次，即便是种类适宜的健康动物，没按洁食屠宰法的规定正确宰杀也不能算洁食。用这套办法宰杀的动物死前不会受惊，不像非洁食的传统那样。必须在它们清醒和警觉时，用一把长长的仪式刀（chalif）割断它们的喉咙，令其当场毙命，然后开始重要的放血步骤；甚至有人辩称，这种屠宰法能迅速排出大脑中的氧气，将痛苦减至最小。[3] 尸体的血放干后，要仔细检查尸身有无畸形、肿瘤、脉管或血管破裂、血液停滞等——这些都符合《圣经》禁食血液或患病动物的训诫。血液禁令有时意味着，很多奉行洁食规定的犹太人只吃动物上半身的肉，不吃下半身的，因为下半身的静脉和动脉很难切除。坐骨神经也属于不洁的部分。当然，这个流程很费功夫，所以洁食肉通常比非洁食肉贵得多，这也是意第绪谚语所说的"犹太人难当"（shver tzu zein a Yid）的另一个原因。拉比群体也没有在洁食肉是否比非洁食肉更道德的问题上达成一致。一位拉比在 2014 年的一篇报纸社论中写道，由于绝大多数洁食肉是在传统工业环境下生产的，所以其实不比非洁食肉好多少。[4]

人造肉生产显著且很关键的一个问题，是根据"活体动物的肢体"（aver min hachai）原则，人不能在动物还活着时分割、食用它的某个部分。这很大程度上取决于拉比是否把取自供体动物的活组织切片算作该动物的一"部分"——而该样本培育出的汉堡肉是否也算？为食用培养细胞而杀害动物会让许多人造肉支持者不高兴，哪怕（理论上）一片活组织切片通过组织培养能生产几吨肉，即牺牲一只动物能生产出价值很多动物的洁肉——若拉比裁决通过的话。

"活体动物的肢体"原则引出一个更笼统也更有哲学意味的犹太式人造肉问题。动物组织的培养物和动物本身是什么关系？由牛细胞培养的肌纤维和那牛的性质一样吗？如果一样，那性质某种程度上是由活检细胞的 DNA 决定的吗？我们该认为供体动物和其培养肉之间的关系属于亲子关系，还是后者是前者初始成体（可能活着，也可能死了）的延伸？这么说来，动物体的边界在哪儿？往实际了说，如果人造肉判为"不含肉或奶的"（*pareve*）而不是"肉质的"（*fleischig*），这一判定是否会影响人造肉广义上的"肉类"定位？而这一犹太观点，在组织培养细胞算不算传统意义的肉的整体（即包括犹太人和非犹太人的）讨论中，又占多大分量？不难想象，如果宗教权威机构把人造肉判为洁食，但这基于它实际上不算肉，人造肉支持者们或许会犹豫要不要接受。对他们来说，这可能是一套错误的"观念体系"。

2016 年，一位新加入人造肉生产业竞争圈的成员——以色列初创企业"超级肉"（SuperMeat），极为关注洁食规定的问题。记者萨拉·张（Sarah Zhang）在《大西洋月刊》（*Atlantic*）上指出，该公司的联合创始人科比·巴拉克（Koby Barak）坦率地表示洁食判定具有争议，尤其对新兴技术而言。[5] 工业产品的洁食判定须基于各个成分的测定。[6] 拿人造肉来说，孕育细胞的生长介质、细胞生长所用的支架，还有初始细胞本身都需要检验。对于原料非洁食的问题，超级肉公司咨询的拉比们倾向于参考一种特殊的洁食原则，名为"新面貌"（*panim chadashot*）。"新面貌"的意思是，如果物质的物理形态彻底变了，那么原本不洁的材料或许会改变性质，在新形态下算作洁物。举个例子，由猪皮的胶原蛋白制成的明胶判为洁食，因为最终的明胶和加工之前的那个动物产物成分完全不同。但新面貌原则的应用不是没有异议的。就猪皮明胶来说，虽然拉比做了明确判定，还是引得流言纷纷，最终洁物明胶的生产商不得不换用其他胶原蛋白源。这个例子或许对人造肉有启发，毕竟胶原蛋白是制作组织培养所用的有机支架的有效成分。

洁食教规与工业食品生产碰撞，情况说来复杂。其核心是犹太人现代生活的一大问题：守戒的犹太人如何在不违背犹太律法的前提下融入非犹太世界？这个问题在美国人生活中表现很明显：犹太人能按自己的方式实现同化，即融入美国主流社会和文化生活吗？[7] 通俗点说，他们能喝按原配方生产的可口可乐吗，它含有少量甘油所以未必是洁食呢？那守戒的犹太人能只喝洁食性甘油做的可口可乐吗？当然，几个世纪以来，犹太人一直在把哈拉卡（*halacha*）——拉比犹太教的教规同所处国家的习俗和资源相磨合。"使其如是"（*davar hamamid*）的问题很有启发性：通常，根据无效（*bitul*）原则，如果洁食或洁饮中的不洁成分与总量的比例在 1∶60以下，则可以忽略。然而在有些情况下，少量的不洁成分可能对该物质的整体结构起到催化或决定性作用，也就是"使其如是"所说的那样。一个典型的前现代例子就是牛奶制成奶酪所用的动物凝乳酶（通常取自小牛的胃黏膜）。而在现代环境下，许多工业食品都用到这样的催化剂，其洁性或不洁性还有待确认。

20 世纪的洁食规定问题包含了多变的监管体制、多变的市场，以及"多元化的阐释"，即有多家机构向各个犹太群体颁布洁食认证。正统派、保守派和改革派犹太人对洁食教规往往有不同的解读，而不同的洁食当局颁发不同的洁食认证标志。消费者自行决定要信赖哪个洁食牌子（hechsher），通常取决于他们在犹太教中的教派，但也不尽然。除此之外，由联邦法律来规定洁食认证机构和产品制造商雇哪种律师，和管辖企业牵涉到的私人诉讼。结果就是，洁食产品处于公私混杂的监管环境，而商业利益在其中发挥重大作用。提供洁食认证的组织借此赢利，而产品获其认证的食品生产商从而打入相应的洁食市场。

人造肉是否"相宜"或"洁净"的问题先一步提出来，或许不足为奇。它反映了监管思想的早期萌芽，因为我们旁观者（犹太人和非犹太人一样）知道，新食品发售前需要政府机构的检测和认证。人造肉是否属于洁食的早期争论，越发像为后面它能否及以何种条件出售的决议做准备。《塔木德》的故事就把问题挑明了，问我们该把无明确来源或来自自然动物的肉归为哪一类。人造肉或许无法轻易归入我们关于肉和动物体关系的"观念体系"。它会迫使我们重新思考或完全摒弃这套观念。当肉不再源自大型的动物体，我们会发现，这一块世界的某些部分将同我们不再相宜。

第十五章

鲸

你问怎么扯到鲸鱼上来了？我现在在斯坦福大学（Stanford University）商学院的一间礼堂，美国人道协会（Humane Society of the United States）政策副主任保罗·夏皮罗（Paul Shapiro）刚在细胞农业和人造肉专讨会上发言完毕。过去一个半小时里，聚在这儿的众多观众聆听了夏皮罗及好食研究所创始人兼主任布鲁斯·弗雷德里希（Bruce Friedrich）的讲话。好食研究所和新收获组织一样，倡导以细胞农业取代畜牧业。它在过去一年里几乎是横空出世，资财雄厚，而且和动物保护组织有密切合作。人造肉公司孟菲斯肉品的创始人兼首席执行官乌马·瓦莱蒂（Uma Valeti）和瓦赫宁恩大学（Wageningen University）哲学教授兼人造肉最早一批生物伦理学批判家科尔·范·德尔·韦勒（Cor van der Weele）也都发了言。现在是晚上，有些人经历了一天忙碌的校园工作已有疲态，另一些则在闭幕掌声过后积极投入社交环节，一起合影留念、交换名片。这次大会没什么分歧。大家对于人造肉（弗雷德里希和瓦莱蒂喜欢称之为"清洁肉")是保障蛋白质可持续供应、缓解气候变化和保护动物的妥善对策这一点没有争议。会上也没有讨论资源有没有其他更好的利用方式。在大家对新技术及其有望带来积极变革的热情下，所有小分歧都被撇到一旁。

是夏皮罗谈到了鲸类动物。他很擅长逗观众发笑鼓掌，在讨论会最后讲到美国捕鲸业没落的故事。他告诉我们，就在南北战争之前，捕鲸业还是美国第五大产业。这个国家家家户户都用油灯，油灯就是用鲸油做燃料。但1853年至1873年，捕杀鲸鱼的船队减少了80%，主要是由于新产品——煤油的出现。加拿大地质学家亚伯拉罕·格斯纳（Abraham Gesner）发现了一种从石油中提炼煤油的方法，于是这一新产品横扫燃料市场，取代了鲸油。换句话说，一项技术的发展就让我们摆脱了对动物制品的依赖。故事不错。夏皮罗把它树立为实验室培养肉的榜样。我仔细听了，因为像这样用某个历史案例作为新技术前景的参考，在人造肉圈子里相当普遍。甚至，很多新技术的公众舆论也会引用这种陈年旧例。[1]但新技术不是形势中的唯一"因素"。市场也在发挥作用，最优选项要通过自然选择来胜出。他作为动物保护者而不是技术商人来讲这个故事，很有意思。[2]这表明他也采用了这类商人的推广手段。

夏皮罗这个版本的故事流传很广，[3]甚至能在自然历史博物馆和捕鲸方面的博物馆见到。不过，鲸油故事中有疑点，而且在其他时候，出于某些政治性很强的目的，又是另一套说法。环境历史学家比尔·科瓦里克（Bill Kovarik）说过，靠技术创新和自由市场就能拯救饱受工业和发展掠夺的生态资源这一观点，往往把

　　　　　　　　　　　　　　　　　　　　　　　肉食星球

"鲸油神话"用作典型范例。[4]确实，19世纪中期技术发展带来的燃料令美国人不再依赖鲸油。但鲸油刚开始衰落时，使用最广的替代燃料不是煤油，而是各种酒精性混合燃料，其中特别热门的一种叫莰烯（Camphene），由酒精和松脂制成，比鲸油便宜多了；但莰烯的主要缺点是易挥发。煤油作为灯油上市时，鲸油（以及捕鲸业）的鼎盛期已过去好多年。而煤油打败竞争对手酒精燃料，不是因为性能更优或商人的商业手段，而是因为税收。煤油的兴起，以及整个石油产业的兴起，是受到美国南北战争期间政府对酒精加税的助力；和煤油的轻税相比，无论饮用还是燃灯的酒精，都被收取重税。

夏皮罗轻快的口吻掩盖了案例的复杂性。技术突破是市场对更优质、更廉价产品自然选择的结果，它本身不会挽救鲸鱼。也许鲸油衰落一例既不是发明之神，也不是市场之功，但确实表现出政府干预在提拔新技术、削弱旧技术上的重要作用。没有市场或发明家是处于政治真空中的。1830年，大约是鲸油市场抵达巅峰的15年前，捕鲸业代表查尔斯·W. 摩根（Charles W. Morgan）在捕鲸大中心——马萨诸塞州的新贝德福德（New Bedford）发表了题为《鲸鱼的自然史》（"The Natural History of the Whale"）的演讲。[5]摩根同新贝德福德一家生产鲸油蜡烛的作坊有利益往来，他对鲸油的竞争品橄榄油的进口税降低表示担忧。他敏锐地意识到捕鲸业处在监管和征税的压力下，还有竞争产品在削减它的利润。摩根也谈到"碳氢化合物气体"，他虽然承认它在静态照明和照明亮度上比鲸油有些优势，但觉得该物质太"娇气"（即易挥发），不利于运输。

鲸油案例与人造肉有可比性吗？这值得怀疑。鲸油之所以枯竭，是因为捕鲸炼油的速度比鲸鱼繁殖、生长、再繁殖的速度更快；而工业肉的生产速度虽然也不及发展中国家的需求增速，但没差那么多。[6]夏皮罗笑着讲述了《名利场》（*Vanity Fair*）杂志上一则1861年的鲸鱼漫画：鲸鱼们像社会名流一样，在聚会上欢庆，为宾夕法尼亚土地上流出的石油高兴，那是当地一个叫埃德温·德雷克（Edwin Drake）的人挖井时挖出来的。德雷克的油田（被戏称为"石油利亚"[Petrolia]）很快能满足美国的大部分石油需求，假以时日还能满足世界上的大部分石油需求。难怪说煤油灯拯救了海洋。很容易联想出类似的牛、鸡、猪欢庆的动画，它们为自己的肉出了人造替代品而高兴。这是这个故事的情感内核，是促使夏皮罗去讲它的原因，完全避开了新燃料源所依赖的监管性（所以必然是政治性）市场的复杂部分。史例中所有的麻烦之处都被剔除，然后鲸鱼的故事成了一种天然素材，成了未来发明物的参照。

第十六章

食人族

　　"干吗不培养和食用我们人的细胞？"当所有人的目光集中在马克·波斯特身上时，坐在大型观众席后排的一位医学生揶揄道。波斯特刚做完一个人造肉讲座，现在是问答环节。室内扬起（确切说是颤起）了一阵紧张的笑声。我们中有些人之前听过这话。在波斯特汉堡肉演示的舆论高峰期，有网站虚构了一家公司推销名人肉培养的肉，况且培养和食用人肉细胞的说法已在人造肉报道的网上评论区流传开来。这个挑衅的玩笑看似肤浅，其实不然。毕竟，如果人造肉（抛开其他好处）创造了让我们的食肉欲得到满足，且不用再屠杀生灵的浪漫幻想式天堂，那么有必要担忧其阴暗面，即我们体内的魔鬼蛰伏多时后冲破牢笼的时刻。

　　波斯特随即笑了，这话他也听过。他止住笑，正经回应了提问。"我常听8到12岁的孩子这么问，"他说，"问得没错。"之后波斯特深吸了口气。我以为他会说培养和食用人体细胞就像人造肉最初借鉴的医学组织培养，但更为诡异等等。可他反而扯上了精神分析学。他说西格蒙德·弗洛伊德告诉我们，食人的欲望是正常性欲发展的一部分，是我们长大后学会压抑的一种性幻想。儿童就没有成人这种束缚。更多人笑了。在波斯特的性心理解释下，那个医学生成了自己玩笑的笑柄，但他很有风度地同大家一起笑了。可以说他的笑话很"污"，而污的意思是人类学家玛丽·道格拉斯所定义的"不合时宜之物"：人体组织在食物链中属于不合时宜之物，占了本来属于猪或羊的位置。[1]

弗洛伊德在《一例幼儿神经症病史》（"From the History of an Infantile Neurosis"）一文中写道，我们发育的"口唇期"* 给我们语言的使用留下了"永久的印记"。所以，我们称性欲的对象"秀色可餐"，或称情人为"甜心"。[2] 弗洛伊德在另一文中提到，在特别年幼的儿童体内，食欲和性欲（不是青春期早期突然出现，而是幼年时期一直存在）是一体的，直到儿童脱离性潜伏期才会分离。[3] 所以，对儿童来说，性欲只是吞食渴望的对象，将其纳为自己身体的一部分。食人欲是生殖期以前的性欲形态。弗洛伊德在几处不同的作品中将口唇期和食人（cannibal）期混用了，"cannibal"的食人含义或许起源于哥伦布西印度群岛的航行。哥伦布碰到有个民族自称"Canibales"，他怀疑他们吃人肉。这个词便从哥伦布散播到欧洲各大语言中，令欧洲人对着未知大陆，幻想那些地方的人犯着同类相食的罪过。有些启蒙时代的思想家甚至在想象实验中把食人主义视为偏远隔绝地区，尤其是岛屿上控

---

* 弗洛伊德认为，个体的成长按性感带（erogenous zone，即性欲敏感部位）可划分为 5 个阶段，分别是口唇期（oral stage）、肛门期（anal stage）、性器期（phallic stage）、潜伏期（latent stage，5—12 岁）和生殖期（genital stage，12—20 岁）。

肉食星球

制人口容量的一大措施。有意思的假设问题是，繁衍量达到多少，才需要采取食人措施来平衡人口和粮食供应？

食人现象是现代早期欧洲人假想的某些地域的普遍特征。可以说，它是那些地图上的一种道德标记。而在很多探究食人现象的欧洲作家看来，它具有矛盾性。人吃人究竟是违背了人类社会的自然规律和生存法则，还是相反地，属于自然生存的一部分？[4] 现代后期弗洛伊德的回答是两者皆对，而（与他现代早期的前辈们不同，他认为）谬误就在于以为人吃人发生在别处，在和我们完全不同的人群中，在我们道德集体之外。弗洛伊德在后期的宗教著作《一个幻觉的未来》（*The Future of an Illusion*）中写道，人吃人的冲动，同乱伦和杀戮的欲望一样，"每个孩子生来就有"。[5] 弗洛伊德说，这些本能中，只有人吃人"似乎是普遍禁止的，而且——从非精神分析学的角度来看——是已经完全被克服的"。[6] 当然，这也就是说，从精神分析学的角度来看，食人主义与其说是被克服了，不如说是被文明的威力压制住了。[7]

弗洛伊德认为，文明的出现是为了保护我们不受自身和外界自然力量的伤害。然而在文明状态下，保护我们不受自然侵害的文化力量也令我们同自身割离。在弗洛伊德的《摩西与一神教》（*Moses and Monotheism*）中，一帮兄弟杀死并吃掉残暴的父亲后，才用粗糙的社会契约过上了原始文明生活。[8] 在人造肉和复杂组织工程的时代，吃我们自己或同类的肉的情况难以完全忽略，这也是为什么常有这类令人不安的笑话。对于那些以为孩子在道德上纯净无邪，或只有错乱的人才会想吃人的人，弗洛伊德的说法要吓到他们了。

实验室培养人肉的想法，首先像是心理学上的挑衅，但也是人类学上的，因为它迫使我们追问，若我们也能做成一种肉，那作为人的我们到底算什么。那肉将是不属于完整人体的肉。而人类生命将沦为单纯细胞代谢的新型人类生命。或许人肉组织培养实验的想法真正令人不安的，不是我们会吃掉别人或自己，而是技术带给我们"为人"的定义新的可塑性。生物反应器中的人肉不是在沉睡，不是等它们醒过来就会焕发人类意志。组织培养出的人体细胞令我们和牲畜沦为一等，而食用这些细胞意味着接纳这一对人类性质的重新界定。

第十七章

聚合 / 分离

"这让我想起了一个图。你看过列维－斯特劳斯的《亲属关系的基本结构》（*The Elementary Structures of Kinship*）吗？"乔丹为他想到的东西兴奋起来。我正给他讲新收获 2017 大会首日的经历，这次细胞农业大会把我带回了纽约市。我这位朋友兼房东打开笔记本电脑，给我看了一幅大额牛（*gayal*）的素描，这是缅甸北方惯养的一种牛，在克劳德·列维－斯特劳斯这本书中译作"水牛"。[1]这幅图解展示了大额牛在扎昊钦族（Zahau Chin）某项仪式中是如何被分割，然后分给家族成员的。列维－斯特劳斯写道："这个地区的分肉法，几乎和分女人的方法一样巧妙。"这话脱离语境看令人咋舌，它表示婚礼和新娘的价码按牛头来算。列维－斯特劳斯引用的是史蒂文森（H. N. C. Stevenson）1937 年的文章《缅甸扎昊钦族的宴饮和分肉法》（"Feasting and Meat Division among the Zahau Chins of Burma"），该文讲述了这种仪式化的分肉法是如何反映当地父权制环境下的家族关系的。

但我们最好还是不要太抠字面。列维－斯特劳斯这话的要点，不是肉或女人，而是规则统治下的社会性质，这类社会以规则来应对食物匮乏和繁殖条件欠缺等生存问题。[2]他所说的，是一个20世纪早期、未受廉价肉和人口过剩等现代体制问题困扰的社会。列维－斯特劳斯说，社会规则始于禁止乱伦这一初始法则，这项法则也可以说是社会节制生育的初始形式，是我们"驯化"人类物种的一种做法。但规则一旦扩散，就成了社会赖以运作的符号体系。文化用语始于规则化的语法。这一语法随着时间推移，在世代相承中显示出效力。在个人短暂的生命周期里，仪式化行为赋予社会关系形态和道德分量。在扎昊钦族的例子中，分肉仪式将授肉者和受肉者连缀成一张互利责任网。大额牛图解与其说是分肉图，不如说是关系图。就像俗话说的，社会关系是"从节点处切分出来的"，像前面献祭的大额牛一样。该图无形中传达出社群、婚姻和动物之间的平等：整个牲畜，整个族群——各有节点，各有连缀。乔丹提到列维－施特劳斯，让我联想到亲身经历的人造肉。这样分肉到底算什么？把动物体当作感受互利关系的媒介？那么试管肉能传达出和体内肉一样的感受吗？

　　我昨天在大会上待了很久，所见人造肉和细胞农业研究领域的图像、图表与上述的差别很大，大多想创造一个不必牺牲无辜的大额牛来仪式化地维系互利亲缘关系的世界。这一天我还思考了各种各样的互利责任，包括四年来同我分享工作成果的人，我欠他们的。我深切觉得需要把我所有所见所闻做一个概括性总结，但对于人造肉我仍然给不出确切的预测或预告。但凡有理性责任心的未来学家，都不会就此乱说。然而，人们好像只想从我这儿捞到一个信心满满又简洁易懂的预测。只要要点、结论就行。在这点上，学者想获得深入了解的目的，同大众舆论的目的相去甚远。我想在书中留下更多问题，而不是答案，不想给松散的体会硬套上一个主线。[3]但老实说，我也厌倦了其他人在新闻发布会或铺天盖地的媒体宣传上搬出他们的预测说辞。他们想打消这些新兴技术周围的疑云。

大会的第一个环节上，新收获的研究员们汇报了人造肉的实验研究。这一环节所有发言人都是女性，而听众的反应惊讶又积极。我们都习惯了技术界的性别失衡，甚至技术和学术界广泛的性骚扰传闻，而女性主导的新收获公司为我们展现了别样的未来图景。研究员在舞台后面的投影上展示了培养细胞的生长图，用激光笔指出肌肉纤维的长结构。也有人给观众欣赏了一勺火鸡肌肉细胞，或海绵等生物相容性材料的图，来讲述如何把肌肉细胞固定在组织烧瓶中确保其正常生长。演示成果大多涉及人造肉研究的两大障碍，还是 2013 年出现的那两个：需要不含血清而足够便宜的培养基和难以制造三维或"厚"组织，因为这通常需要一种类似脉管的复杂的生物反应器。人造肉要投入市场，就迫切需要解决这些障碍。

我们大约 300 号人，聚在先锋制造厂（Pioneer Works），这是布鲁克林名为红钩的社区郊外的一个大型砖砌活动场所。我们坐在舞台周围满满当当的折叠椅上。我的思绪四处游荡，想象这栋建筑——曾是先锋钢铁厂（Pioneer Iron Works）基地，为 19 世纪晚期古巴的糖业制造锅炉、压碎机和发动机——从下到上堆满了啤酒厂的那种罐桶，成了"先锋肉厂"（Pioneer Meat Works），为大胃口的纽约提供猪肉、牛肉和鸡肉的"造肉厂"。[4] 说到这栋建筑的历史用途，我想起糖料种植园曾是加勒比海地区的欧洲人开采资源的一处边界，而人造肉奇怪的一点，在于它要我们在"占领区"开发新的内部"边界"。在这一边界上，细胞自身成了一种新型农业基质。巴斯大学（Bath University）的化学工程教授玛丽安·埃利斯（Marianne Ellis）随研究员们走上舞台。她在演讲中介绍了一种比造肉厂更产业化的模式：一套把原材料、生物反应器和组织工程站串联起来的非常复杂的人造肉生产流程。这流程图也是一种间接的关系图，体现了一个庞大团队中各个成员负责的部分之间的关系，其中有些人可能是埃利斯本人的学生。

埃利斯与和蔼而谈吐得体的威尔士养猪户伊尔蒂德·邓斯福德（Illtud Dunsford）合办了一家小型人造肉公司。我第一次见到邓斯福德是在马克·波斯特的马斯特里赫特大会上，他是一位罕见的、来自现存本土化小农场的农业界嘉宾。埃利斯和邓斯福德计划用他农场养的传统品种的猪细胞生产人造猪肉。这是当下少数几个不模仿流行商品肉而做某种特殊肉的人造肉项目之一。我脑海中浮现出两股势力角逐，一股想要取代商品肉巨头，另一股像埃利斯和邓斯福德这种小规模、灵活型的初创企业，则瞄准"补缺市场"。埃利斯值得赞赏的一点，是当问答环节问到"还要多久？"时，她直接说不知道。这个问题 2013 年问过波斯特，之后反复出现。它由善待动物组织在 2008 年鸡块大赛中提出。丘吉尔（Winston Churchill）的《今后五十年》（"Fifty Years Hence"）就谈到了它——该文发表于 1932 年，预测到了 1980 年代科学所能实现的社会和技术变迁，包括粮食生产上的。多年来我们一直想要回答这个问题，尽管已经烦不胜烦，我们依旧答不上来。用《星际迷航》（新收获 2017 大会上很多人眼中的科幻片标准）的话说，"还要多久？"就是小林丸号测试（Kobayashi Maru），一个教导未来星舰舰长有些损失无法避免的必输型训练测试。埃利斯经济学意义上的"不知道"暴露出这个问题的超纲、无解性。

　　研究人员幻灯片上的数据多出自新收获出资的合作研究，而新收获的资金大多来自个体捐赠者的小额资助。研究员没有辜负他们身上的投资，他们参与新收获的项目，分享研究成果，在公开平台上发布论文报告——但最重要的是，一步步打造出人造肉及其他细胞农业产品的时代，从而降低甚至取缔畜牧业的必要性。伊莎·达塔尔在开场白中说："动物产品很美味。"但她也讲到它们的工业化生产对环境的致命影响：全球畜牧业每年大约向大气中排放 71 亿吨碳，据估计，在全球碳排放总量中的占比高达 14%至 18%。牛肠道甲烷这一项就排放 27 亿吨。我从偶尔参加的"新收获"会议中了解到，其研究员不同的研究背景和目标是一项优势。他们共享无限化的细胞系，该细胞系能通过突变或人工干预（如应用病毒 DNA）无限分裂和增殖。新收获有意建立所有从事开放性人造肉研究的研究员都能使用的细胞系。说到底，细胞谱系即联结各个人造肉实验室的遗传连续网，也隐含了人造肉工作群体之间宽泛的谱系关系。

　　也许谱系关系只有少数悉心观察者看得出，但有一样社会特征是所有人都一目了然的。新收获的研究员在学术实验室攻关、推进博士研究项目，然后向大家公示研究成果。这属于科研界出版物开放获取与信息共享运动的一部分，其他著名的例子有公共科学图书馆（Public Library of Science，简称 PLoS）和黑客爱好者们共享资源的"黑客空间"（hackerspaces）。本次大会上，"生物黑客"的代表是精进肉品公司（Shojin Meats）的羽生雄毅（Yuki Hanyu），该公司集结了很多日本生物黑客。羽生用一种运动饮料制成了培育细胞的生长基。他已经用东京便利店随处可见的材料培育出肌肉细胞，台上有图为证。精进肉品公司得名于精进料理，即日本佛教僧侣吃的传统素食。羽生把展台上的笔记本电脑掉了个头，热切地向我展示了一幅以人造肉为主题的漫画，由精进肉品公司一位还在念高中的艺术家所作，画中造肉厂对着其他国家造出大桶大桶的肉。他告诉我，这一切的灵感来源于日本常见的一个问题，即这个岛国没有足够的粮食自给自足，必须依靠进口。与这类开放性工作和展示的例子相反，很多人造肉初创企业的员工在封闭的实验室里工作，其成果代表着公司和投资商的知识产权。而进展如何一直蒙在"黑箱"之中，直到产品问世。对有些人来说，为了获得大额的风险投资，这点代价还是很值的。

　　"新收获"在大会上没有分化学术研究员和企业研究员，似乎是有意的，也是明智的。大家都知道，只有学界和企业研究员合作，细胞农业的利益才能最大化。所以新收获的领导层极力避免像站在学术派一边压制企业派。他们也确实没有。达塔尔至少协办了两家公司，生产牛奶的完美日（以前叫哞福瑞）和生产鸡蛋蛋白的克拉拉食品（Clara Foods）。但由于新收获分出资源去支持开放性学术研究和新科学家的培养，他们的投资增长幅度从初创经济的角度来说就太慢了。达塔尔在开场白中给了初创企业一个很大的鼓励：孟菲斯肉品公司已经把实验室鸡肉制作成本降至每磅 9000 美元，虽然仍像天文数字，但和 2013 年波斯特制作首块汉堡肉的成本相比已经低了很多。这在我们听来是个进步。这家公司的报告称，2016 年生产一个肉丸的成本只要 2400 美元。

与会的记者们注意到企业和学术研究的分野，问我相信哪一派。这种凡事看相不相信的做法把我弄晕了。但他们问得也有道理。我们上午观看人造肉早期的研究报告，中午对着他们供应的素食午餐聊天，下午听人造肉初创企业的信誓旦旦，晚上又聚在一起批判争论、喝啤酒。在这 2017 年年底，初创企业承诺开始融合成未来学家彼得·施瓦茨（Peter Schwartz）所谓的"官方未来"（official future）。这对于一群形形色色但对未来有着共同憧憬的人很有号召力，能引导他们当前的行动。[5] 一些人造肉初创企业和对人造肉感兴趣的动物保护与倡导组织组成了非正式的亲和团体，比如好食研究所，其成立就是为推广肉食替代品。这类亲和团体的立场是，制造人造肉或（用好食研究所批准的术语来说）"清洁肉"是可行的，也是势在必行的，而这势在必行的产品制造意味着畜牧业会加速消亡。我尚在分析研究员们的报告，初创肉业已经过早地吹响了胜利的号角，但我也知道研究员们对此意见不一。一些人比另一些更相信初创企业的"官方未来"。不过，我在大会首日接触的人都知晓公众对势在必行的制造"清洁肉"的热望与醒目的数据（至少是公示的数据）之间的差距。似乎是出于总体礼貌和意识到在场人士终究站在同一战线上，没人公开发言谈论这个问题。

"新收获"坚持透明度，而应对炒作质疑的办法是抢占制高点。

达塔尔说，她希望无动物性生长介质的配方能像巧克力饼干包装袋上的曲奇配方一样广为流传。在另一次大会上，"新收获"曾通过摆设一组空的细胞培养塑料瓶来寓指其"透明"，瓶子数与波斯特团队制作汉堡肉所用到的数目一致。结果这么多半透明塑料瓶让我以为是哪个博物馆基座上的现代雕塑，或未来大都市的建筑模型。这一做法和把汉堡肉精心摆在盘子上（像从种子里蹦出来，自动变成美味似的）的宣传照有着天壤之别。后者以轻巧的图片掩盖了大量人力投入，而前者"揭露"出细胞培养肉背后的创造之枯燥、细心和耐心。新收获并不是想打击人造肉有朝一日会脱离繁重的手工劳动实现自动化和工业化生产的希望，而是让人们看到目前的进度。我越来越相信，在一个陌生的食品技术新时代，这种透明态度对于建立公众信任至关重要。而且我担心，如果企业不兑现人造肉即将上市的预期，会损害人们的信任。用炒作周期顾问们的话来说，也许人造肉经受不住再一次"期望滑落的大低谷"。所有这些都意味着"新收获"在战略上处于一种艰难的位置。他们希望以温和态度推广的技术，其他人却在大肆吹捧。有时这让"新收获"的带头人显得自我泄气，因为他们只是坚持头脑冷静，不让终结畜牧业的感性和道德诉求干扰对眼前事实的客观报告。毕竟鉴于大环境的封闭，这些事实不易获取。而当你夹在怀疑和希望这对相互抗衡的势力之间，想要从第三方、更公正的立场上寻求辩证性的解决方式时，它们也不易被解读。但怀疑和希望很少那样发展，通常就是一方压倒另一方。这个节骨眼上的媒体和大众期望就是这样：人造肉要么尽早问世，要么没戏，这种非此即彼的态度就反映在初创企业的计划表上。

我在先锋制造厂外的大花园里漫步时常听到流言，记者、企业家和其他观望者一边绕着岩石树木散步，一边随意讨论着。有说正点公司（以前叫"汉普顿湾"）、莫萨肉品和孟菲斯肉品公司（或三家之一）找到了绕过生长介质问题的办法，无须再使用胎牛血清。然而，也有人对这些公司透露的产品初步发布日期"2018年"（正点）或"2019年"（莫萨和孟菲斯）不以为然，不仅因为（据我们所知）技术瓶颈仍未消除，还有旷日持久的监管问题。甚至会由哪个政府机构来监管人造肉都还不清楚。在美国，农业部（Department of Agriculture）负责肉类、蛋类和禽类，而食品和药物管理局（Food and Drug Administration）负责所谓"生物制品"的广泛大类，包括组织培养产品。[6]第一批产品可能是高档餐厅的昂贵肉肴，但也可能是经济适用品。好几家公司已经承认，面向广大市场的产品发布日期更可能是 2021 年，而不是 2019 年。

人造肉何时才不再是一个要等 10 到 20 年才成真的模糊的未来概念，而成为金融界稳步发展的实物？简单的回答是，"等风险投资开始属意它"。但认真说起来，投资人催要时间表的同时，动物保护人士也不耐烦了，有些已经厌倦了抗议、教育、推广和游说取得的缓慢进展。他们几乎和威廉·范·埃伦一样急躁，后者的女儿艾拉·范·埃伦（Ira van Elen）前不久加入了正点公司的董事会。2017 年 9 月，正点购入老范·埃伦的原始专利，并取得小范·埃伦的支持。[7]关于投资人造肉初创企业的大型食品公司，也有传言。它们只是笼统地相信培养肉的可行性，还是它们的战略师也同意人造肉圈子的一个普遍看法，即气候变化很快将提高传统肉的生产成本，以至于传统肉将比人造肉还难生存？本次大会上他们没派代表来表明意向。

　　新收获 2017 大会的舞台上装饰着充气的粉色和蓝色实验室手套，扎成一束束带尖头的气球。我第一眼看到，还以为是一堆新收获标志色的塑胶乳房。当我们落座开始下午的活动时，生物艺术家奥伦·卡茨（曾和约纳特·祖一起，创造了世界上第一块人造肉）提出了一个我从未想过的解释：人造肉来源于失败。"它的背后，是再生医学的失败。"他说，指另一样组织工程学热门的前沿技术——在人造肉之前就步入炒作周期的再生医学，未能实现大众满满的期待。卡茨本人对生物艺术创作的兴趣也是那个把再生医学带入公众视野的工程激发的：一种背上长出类似人耳的裸鼠，1995 年由查尔斯·瓦坎蒂（Charles Vacanti）公布。媒体把人耳鼠吹得天花乱坠，二十多年来（大约是七只长寿的实验鼠一个接一个走完一生的时长）卡茨一直在想它们勾起的公众期望：器官移植名单上成千上万的患者翘首以待，理论上再生医学可以救他们，但迟迟没有把他们的手术排上日程。医疗组织工程师转入人造肉领域，是对原领域的幻灭，还是觉得人造肉最终对这个世界的"影响"更大？研究干细胞医学潜力起家的人造肉科学家中，马克·波斯特、乌马·瓦莱蒂和弗拉基米尔·米罗诺夫（Vladimir Mironov）只是其中三位。好几位新收获的研究员都一度考虑过从事医学行业。如果初创企业真像它们说得那么好，那么大多数研究员取得博士学位前，就会有人造肉产品上市了。

　　在时间的推移和媒体的压力下，再生医学早期的主张定型为一种承诺：医生可以用病人的干细胞培养出替换器官，而且移植到病人体内没有排异风险。[8] 不用说，这一承诺并没有像一些研究员期望或允诺的那么快兑现。更要命的是，再生医学和整个干细胞医学领域出现了几起有关欺诈性科学声明的丑闻。[9] 我和卡茨谈了会儿彼此的疑虑，然后我火上浇油地问，生物燃料的情况也差不多吧？2006 至 2010 年这种"清洁能源"出现投资热潮，然后公然地破灭了；人造肉或"清洁"肉没准还会吸引之前关注生物燃料等"清洁技术"的那批风投家。[10] 何况人才在从动物保护组织向人造肉企业及支持机构转移。这一转移表明，通过缓慢的动员工作来转变思想态度和饮食习惯的计划已经到头，他们希望商业活动能有更多、更快、规模更大的成效。新战略不再想扭转人们的饮食选择，而是减少甚至消除基于动物受难的饮食选择。好食研究所的布鲁斯·弗雷德里希（Bruce Friedrich）正式发言称："我们要让可持续的、人道的选择成为默认选择，不用消费者再做道德选择。"[11] 我们说人造肉始于其他领域的失利，并不是说它注定会有像再生医学那样的命运，何况后者再怎么说都还没有认命，也还在前进。关键是这个领域的人员和资源常常是从其他领域调过来的，都带着过去的经历。失败是这经历的一种叫法，调整是另一种，而卡茨故意选了前者。

说到失败，我有时会想，人造肉虽是个好点子，但或许会被它目前所处的这种投资和发展模式葬送掉。创业模式本身不利于人造肉，因为风险投资家要在比实验室能实现规模化生产的更短时间内看到收益。这一切都假定，人造肉的定位不是仅仅仿制肉，还得是动物细胞做的，不同于 2017 年上市的很复杂的植物性汉堡肉。这就意味着人造肉需要一种更有耐心的投资模式，或者（但愿）在政府的资助下，在学术实验室中以较慢的速度推进研究。

但即便这种让步型策略的预想成真，还是没法说明人造肉和资本主义的关系。

人造肉的存在是为减轻工业型密集饲养的食用动物的苦难，减少工业化畜牧业对环境的巨大影响，以及消灭布满细菌的饲养场滋生的动物传染病。然而，我们在研究之初就知道，这些问题本身反映了更深层次的文明问题。它们源于全球人口的空前庞大，人们每天（或近乎每天）不仅享用动物骨骼肌，还享受着其他工业文明的馈赠，包括存放肉食的冰箱、运转冰箱的电力，乃至向烹制肉食的炉灶输气的天然气干线。肉是廉价，但不是凭空变得廉价的。资本主义不是唯一一个支持现代化多样进程的经济体系，过分推崇肉食的做法也不是历史上唯一一例——例如，苏联就一度需要进口动物饲料，说明苏联人也非常想提升肉食产量和消费。但肉食主导的西方饮食的传播往往是自由市场资本主义传播的行为衍生，最显著的代表可能就是麦当劳在莫斯科和北京开店了。[12]

如今的廉价肉属于一个庞大的体系，包括政府的补助和监管活动、少数超大型公司的农业合并活动，和一系列促使动物体长出比自然状态下更多的肉的工具等。这个体系所属的经济系统基于的前提是永远"再多一点"——要市场持续增长。我们处在一个即使意识形态不是，实际作风也是丰饶主义的时代，而马尔萨斯主义者们就像站在局外高举警示牌的大胡子批判家，将困扰而难堪的精神负担强加给听不惯婴儿和肉绝非善物的人。

虽然工程师们不会这么说，但人造肉期望解决的是资本主义现代化自身的一个核心问题。我们称之为廉价，是一种随处可见的成本转移现象，人造肉只是其中一个例子。[13]人们很难想象实用品（食品、燃料、服装、劳动力等）的廉价称得上问题，恰恰是它普及了物质商品，提高了全世界的生活水平。廉价是我们赖以呼吸的空气，所以我们注意不到。但肉食的"廉价化"不仅仅意味着肉食平民化，它还意味着转嫁了肉类生产和分销中的成本，使之不易为消费者觉察，不易危及那些掌控肉类生产方式的人。而成本转嫁到那些从事肉品产业低廉工作的人身上，转嫁到环境上，转嫁到食用动物短暂而糟糕的生活质量上。伤害被隐藏了，这一点动物保护人士多年前就知道。这也是为什么有些活动人士偷偷把摄像机带进饲养场和屠宰场。其实，他们的工作就是揭露动物受到的伤害，确保人们实实在在地认识到这就是伤害。复杂的生产和供应链也掩盖了人受到的伤害，不只是高肉量饮食带来的健康隐患。新收获 2017 大会的一位与会者对我说，会议上没有人提到，在美国南部，养猪业污染的水源给非裔美国人造成了极大的危害。[14] 廉价也可说是不妨碍强势群体的危害。

　　在人造肉的乌托邦未来中，组织培养和工程会大大减轻肉食的环境和道德危害，使肉之廉价不成问题。但这样一个人造肉大产大卖的乌托邦未来，会一如既往地延续杂食性文明，只不过其可持续前景是超出生活在 2017 年之人的想象的。注意，这一切未成定局。不知道人造肉的技术实现和这一乌托邦未来之间还会有多少变数。应该说细胞农业是一种诞生于现代化导致的灾难的、以市场为导向的乌托邦。换句话说，如果说工业化畜牧业是令本质以增长为导向的资本主义文明不可持续的一大因素，那么细胞农业的商业成功或许能让市场实现自救。丘吉尔在《今后五十年》——提到试管培养鸡肉梦想的那篇文章——中做出了类似的预测：

> 若有巨大的能量源，就能不靠太阳能生产食物。制作人
> 工辐射的大地窖，会代替世界上的玉米地和马铃薯地。公园
> 和花园会取代我们的牧场和耕地。待时机成熟，会有大片空
> 间来拓展城市。[15]

丘吉尔的意思是，（虽说缺少证据）改变农业基质会空出更多公园和花园。细胞农业和丘吉尔的辐射地窖一样，像开拓了一种新的内部边界，在所有边界都已开采而现有农业用地岌岌可危之际，获得新的投资、利润和增长。随着自然资源枯竭和气候变化提高畜牧业成本，（按这一说法）细胞最终会成为比完整动物更便宜的劳动力。细胞系会取代原来由其动物源牛、猪和鸡扮演的经济角色。但是，至少眼下，细胞系还不是比完整动物便宜的劳动力，期望它未来能够如此则是在技术进步这个模糊概念上狠狠地赌一把。

我自己登上新收获2017大会的舞台时没谈这些。我对人造肉牵涉到的肉类史和组织培养史做了个简短介绍，特别强调了我们饮食变迁的整体性和不可预测性。我的观点就是，从一种新食品最初创立的部分，无法看出或说出它兴起、传播和最终影响的整个趋势。所以我也无法预见人造肉会如何改变我们对动物体或农业本身的看法。鉴于这一点，我倒希望来点意外或讽刺。

幸运的是，我一讲完卡茨就接过舞台，讲述他和祖在"共生生物A"（SymbioticA）的工作，这是一个"从事生命科学方面的

研究、学习、批判和手工制作的艺术实验室"。[16] 二十多年来，卡茨一直在用组织培养技术创作艺术。创作之初，卡茨和祖曾与约瑟夫·瓦坎蒂（Joseph Vacanti，"人耳鼠"工程的研究员）共事，如今卡茨站在新收获舞台上，对观众说，"你们处在高峰，我到了低谷"，指的分别是炒作周期曲线的较高点和对应的较低点。我们很难说卡茨对实验室培养肉的怀疑有多少是个人心态成分，多少是意识形态成分，多少才是见证了这项技术在长期观望下未能实现的合理怀疑。

不过，卡茨制成了他和祖所谓的"半活体"（semi-living）产物。半活体？"semi"这一前缀虽然在拉丁语中意为"半个"，但在常规英语用法中另有"未完成或残缺"的意思。人造肉科学家多次提到生物反应器中分裂、增殖的细胞的活性，但没说细胞的体外生长是什么意思。卡茨和祖的复合词"半活体"则不然。它强调了体内和体外生长的差异，作为完整的生物体活着和作为部分生物体在精心调控的环境下、在玻璃或塑料容器里存活及生长的意义是不同的。毕竟说细胞在体外"茁壮生长"算什么呢？卡茨和祖从其他实验室找来创作的生物原材料，从刚杀的实验室动物身上提取组织样本，然后用该细胞费尽心思地造出一点后现代生命。他们培植的第一块肉要早于2003年制作的蛙肉，是用一只未出生的胎羊的骨骼肌细胞做的。[17]

卡茨和祖最近的一件雕塑，是他和告密者设计室（Fink Design）的设计师罗伯特·福斯特（Robert Foster）合作完成的，名为《扰虫》（*Stir Fly*)。《扰虫》在都柏林科学画廊（Science Gallery Dublin）展出时，毫无预兆地爆炸了，但没伤到人。这件艺术品自爆之前，先颠覆了观众对于肉之本质的认识。在《扰虫》生物反应器内生长的细胞来自昆虫，培养基用到了胎牛血清，一袋约 20 升的培养基就悬在这个反应器上方，像液体的达摩克利斯之剑。和组织艺术家探讨人造肉很有好处，尤其是因为公关压力要求大家忽略人造肉的所有怪异之处，包括摒弃"试管肉"这一老叫法。达塔尔在另一次讲话中，曾指出此类正常化做法的规定作用："大多数食品规定都是把新产品往已经核定为安全的老产品上靠。"[18] 而且正常化有利于消费者的最终接受。卡茨和祖培养的组织块和最初的试管肉并无太大不同。卡茨和我交流时，说作为艺术培养的组织和作为食物培养的很相似，并承认他和祖发现了生物技术的美学价值，尽管生物技术学家不大愿意承认。生物技术或许无形中起到了一种艺术作用，改变了我们看世界的角度——确切地说，是我们看待生物生命意义的角度。

我们知道，哲学家们会争论生物性生命是否具有所谓的"意义"，但要承认，哲学讨论和我们平时对世界的感知是不同的。生物艺术这种微小而抢眼的体裁作为未来的预测形式有两重作用，不仅设想了动物体会变成什么样，也设想了和新形式生命共存会如何改变我们的视角。兔子（受精卵）体内植入水母的磷光 DNA 就能在黑暗中发光，但养这么个宠物如何改变了我们看世界的角度呢？[19]

卡茨向观众介绍了幻灯片上他和祖以往的工程，从艺廊不肯展出"湿性"或"半活体"艺术的年代的早期实验品，一直到 2003 年"无本体的美食"工程培育的蛙肉。或许该肉直接引起了贾森·马西尼的注意，让他继而于 2004 年以一种惊人的仿生艺术

（虽说是出于截然不同且更为乐观的目的）创立了新收获组织。我不知道马西尼在哈佛医学院实习期间有没有听说组织培养与艺术工程（Tissue Culture & Art Project，卡茨和祖当时合作的项目）培养的那对翼状猪骨，它巧妙地调侃了生物工程的无所不能。那雕塑以最小幅度的振翅表现了《猪飞翔的样子》（*When Pigs Fly*）。像《扰虫》或几年前卡茨和祖在都柏林科学画廊展出的那批《半活的解忧娃娃》（*Semi-living Worry Dolls*）这类作品，并不是为了迎合古典美学标准。[20] 如果说卡茨和祖作品的目的一方面是鼓励有益的担忧，那么另一方面则是鼓励对新奇之物的关怀，比如那些奇形怪状的解忧娃娃。为什么要关心这类"半活体"之物？就解忧娃娃来说，其理念是艺术会回馈关怀。这些受危地马拉民间艺术启发创作的解忧娃娃，具有带走人们向它们倾诉的烦恼的传统功能。解忧娃娃微重力生物反应器的外置传声器，会把博物馆游客的私人忧虑传入娃娃们生长中的"耳朵"里。卡茨和祖解释说，每个娃娃都针对一种忧虑。忧虑按字母顺序从 A 排到 H，从"对绝对（Absolute）真相及自认为掌握它的人的担忧"开始，然后是"对生物技术（Biotechnology）及推动它的力量的担忧"，"对资本主义（Capitalism）、企业（Corporations）等的担忧"，到最后是"对希望（Hope）的担忧"。

"共生生物 A"的名字还暗合了另一种互利关怀，即不同种类的生物体和细胞之间的共生关系，微生物学家林恩·马古利斯（Lynn Margulis）推测其为演化的一个驱动力。根据被广泛认可的马古利斯学说，我们熟悉的有核的真核细胞是通过细菌相互吸收、相互吞并结构形成，并从中获得细胞呼吸等有利功能。[21] 由此产生的内共生现象间接地融合了遗传谱系，成为马古利斯所说的从长远来看物种转变作用堪比自然选择和突变的进化动力。[22]"共生生物A"表明，也许互利关怀不只是人类可以采取的对待生命的道德立场，它还是形成复杂生命体（如人类）的进化过程。解忧娃娃及其他半活体雕塑工程把关怀引入了生物技术领域。如果说很多生物技术应用工程重在对自然的掌控，卡茨和祖对关怀的强调则侧重于互利。

虽然卡茨和祖的作品间接影响了人造肉运动，但其核心关注点不是生物技术，而是我们和生命概念的关系。卡茨告诉我，这概念是"模糊不定"的，且如今带有工具性。生物技术恰好是把生命用作工具的现代方式。或许当我们祖先驯服第一批野生动物用作畜力时，人类就开始把生命当工具了，但"共生生物A"认为体外技术令细胞组织和躯体分离，这工具性质就完全不同了。它不是养狗。卡茨和祖从来没说生命有一种无形却可感的本质，而基因或躯体生物技术某种程度上破坏或玷污了它。他们的艺术不是颂扬什么不受人类意志或技术手段影响的"纯粹"生命，也不是蒙上神秘面纱的可怖生命。[23]他们的艺术也没有回答应不应该把生物技术用于动物体或人体的问题。但他们确实反驳了人造肉运动所基于的一点，即细胞的生命过程可简化为一种机制的运作，完全可控、可最优化。他们不反对这么看待生命，但追问了，这一解析性简化令我们失去什么，又得到什么。

卡茨和祖的生物反应器里的肉也让我们去思考另一个更严格意义上的哲学问题，也是道德哲学家们苦思冥想的问题：自然域和人类道德域是两个世界吗，那人是怎么同时活在两个世界的？前者是法则世界，需要我们像其他所有动物一样服从？而在后者中，我们的自由令我们有别于寻常动物，成为最大化表达自身意愿的物种？一些哲学家坚信我们在道德上完全自由，另一些则认为我们为一种形而上的善所约束。有人称之为上帝或自然，或不过是理性，看你信奉哪个哲学流派，然后予以调整。重点是道德不单单是我们想有就有的，不管是在个体身上，还是社会传统或法度上；它更是我们极力想做到的，至少意愿上如此。所以哲学家菲莉帕·富特（Philippa Foot）才以树为喻，说善举如善根。

富特和摩尔（G. E. Moore）等20世纪著名的英国哲学家们的看法不同，认为善类似自然属性，[24] 所以它存在于人类的传统之外。富特在20世纪50年代末的论文中解释说，道德哲学一直存在事实描述和评判上的分野，前者基于事实、可以证明、完全客观，后者则像有人喜欢咖啡冰激凌一样主观。道德哲学家一致认为，道德主张是评判性、主观性的，不是事实性的，富特则反对这一观点。她以刀为例（刀为好刀是因为它独特的功能）来说明"善"不是对某物的随意主观性看法，而是它之由来或形成的根本目的。这样才能理解眼睛和肺的善处。[25] 关于眼睛、肺和刀等，我们有很多"评判"之词可说，比如关于外形之美（虽说很难想象会有人觉得肺这类内脏器官好看），但想想我们怎么"评判"一把镶嵌华美的刀：要论这是不是把好刀，我们会说它华而不实。我们有开蚝刀、鳗鱼刀、剔骨刀等，样样都有特定的用途，所以是好刀。善根也是如此。

富特的美德伦理（该学说的叫法）所基于的自然本质，从生物技术的角度看就不牢靠了。她写道："道德主张的基础，终究还是人类生命的本质。"[26] 而实验室里，本质似乎在变，自然不再是可靠而未知的地基，而更像狭窄的桥梁，我们必须一边修桥一边前进。虽然费钱费力，但当我们证明自己可以随意重构一部分自然时，是不是就打破了自然域和自由域的分界？是不是意味着我们再也不能把事物的自然本质视为衡量其好坏的标准？这是卡茨和祖要我们思考的哲学问题。

但这个哲学问题并非空谈。与艺术品的接触为它提供了背景。卡茨和祖的组织培养与艺术工程及"共生生物 A"的作品用玻璃把人隔在了另一种"半活体"生命的对面。这有两大效果。一方面，我们感受到"同类"的压力，因为构成我们的细胞和组织与构成"半活体"雕塑的差不多，而这类作品的心酸之处，就在于彰显了肉体致命的脆弱性，体内体外皆然。另一方面，"半活体"又是诸多"另类"中鲜明的一个，我们通过与之对比来界定自身。我们大都拥有完整的身体，包括躯干、四肢和头颅，而且感受到道德自由。我们自诩为有选择能力的智慧生物，这是其他大多数生物（更别说培养组织）无法比拟的。我们创造了动物集中喂养作业、屠宰场和生物反应器，而且我们有能力以各种手段改革畜牧业，或减少对动物制品的消费（虽说没太发挥出来）。换种问法就是，我们能把自然域纳入我们的自由意志域，难道说明我们道德自由的本质也是可变的？

新收获邀请卡茨来讲话是很有勇气的，不仅因为他是人造肉怀疑论者，而且他和祖的作品突破了人造肉主流舆论核心的模仿惯例。在把人造肉奉为洁净、亲切、可行的产品的浪潮中，它的怪异之处全被压下，一笑而过。卡茨和祖的作品鼓励我们去想象熟悉的肉块或器官以外的食物形态；我又想到那个大额牛图，想到我们的肉食习惯竟能千差万别。汉斯·布鲁门伯格早在约五十年前，于《自然的模仿》（"Imitation of Nature"）一文中，就为组织培养与艺术工程提出一个解释模型。[27] 布鲁门伯格用一个精简的现代性——我们所感知的现代性——理论推测，我们对生活在日益人造化的世界中、使用着人造物感到不安，是因为发明创造不同于模仿自然。我们先是造出（自以为）模仿了自然力量、形态或过程的东西，然后通过制造只有人类心中有模板的东西反抗了自然。布鲁门伯格通过一段亚里士多德式和圣经式的讨论总结出，我们是反叛后感到不安的叛逆者。这直接适用于生物反应器培养肉的情况，它最初的看法（或许是对的）是只有仿制传统肉制品才能赢得畜牧业的肉类消费者，但之后遇到了麻烦。麻烦有纯粹的技术障碍，但不止如此：由制造和大额牛腰腿肉一模一样的肉块技术难度之大，可以反推出制造更新奇故而更有"叛逆"意味的蛋白质形态或许容易得多。人造肉的未来之怪诞，或许会超出公关活动的支持限度。

会议还没结束。短暂的休息（吃点东西、自由交流）后是一个大型专题讨论环节，由伊尔图德·邓斯福德、马克·波斯特、新西兰农民理查德·福勒（Richard Fowler）和孟菲斯肉品公司代表大卫·凯（David Kay）一起探讨人造肉与传统农业的关系。主持人是"食品＋技术连接"（Food+Tech Connect）组织创始人丹妮尔·古尔德（Danielle Gould），该组织用科技产业的"黑客马拉松"模式应对食品挑战。我们以为这类会谈会出现一些冲突，我记得英国有项关于潜在消费者对人造肉态度的调查，其中有人说它像悲哀地"终结了一个体系",终结了人与动物的牧养关系。[28]或者说,终结了生产的道德生态。波斯特一直明确表示,他认为人造肉和传统畜牧业无法共存;他觉得,新事物会终结旧事物。但会谈的气氛大体上很融洽。凯热切表示,孟菲斯肉品只是想"打破"工业化畜牧业。邓斯福德则指出,没有农民,就没有人来管理土地。话筒在众人手中传递,然后推出了和解性主题,即农民和细胞农业产业合作才能共赢。虽然波斯特认为传统农业和人造肉产业基本上难以调和,但他也说,细胞农业的很多植物性原材料得取自传统农业;他的观点并不是 19 世纪或 20 世纪初那种粮食生产完全脱离农田的乌托邦设想。

接着,一阵尖锐的噪声贯穿全场,会场停电了。我不意外地听到了观众们惊讶的笑声,对他们来说,不断电,尤其手机不断电是日常生活必需的。过一会儿,电力复原,一切恢复了正常。邓斯福德继续谈农田管理。波斯特沉思道,到了人造肉时代,手工规模的传统肉食生产或许会保留,但会是小众性活动,主要靠补贴,不属于真正的经济功能分区。(我觉得这是非常欧式的观点,在欧盟许多国家,手工食品生产受政府补贴,特别是意大利、法国这类重视农业传统的国家。)他们来回讲到"清洁肉"一词,议论它的价值,我发现他们分歧很大。很多人认为,说人造肉"清洁"就是说传统肉不洁,成了间接性的侮辱。这是对消费者当前选择的道德判定。凯说孟菲斯肉品常用这个词,我想起孟菲斯肉品和倡导"清洁肉"的好食研究所关系很近。波斯特则表示不知道该词妥不妥,但开玩笑说"清洁肉"用荷兰语很难翻译。有观众提了个很棒的问题:"到了 2050 年,细胞农业奏效了,我们

肉食星球

和自然界的关系会如何？"回答包括全球食用动物数量锐减，少数被悉心保留下来用于保护遗传多样性（毕竟，细胞复制和有性生殖有着本质不同），而畜牧业只剩残余，有点类似20世纪早期马车同汽车的有限性共存。

当羽生雄毅上台介绍精进肉品公司的工作时，我回顾了之前的所见所闻。本书完稿之际，人造肉仍在勃兴，我望着周围的活动思绪万千。人造肉的承诺不断涌现，我这类记录者权衡着怀疑与希望，基础研究则以相应缓慢的速度推进。总体趋势是走向成功的，我发现我确实希望他们成功——我希望伊莎·达塔尔、新收获、马克·波斯特及其同行们多少能实现他们向往的未来。但我不知道结果将如何。而倘若所有这些实验室培养肉的讨论终是幻梦一场，那么我希望它不是逃避现实的那种。让它起到最佳科幻作品的经典作用，成为现实的写照。如果我有讽刺的导向，绝不是讽刺那些希望解决困难者的真诚。我从这个领域的真诚中学到很多，也从中认识到真诚和讽刺的表达完全可兼而有之。直接放弃对新技术的希望轻而易举，但这种当代式文化悲观主义会让我们忽视改变世界的力量。对于一种新的粮食生产模式能否完全解决一系列似乎不仅是技术、更是社会和政治上的问题，我还是持怀疑和保留态度。

大会第二天早上，我谢过乔丹给的图解，带着疑虑和互利思考回到了布鲁克林。

截至2018年年中，我们渐渐对这个迷雾中浮现的、由动物肌肉培养细胞做成、但愿带有脂肪味道的奇怪物体有了了解。虽不能保证它会全面兴起，但欢迎的号角已然吹响。然而，列维－斯特劳斯那幅大额牛献祭图令我意识到，目前的人造肉绝非公共互利型关系（政治生活的初始形态）的象征。当然，商店里买到的大多数传统肉也不是。很多人造肉倡导者觉得，它解决了我们对其他生物的亏欠问题。（若把它们杀了吃，我们是不是一开始就欠着它们？）但这又引发了其他问题，即表示我们开创的这个世界，这个比眼下所处的世界更人造化的世界，是丰足的。它不仅满足了我们的兽性需求，也满足了人性追求——哪怕这些需求的具体名目尚有疑虑和争议，亦无可厚非。

说起来，新收获 2017 大会召开后不久，人造肉新闻中常出现名目问题。2018 年 2 月 2 日，美国养牛人协会（United States Cattlemen's Association，简称 USCA）提出请愿，要求农业部定义"肉类"和"牛肉"两个词。请愿书貌似由 USCA 的律师起草，希望"肉类"和"牛肉"的新定义明确保护养牛人的利益，并阻止包括人造肉在内的多种产品纳入"肉"或"牛肉"的范畴。这份文件乍一看好像直接而详细地阐明了意图。但多看几遍就会发现复杂之处，最关键之处在于：USCA 承认，"目前，对于何谓'牛肉'或'肉类'产品未有定义"。自然，这份文件（题为《强制推行牛肉和肉类标签规定的请愿书：从"牛肉"和"肉类"定义中排除非直接来自饲养和屠宰动物的产品》[PETITION FOR THE IMPOSITION OF BEEF AND MEAT LABELING REQUIREMENTS: TO EXCLUDE PRODUCTS NOT DERIVED DIRECTLY FROM ANIMALS RAISED AND SLAUGHTERED FROM THE DEFINITION OF "BEEF" AND "MEAT"]）的作者似乎并非出于对定义本身的担忧。

就像请愿书中承认的，其目的是保护现有产业不受新产业冲击。它所谓的新产业既有植物性肉，也有实验室培养肉，昆虫肉也有提及。作者们极力证明养牛人眼下切实面临着危机，他们列举了一些想制造"假冒肉"的初创企业，以及这些企业的主要投资者，包括泰森（Tyson）和嘉吉（Cargill）这类食品产业的巨头。为此，该文件作者讲到素肉汉堡公司不思议食品（Impossible Foods）创立的一家位于奥克兰的新工厂，计划每年生产多达 1200 万吨的植物肉。他要我们明白，"传统""牛肉"和"肉"在语义和经济意义上都受到了威胁。

"传统"一词及相关短语"以传统方式"在请愿书中层出不穷。它们像组成了一道抵制人造肉成为合法肉或牛肉的壁垒。虽然作者没有定义"传统方式"，但似乎是指繁殖、饲养、育肥和宰杀的动物，而所有体外培养的牛肉细胞都不算牛肉或肉，不管其多像体内生长的肉。因此，"传统方式"抵制很多人造肉支持者称动物和生物反应器、体内和体外培养本质一样的说法。但请愿书基于未定义的"传统"一词，令它像"meat"（肉）本身空泛的内涵一样循环论证。虽然整个人类历史上"meat"的含义一直在变，但我们却习惯用它来表示意义的稳固、内容的郑重（"the meat of the matter"［问题的实质］），甚至一种可预料的性质（"a meat-and-potatoes man"［一个朴实的人］）。"meat"是一个十分空洞但总显得很丰满的符号。尽管如此，这份请愿书还是带着兴奋的意味在人造肉圈子传开了。肉食产业一隅发出的这份早期"示警"也许表明养牛人在害怕，不仅怕人造肉的问世，也怕近期做出酷似汉堡质感和味道、几可乱真的素食食品的不思议食品和超越肉食（Beyond Meat）等公司。

关于人造肉时代的畅想，我最喜欢"后院的猪"。[29]我说"最喜欢"不是因为这个设想最可能实现，而是因为它最贴合我自己的想象。在城市里，一个社区有一个院子，院子里有头猪，而且猪活得比较幸福。每天都有人来看它，包括当地孩子，他们从自家厨房带些零碎食物给它。可能在猪小时候，这些孩子就和它一起玩了。每周从猪身上不痛不痒地取一小块细胞切片用来生产人造猪肉，也许能有数百磅。这就是社区吃的肉。那猪则按猪的自然寿命终享天年，我猜它时不时还会和别的猪一起玩儿。这一构想是荷兰生物伦理学家告诉我们的，而且是基于一个实实在在由荷兰社区把猪养大，然后争辩最终屠宰问题的项目。让猪住在城市这点很重要，因为城市是乌托邦幻想的古老阵地。

"后院的猪"也可以说是载入文学和艺术史的、中世纪晚期的一个欧洲意象的翻版。那就是安乐乡（Cockaigne）里的猪。安乐乡，那个时代的"大糖果山"（Big Rock Candy Mountain），是全欧洲饥民的幻想乡。那里遍地都是饥民才想象得出的珍馐美味。在一些记载里，只有吃穿一面稀粥墙才能抵达这片土地，而在墙的那一边，各种各样的吃食和饮料从地下冒上来，从小溪中淌过来。走来走去的猪背上的肉已经烤熟、切好，上面还插着叉子。安乐乡是欲望餍足的景象，而人造肉是丰饶主义式的安乐乡。最大的不同在于安乐乡将幻想它的农民的常识颠倒过来：在这片土地上懒惰成了美德而不是恶习，食欲和性欲能轻松满足，再没有人需要工作。在安乐乡，美味的飞禽会飞到我们嘴巴里，还是熟的。动物们都想被吃掉。安乐乡直接满足了生理需求，而不是作为德行的奖励，所以倒置了天堂。

"后院的猪"获取猪肉时没有完全抹杀猪的存在，包括它的灵性和粪便。它融合了亲密感、集体感和两种同时存在的异样感：常见但常常忽略的人类与非人类动物彼此眼中的异样，以及更诡异的、组织培养技术实现动物体延伸的异样。因为培养动物细胞其实就是延伸，在时间和空间维度上延伸肉体，在原来那只仍活着的动物与它成为肉食的部分之间建立一种新型关系。"后院的猪"希望同时取悦嬉皮士和技术乌托邦人士，这便是这一城中村（*rus in urbe*）愿景的魅力之一。但这含有双重异样之物也承诺（这个词又来了！）实现道德设想。要实现这一点，首先，需要那个似乎除了向人类提供食物还有其他自身目标的生灵完好地活着；其次，需要发掘 21 世纪肉食的新可能性。"后院的猪"只是一种可能，其结果还未可知。社区群众未必想吃他们相熟的动物的肉，哪怕是延伸的、"不痛不痒"的肉，但农场的宰杀和食肉传统又预示他们会吃。"后院的猪"是对道德未来的一项实验。猪抬起鼻子望向我们，问我们会成为哪种人。

第十八章

厄庇墨透斯

一支长矛刺穿了鸡块。纽约的新收获大会召开一年后，我的浏览器上冒出这则广告，标语是"放下你的长矛"。该广告出自一家声称会于2018年年底让人造肉上市的公司，但现在已经是2018年10月17日，这一年快到头了。此时，比起这类承诺，我更在意这则广告的符号学意义：古兵器与工业食品相碰，象征着我们祖先猎食的过去、我们食用廉价工业肉的现在和有望消费实验室培养肉的未来一脉相承。马克·波斯特的汉堡肉演示已过去五年，但有些东西依然如故，包括推销人造肉时喜欢压缩时间，好像我们还是狩猎采集者，好像鸡块是捕野牛野鹿得来的。这则广告中，崇拜阳具的新石器时代穿透了工业现代，好像食肉欲一直扎根在人的天性中。图旁有该公司CEO的一段话："40万年前，肉成为人类饮食的一部分，而一直以来，人类要杀掉动物才能吃肉。开始用长矛，之后用工业机器。注意看，这个模式要变了。"[1]

为博观众眼球，这则广告压缩了数千年，仿佛长矛到生物反应器一蹴而就。我不止一次地想起《2001：太空漫游》(*2001：A Space Odyssey*)中那根当棒使的股骨，在空中一转，下个镜头就化为宇宙飞船。姑且称为弹道想象的产物吧。[2] 但这广告也带来一种现实感。像我这样的现代城市人，想象肉食获取全靠打猎的时代比想象肉食从锃亮的生物反应器中长出还难。我和很多人一样，和动物相处的时间还没和机器相处的多。技术进步这类普罗米修斯式壮举每周都有报道，而还原我们祖先远古生活这类"后见之明"式的工作或许比设想未来类的工作要难。不过，相比先见之明，后见之明的名声更差。"后见之明"一词通常不是指历史反思，而是悔恨之情。泰坦普罗米修斯之名声为"先见之明"，而其弟厄庇墨透斯之名意为"后见之明"或"迟来的忠告"，而且厄庇墨透斯常被描述成不及兄长或"浅薄"的形象，是最终娶了带来厄运之匣的潘多拉的笨蛋。柏拉图在《普罗塔哥拉篇》(*Protagoras*)中解释说，厄庇墨透斯和普罗米修斯受命改进和增强诸神用火和黏土混合物做成的生物，赋予这些生物必要的生存能力。厄庇墨透斯立刻向所有动物分发了鳞片、脚蹼、羽翼、尖爪等，此外还让猎物物种的数目多过捕食物种。[3] 但等他到人类跟前时已经无物可施，只好让这个光秃秃的物种自生自灭，导致其兄普罗米修斯不得不去盗火。即便在今天，后见之明类的工作赚的钱也更少。

当关于气候变化和肉食产业对气候变化之影响的新闻纷至沓来，我一直在想厄庇墨透斯和普罗米修斯的事。联合国最近一篇报道称，如果我们没有"在最短时间内扭转世界经济"，"以'史无前例'的速度和幅度"转变生产和消费模式，到2040年可能会发生灾难性气候变化。[4] 与此同时，一项名为《从生产者和消费者角度缓解食品对环境的影响》（"Reducing Food's Environmental Impacts through Producers and Consumers"）的研究通过调查全球将近 4 万个农场，证实了农业对环境的危害中畜牧业占了大头，虽说动物食品供应的热量比重没有植物食品大。[5] 虽然政治哲学家列奥·施特劳斯（Leo Strauss）说厄庇墨透斯是"先行而后思的人"，[6] 但我看了这些报道不禁想问，普罗米修斯从奥林匹斯山上盗火给人类是不是有先见之明的决定。毕竟，在普罗米修斯所赠文明之火最终带来的工业秩序中，令我们深陷其中的食品生产模式显然缺乏长远考虑。

科幻小说家威廉·吉布森（William Gibson）曾说过："虚构未来的小说，必然是关于它所处的时代。作品一旦完成，就会开始显出一种不合时宜的色彩。"[7] 他还把这一观念延伸到科幻小说以外。"所有对未来的构想，"他曾说，"一孕育出来就开始过时了。"[8] 我写这本书时，一直惦记着吉布森说的"一孕育出来就过时了"。这个观点的确适用于我记录的所有人造肉未来的构想。我做的所有实地考察工作，似乎随着时间的推移都会过时。对未来读者来说，人造肉要么成功，要么失败。生物反应器里长出的肉要么淡出人们视野，要么成为常态，成为普通日用品的一部分。

虽然我把人造肉当作很现实的技术项目来研究，但也像吉布森一样把它当成一部写照现实的科幻作品。[9] 本书可谓生物技术大漫游，囊括了食品未来的曲折历程，汇集了对肉食的反思，不仅考察了科学家和工程师的观点，还有这些观点引发的哲学、人类学和历史学疑惑。本书不是为了宣告未来到来，而是让我们更好地了解现在的处境。这不仅是给作品打"预防针"，以免其遭遇过时的命运。人造肉所含的道德主张表明，传统肉本就含有道德主张，只不过我们对它习以为常、视若无睹。杀猪是一种道德主张。给猪肉定价也是一种道德主张，因为这给买得起肉的人定了社会门槛。而且，进一步说，养猪、再把猪肉从产地运到远方城市的肉品柜台所产生的碳足迹，也是环保方面的道德主张。这些主张虽为日常生活掩盖，但不能抹去其道德本质。道德不仅是我们对文化和社会规范的主动选择，还有有意识的妥协和无意识的接受。我们正是生活在无形的道德体制中。

本书撰写之际，人造肉还是一项新兴技术，没有阻挠也没有保障，而且道德指向依旧明确、直白，反衬出工业廉价肉所含的道德主张。所以现在正是讨论我们食品体系性质的绝佳时机。"先见之明"和"后见之明"俱已齐备。技术固然影响我们的道德选择，但我们也有一定的能动性来决定所用的技术体系，包括食品系统也显然是技术产物。但它也是政治产物，如果我斗胆把本书18个章节提炼为一组"人造肉未来18论"，这一点就相当明显了。还有一论，是人造肉不仅源于医学研究人员的想象，还源于一种想象式的仲裁。我们不能真的指望靠集体行动和政治意愿来改变食品系统，所以转而求助于技术和市场。也许这整个产业是诞生于穷途末路。或委婉点说，一种构想的兴起，是缘于另一种构想的破灭。

再有一论就是，人造肉赋予了我们新的道德选择，但关键是"新的道德选择"本身说明道德是随时间变化的。它不是绝对的。"后院的猪"，即城市社区共同喂养一只猪、吃它肌细胞切片培育的肉这一人造肉遐想表明，我们或许会渐渐把一只猪——以前是把它同类杀了吃的——纳入我们的道德关怀圈。所以说人造肉议题不仅关系到动物受苦、环境保护和蛋白质可持续供应。它还关系到道德关怀的可变性，以及技术在改变道德视野上的作用。这进一步说明，我们不仅要具备道德感，某种程度上还要考虑它的内涵。无论我们把道德定义为行为后果、法度，还是定为一种美德，在我们没有明确"道德进步"善变而（必然是）集体化的定义前，是没有道德进步可言的。这个想法令我对未经公共讨论就到来的新技术前景感到担忧。

写下本书时，我正处于和阿尔文·托夫勒（Alvin Toffler）及海迪·托夫勒（Heidi Toffler）曾说的"未来冲击"（future shock）相反的，可谓是"未来疲劳"（future fatigue）的状态。[10] 我听过了太多承诺，因而渐渐意识到，人造肉运动盛行的时代不是大体上对未来感到乐观的时代，而是感到担忧和悲观的时代。不断有新闻报道海平面上升，报道自 1970 年来人类文明毁灭了近 60% 的野生动物，报道太平洋上漂浮着大片塑料垃圾带，还有生产智能手机——包括我追踪人造肉期间用作搜索工具、作为虚拟和现实世界小小门户的这一部——导致的有毒污水。面对这一切，或许可以说人造肉是为了再度点亮未来的希望，就从修复人与其他动物的关系、消费它们的细胞而不是整体开始的努力。想象咱们去拜访社区里那只"后院的猪"，不仅要感谢它提供了烤猪肉，还要和这个动物同胞分享苹果，看它在那一小块土地上拱食，同时也要记住，"成为我们可能成为的人"这一未竟之业应从叩问开始。

注　释

第一章　虚拟世界 / 现实世界

1. 承诺，尤其对新型生物技术的承诺，是本书（尤其是第二章）的一大主题。关于承诺，参阅 Mike Fortun, *Promising Genomics: Iceland and deCODE Genetics in a World of Speculation* (Berkeley: University of California Press, 2008)，以及 Fortun, "For an Ethics of Promising, or: A Few Kind Words about James Watson," *New Genetics and Society* 24 (2005): 157–174。

2. 参阅 Walter Benjamin, "Paris, Capital of the Nineteenth Century," 收于 *Reflections: Essays, Aphorisms, Autobiographical Writings* (New York: Harcourt Brace Jovanovich, 1978), 151。

3. 关于组织培养的确切历史，参阅 Hannah Landecker, *Culturing Life: How Cells Became Technologies* (Cambridge, MA: Harvard University Press, 2007)。

4. 写这篇文章时，实验室培养肉的正式叫法仍在变更中。我选用"培养肉"一词有几个原因，包括它和"组织培养技术"的互指关系，但最关键的是它是我本书研究和写作时期的一种时间戳，我们称这一时期为"培养肉时期"。

5. 参阅 Anna Tsing, "How to Make Resources in Order to Destroy

Them (and Then Save Them?) on the Salvage Frontier," 收于 Daniel Rosenberg and Susan Harding (eds.), *Histories of the Future* (Durham, NC: Duke University Press, 2005)。

6. 参阅 Raj Patel and Jason W. Moore, *A History of the World in Seven Cheap Things: A Guide to Capitalism, Nature, and the Future of the Planet* (Oakland: University of California Press, 2018)。

7. 关于资本主义晚期网络上的广告泛滥，参阅 Jonathan Crary, *24/7* (New York: Verso, 2013)。

8. 参阅 Matt Novak, "24 Countries Where the Money Contains Meat," Gizmodo.com, 2016 年 11 月 30 日发布并浏览。

9. 参阅 Richard Wrangham, *Catching Fire: How Cooking Made Us Human* (New York: Basic Books, 2010)。

10. 对于肉关系到人类进化的观点的详细讨论，见第二章。关于反对兰厄姆的看法，参阅 Alianda M. Cornélio et al., "Human Brain Expansion during Evolution Is Independent of Fire Control and Cooking," *Frontiers in Neuroscience* 10 (2016): 167。

11. 关于社会生物学及相关批判，见第二章。顺便说一句，用原始主义来陪衬未来主义已经老掉牙了。1968 年，文学批评家和媒体理论家马歇尔·麦克卢汉（Marshall McLuhan）在《时尚芭莎》（*Harper's Bazaar*）杂志上掀起一股非洲部落男子手持长矛和欧洲女模特并肩而立的时尚风潮；前一年，麦克卢汉在《展望》（*Look*）杂志的一篇文章中说，"未来的学生"是"探险者、研究者和猎人，像部落猎人在荒野中游荡一样，在布满电子电路和升级版人脉网的新教育世界中游历"。

12. 参阅马特·卡特米尔（Matt Cartmill）关于狩猎的人类学和文化历史学研究 *A View to a Death in the Morning* (Cambridge, MA: Harvard University Press, 1993) 中对于将我们祖先嗜肉——尤其是嗜好狩猎——和现代技术贯穿起来的"弧"概念的分析。像卡特米尔指出的，斯坦利·库布里克（Stanley Kubrick）1968 年电影《2001：太空漫游》（*2001: A Space Odyssey*）中有将进化弧和历史弧合二为一的一幕，一只南方古猿杀死另一只同类时所用的那个

　　　　　　　　　　　　　　　　　　　　　　　肉食星球

斑马股骨，通过蒙太奇手法化作了宇宙飞船。见 Cartmill, 14。

13.　奥维尔·谢尔（Orville Schell）写过一篇关于美国肉食产业滥用抗生素问题的重要的、至今仍有意义的早期调查报告。参阅 Schell, *Modern Meat: Antibiotics, Hormones, and the Pharmaceutical Farm* (New York: Vintage, 1978)。近期在得克萨斯州大型饲养场周围的调查显示，抗生素和耐药细菌都会通过饲养场的空气传播，这种滋生令人不安。关于该研究的各种争议，包括养牛业的有力回击，参阅 Eva Hershaw, "When the Dust Settles," *Texas Monthly,* September 2016。 关于促进鸡肉生长的低剂量抗生素的使用历史，参阅 Maryn McKenna, *Big Chicken: The Improbable Story of How Antibiotics Created Modern Farming and Changed the Way the World Eats* (Washington, DC: National Geo-graphic Books, 2017)。

14.　参阅 J. E. Hollenbeck, "Interaction of the Role of Concentrated Animal Feeding Operations (CAFOs) in Emerging Infectious Diseases (EIDS)," *Infection, Genetics and Evolution* 38 (2016): 44–46。

15.　参阅 Hanna L. Tuomisto and M. Joost Teixeira de Mattos, "Environmental Impacts of Cultured Meat Production," *Environmental Science & Technology* 45 (2011): 6117–6123。有关最新的评估，参阅 Carolyn S. Mattick, Amy E. Landis, Braden R. Allenby, and Nicholas J. Genovese, "Anticipatory Life Cycle Analysis of In Vitro Biomass Cultivation for Cultured Meat Production in the United States," *Environmental Science & Technology* 49 (2015): 11941–11949。另见 Sergiy Smetana, Alexander Mathys, Achim Knoch, and Volker Heinz, "Meat Alternatives: Life Cycle Assessment of Most Known Meat Substitutes," *International Journal of Life Cycle Assessment* 20 (2015): 1254–1267, 其作者们发现，对于很多细胞培养的物种，人造肉实际上比饲养屠宰动物更有害于环境，因为生产的能源需求很高。

16.　兰厄姆特别注重灵长类动物的攻击性，尤其是雄性灵长类动物的。参阅他与 Dale Peterson 合著的 *Demonic Males: Apes and the Origin of Human Violence* (New York: Houghton Mifflin, 1996)。

17. 参阅 Leo Marx, *The Machine in the Garden: Technology and the Pastoral Ideal in America* (Oxford, UK: Oxford University Press, 1964)。

18. 参阅 Fredrik Pohl and Cyril M. Kornbluth, *The Space Merchants* (New York: Ballantine, 1953)。该作品最初于 1952 年开始连载。

19. 关于干细胞作为潜力股，参阅 Karen-Sue Taussig, Klaus Hoeyer, and Stefan Helmreich, "The Anthropology of Potentiality in Biomedicine," *Current Anthropology* 54, Supplement 7 (2013)。

20. 这个说法是借用了 Stefan Helmreich 的观点；参阅 Helmreich, "Potential Energy and the Body Electric: Cardiac Waves, Brain Waves, and the Making of Quantities into Qualities," *Current Anthropology* 54, Supplement 7 (2013)。

21. "生出有权利承诺的动物——这难道不是大自然在人类此例上出给自己的悖论题？这不就是人类真正的问题所在？" Friedrich Nietzsche, *On the Genealogy of Morals,* trans. Walter Kaufmann (New York: Vintage Books, 1969), 57。关于尼采这段话的延伸解读，见第三章。

22. 在荷兰，人们使用一种叫"更好的生活"（*Beter Leven*）的标签，以 1 到 3 级的星级来标示一种产品的推出能多大程度减少动物受罪。

23. 参阅 Josh Schonwald, *The Taste of Tomorrow: Dispatches from the Future of Food* (New York: HarperCollins, 2012)。

24. 食品科学专家哈罗德·麦吉对赋予熟食很多风味特征的美拉德反应的定义如下："首先是碳水化合物分子……和氨基酸……的反应。生成一种不稳定的过渡结构，然后发生进一步变化，生成几百种不同的副产物。"参阅 See McGee, *On Food and Cooking: The Science and Lore of the Kitchen* (New York: Scribner, 1984), 778。

25. 这一点的见解和措辞引自 Steven Shapin；参阅他的论文 "Invisible Science," *The Hedgehog Review* 18 (3) (2016)。

26. 见第二章对肉的物理性质的讨论。

27. Alexis C. Madrigal, "When Will We Eat Hamburgers Grown in Test-Tubes?" *The Atlantic,* August 6, 2013. 有幸的是，波斯特汉

堡肉演示之后的几年 Madrigal 还在更新这一预测列表；本书落稿之际，最新预测有波斯特对于消费品上市时间的后续、缩短版预估，及其竞争对手，包括旧金山孟菲斯肉品公司的乌马·瓦莱蒂（Uma Valeti）和正点公司（前身为汉普顿湾）的乔希·蒂特里克（Josh Tetrick）的预测。Madrigal 的预测图表参见：www.theatlantic.com/technology/archive/2013/08/chart-when-will-we-eat-hamburgers-grown-in-test-tubes/278405/，2017 年 4 月 25 日浏览，另见其源网页，列于 https://docs.google.com/spreadsheets/d/1yOT1oHJwGVc9Ngkt2ar58Cp5W6CyeAWilP0kf1lp_4Q/edit。

28. 这里化用了人类学家马歇尔·萨林斯的话，他曾说，"从社会的生物学概念中［发现它］更广阔的面貌"。参阅 Sahlins, *The Use and Abuse of Biology: An Anthropological Critique of Sociobiology* (Ann Arbor: University of Michigan Press, 1976)，第二章有更详细的讨论。关于 19 至 20 世纪生物技术的思想文化史，参阅 Philip J. Pauly 的重要作品 *Controlling Life: Jacques Loeb and the Engineering Ideal in Biology* (Berkeley: University of California Press, 1987)。

29. 参阅例如 Christina Agapakis, "Steak of the Art: The Fatal Flaws of In Vitro Meat," *Discover*, April 24, 2012，更详细的讨论见第五章。

30. 关于食品未来主义史，参阅 Warren Belasco, *Meals to Come: A History of the Future of Food* (Berkeley: University of California Press, 2006)。我全书都引用了贝拉斯科这部作品——唯一一部专门讨论这个主题的作品——尤其是第八章。

31. 参阅 Fortun, "For an Ethics of Promising"。

32. 关于"东拼西凑"一说，出自克劳德·列维－斯特劳斯，这一说法后在人类科学、人文科学和自然科学的很多领域辗转使用的经过，参阅 Christopher Johnson, "Bricoleur and Bricolage: From Metaphor to Universal Concept," *Paragraph* 35 (2012): 355–372。

第二章　肉

1. 对脊髓灰质炎（小儿麻痹症）病毒史的讨论，参阅 David M. Osh-

insky, *Polio: An American Story* (Oxford, UK: Oxford University Press, 2006); 亦可参阅 Hannah Landecker, *Culturing Life: How Cells Became Technologies* (Cambridge, MA: Harvard University Press, 2007), ch. 3: "Mass Reproduction."

2. 参阅 Vaclav Smil, "Eating Meat: Evolution, Patterns, and Consequences," *Population and Development Review* 28 (2002): 599–639; 见 618 页。

3. 参阅 Henning Steinfeld et al., "Livestock's Long Shadow," FAO, 2006, www.fao.org/docrep/010/a0701e/a0701e00.HTM。

4. John Berger, "Why Look at Animals?", 收于 *About Looking* (New York: Vintage, 1991)。

5. 参阅如 Hanna Glasse, *Art of Cookery, Made Plain and Easy,* 7th ed. (London, 1763), 370。

6. 在中世纪时期, 欧洲所有社会阶层都吃天鹅。后来, 天鹅只供应上流阶层的宴会。到了 20 世纪, 几乎所有欧洲人都不吃天鹅了。在英国, 王室对天鹅仍享有特权, 最初由 1482 年的《天鹅法案》(Act of Swans) 规定, 但王室会定期授予其他机构豢养和消费天鹅的权利。例如, 剑桥大学圣约翰学院 (St. John's College, Cambridge) 就有这样的权利, 而且众所周知它使用了这项权利, 可以在正式宴会上供应天鹅肉。

7. 参阅 Charles Huntington Whitman, "Old English Mammal Names," *The Journal of English and Germanic Philology* 6 (1907): 649–656。

8. 关于古希腊视牛为财产的讨论, 参阅 Jeremy McInerney, *The Cattle of the Sun: Cows and Culture in the World of the Ancient Greeks* (Princeton, NJ: Princeton University Press, 2010)。

9. 参阅比如 Jillian R. Cavanaugh, "Making Salami, Producing Bergamo: The Transformation of Value," *Ethnos* 72 (2007): 149–172。

10. 关于英国牛肉的象征意义, 参阅 Ben Rodgers, *Beef and Liberty: Roast Beef, John Bull and the English Nation* (London: Vintage, 2004)。关于汉堡的历史, 参阅 Josh Ozersky, *The Hamburger* (New Haven, CT: Yale University Press, 2008)。亦可参阅 James L. Watson (ed.), *Golden Arches East: McDonald's in East Asia* (Stanford, CA: Stanford

University Press, 1997)。

11.　建筑历史学家雷纳·班纳姆（Reyner Banham）就曾谈到汉堡和它在洛杉矶这个行动力至上的城市的适用性："纯功能性的汉堡在像加州大学洛杉矶分校校园的快餐车、赫莫萨海滩（Hermosa Beach）的冲浪板摊位，或随便哪个麦当劳或玩偶匣商店的柜台这样的地方都有卖，对奔忙（上网、开车、学习等）的人来说，它是可以一只手吃的、很均衡的食物；不但有碎牛肉，还有酱汁、奶酪、生菜丝等配菜，都牢牢地夹在两片圆面包之间。"Banham, *Los Angeles: The Architecture of Four Ecologies* (Harmondsworth, UK: Penguin Books, 1971), 111.

12.　关于维多利亚时代的英国畜牧业，参阅 Harriet Ritvo, *The Animal Estate: The English and Other Creatures in the Victorian Age* (Cambridge, MA: Harvard University Press, 1987), ch. 2: "Barons of Beef."

13.　关于现代化是如何影响中国的肉食消费，参阅 James L. Watson, "Meat: A Cultural Biography in (South) China," 收于 Jakob A. Klein and Anne Murcott (eds.), *Food Consumption in Global Perspective: Essays in the Anthropology of Food in Honour of Jack Goody* (Basingstoke, UK: Palgrave MacMillan, 2014)。

14.　参阅 Loren Cordain, S. Boyd Eaton, Anthony Sebastian, Neil Mann, Staffan Lindeberg, Bruce A. Watkins, James H. O'Keefe, and Janette Brand-Miller, "Origins and Evolution of the Western Diet: Health Implications for the 21st Century," *American Journal of Clinical Nutrition* 81 (2005): 341–354。

15.　Oron Catts and Ionat Zurr, "Ingestion/Disembodied Cuisine," *Cabinet* no. 16 (winter 2004/5). 亦可参阅 Catts and Zurr, "Disembodied Livestock: The Promise of a Semi-living Utopia," *Parallax* 19 (2013): 101–113。

16.　参阅 Harold McGee, *On Food and Cooking: The Science and Lore of the Kitchen* (New York: Scribner, 1984), 121–137。

17.　同上书，129。

18.　参阅如 Jacob P. Mertens et al., "Engineering Muscle Constructs for the Creation of Functional Engineered Musculoskeletal Tissue," *Regenerative Medicine* 9 (2014): 89–100。

19. 参阅 Carol Adams, *The Sexual Politics of Meat: A Feminist-Vegetarian Critical Theory* (New York: Continuum, 1990)。亦可参阅 Nick Fiddes, *Meat: A Natural Symbol* (London: Routledge, 1991)。

20. 参阅 Fiddes, *Meat*。

21. 关于肉食是英雄的食物，参阅如 Egbert J. Bakker, *The Meaning of Meat and the Structure of the Odyssey* (Cambridge, UK: Cambridge University Press, 2013)。

22. 参阅 Josh Berson, "Meat," Remedia Network, July 27, 2015, https://remedianetwork.net/2015/07/27/meat/, 2017 年 3 月 28 日浏览。亦可参阅 Berson, *The Meat Question: Animals, Humans, and the Deep History of Food* (Cambridge, MA: MIT Press, forthcoming)。

23. 例如，参阅 C. L. Delgado, "Rising Consumption of Meat and Milk in Developing Countries Has Created a New Food Revolution," *Journal of Nutrition* 133 (11), Supplement 2 (2002)。亦可参阅 Josef Schmidhuber and Prakesh Shetty, "The Nutrition Transition to 2030: Why Developing Countries Are Likely to Bear the Major Burden," FAO, 2005, www.fao.org/fileadmin/templates/esa/Global_persepctives/Long_term_papers/JSPStransition.pdf, 2017 年 6 月 6 日浏览。另见 Vaclav Smil, *Feeding the World: A Challenge for the Twenty-First Century* (Cambridge, MA: MIT Press, 2000)。

24. Deborah Gewertz and Frederick Errington, *Cheap Meat: Flap Food Nations in the Pacific Islands* (Berkeley: University of California Press, 2010).

25. 参阅 Roger Horowitz, Jeffrey M. Pilcher, and Sydney Watts, "Meat for the Multitudes: Market Culture in Paris, New York City, and Mexico City over the Long Nineteenth Century," *American Historical Review* 109 (2004): 1055–1083。

26. 关于这个假设，有位著名的食品人类学家给出了一个例子，参阅 Marvin Harris, *Good to Eat* (New York: Simon and Schuster,

1986)。

27. 参阅 Johannes Fabian, *Time and the Other: How Anthropology Makes Its Object* (New York: Columbia University Press, 2014)。

28. 虽然有人认为旧石器饮食法可追溯到 20 世纪初的先贤，但第一篇为其好处奠定了一点科学基础的同行评审文章是 S. Boyd Eaton and Melvin Konner, "Paleolithic Nutrition: A Consideration of Its Nature and Current Implications, " *New England Journal of Medicine* 312 (1985): 283–289。Eaton 和 Konner 所认为的旧石器时代人是大约 4 万年前住在现欧洲一带的人。不过，说到旧石器饮食法，最常提到的当代营养学家是 Loren Cordain。参阅 Cordain et al., "Plant-Animal Subsistence Ratios and Macronutrient Energy Estimations in Worldwide Hunter-Gatherer Diets," *American Journal of Clinical Nutrition* 71 (2000): 682–692。

29. 参阅 Marion Nestle, "Paleolithic Diets: A Skeptical View," *Nutrition Bulletin* 5 (2000): 43–47。

30. 该论点的其中一个版本，参阅 Marta Zaraska, *Meathooked: The History and Science of Our 2.5-Million-Year Obsession with Meat* (New York: Basic Books, 2016)。Zaraska 的这条论点是源于人类学家 Henry T. Bunn。参阅 Bunn, "Meat Made Us Human," 收于 Peter S. Ungar (ed.), *Evolution of the Human Diet* (Oxford, UK: Oxford University Press, 2006)。注意，Zaraska 的观点不是说肉是造成现代人体状况的必要催化剂，而是肉恰好是祖先们扩增食谱时可采用的"高质量"食物。

31. 马特·卡特米尔对所谓的"狩猎假说"——既解释了人类进化起源，又解释了当代人类行为——提出了怀疑，参阅 Cartmill, *A View to a Death in the Morning* (Cambridge, MA: Harvard University Press, 1993)。

32. 例如，参阅克雷格·斯坦福（Craig B. Stanford）对黑猩猩和大猩猩分肉行为的解释：斯坦福认为，促使我们古人类祖先某种社交智商发育的不是获肉行为，而是分肉行为。斯坦福对处理机制的更广泛的劝诫这一点也很有意义；古人类学和灵长类科学的证据都表明，简明的解释不讨巧，反而会误导。 *The Hunting Ape* (Princeton, NJ: Princeton University Press, 1999).

33. 参阅 Roger Lewin, *Human Evolution: An Illustrated Introduction* (Malden, MA: Blackwell, 2005)。

34. 参阅 Leslie C. Aiello and Peter Wheeler, "The Expensive-Tissue Hypothesis: The Brain and the Digestive System in Human and Primate Evolution," *Current Anthropology* 36 (1995): 199–221。

35. 参阅 Berson, *The Meat Question: Animals, Humans, and the Deep History of Food* (Cambridge, MA: MIT Press, 2019)，其中对大脑可以直接吸收肉类所含的蛋白质这点提出了批驳。

36. 参阅 Ana Navarrete, Carel P. Van Schaik, and Karin Isler, "Energetics and the Evolution of Human Brain Size," *Nature* 480 (2011): 91–93。

37. 要注意的是，兰厄姆确实认为吃生肉是人类进化演变的一个重要驱动力，令"我们祖先超越了更新纪灵长动物的状态"，开始（但不是完成）了成为智人的脑形成及其他生理演化过程。参阅 Wrangham, *Catching Fire: How Cooking Made Us Human* (New York: Basic Books, 2010), 103。

38. Donna Haraway, "The Past Is the Contested Zone," 收于 *Simians, Cyborgs, and Women: The Reinvention of Nature* (New York: Routledge, 1991), 22。据哈拉维说，"自我造就的物种"论最重要的支持者是舍伍德·沃什伯恩（Sherwood Washburn），他被视为该领域的创始人之一；他也是"人类猎手"理念的缔造者之一。

39. 参阅 Gregory Schrempp, "Catching Wrangham: On the Mythology and the Science of Fire, Cooking, and Becoming Human," *Journal of Folklore Research* 48 (2011): 109–132。

40. E. O. Wilson, *Sociobiology: The New Synthesis* (Cambridge, MA: Harvard University Press, 1975). 威尔逊的著作不是第一部介绍社会生物学观点的书；在它问世的三年前，Lionel Tiger 和 Robin Fox 就出版了 *Imperial Animal* (New York: Holt, Rinehart and Winston, 1972)。但社会生物学未曾消亡，大卫·巴斯（David Buss）、史蒂文·平克（Steven Pinker）和尤瓦尔·哈拉里（Yuval Harari）可以说

肉食星球

从进化心理学和历史学的角度延伸了社会生物学观点，而且覆盖了极长的时间跨度。正如 Ian Hesketh 在《大历史的演绎》一文中说的，"大"历史或超长篇历史体裁往往显示出"趋同"性，或者说想让各种证据汇集到一个结论上，而结论反过来又支撑了这整个逻辑。大卫·克里斯蒂安（David Christian）等人奉行的"大历史"，是想把人类文明史在时间跨度远大于它们的自然史中做一个界定。参阅 Hesketh, "The Story of Big History," *History of the Present* 4 (2014): 171–202。亦可参阅 Martin Eger, "Hermeneutics and the New Epic of Science," in William Murdo McRae (ed.), *The Literature of Science: Perspectives on Popular Science Writing* (Athens: University of Georgia Press, 1993), 86–212。关于"大历史"在企业家泛用历史材料进行演说中的作用，参阅 John Patrick Leary, "The Poverty of Entrepreneurship: The Silicon Valley Theory of History," *The New Inquiry,* June 9, 2017, https://thenewinquiry.com/the-poverty-of-entrepreneurship-the-silicon-valley-theory-of-history/, 2016 年 5 月 11 日。

41. Mary Midgley, "Sociobiology," *Journal of Medical Ethics* 10 (1984): 158–160. 她引用了 Wilson, *Sociobiology,* 4。亦可参阅 Midgley, *Beast and Man: The Roots of Human Nature* (Brighton, UK: Harvester, 1978)。对于社会生物学的另一种观点，参考 Howard L. Kaye, *The Social Meaning of Modern Biology: From Social Darwinism to Sociobiology* (New Haven, CT: Yale University Press, 1986)。

42. 参阅 Peter Singer, "Ethics and Sociobiology," *Philosophy & Public Affairs* 11 (1982): 40–64; 尤其见 p. 47. Singer 引用了 Wilson, *Sociobiology,* 562。

43. 虽然在公众眼里，萨林斯社会生物学批判家的地位稍逊理查德·路翁廷和斯蒂芬·杰伊·古尔德一筹，但他的原创批判可参见 Marshall Sahlins, *The Use and Abuse of Biology: An Anthropological Critique of Sociobiology* (Ann Arbor: University of Michigan Press, 1976), 4。

44. 文化与自然避不开政治关系（尤其是在社会生物学的争论中体

现出来的）的相关讨论，无论从共时性或历时性的角度来复述，都太过庞杂。早些年的版本，参阅 Arthur Caplan 作品集 *The Sociobiology Debate* (New York: Harper & Row, 1978)，其中有对社会生物学思想明显有 19 世纪根源的历史解读，包括关于达尔文和斯宾塞的。亦可参阅 W. R. Albury, "Politics and Rhetoric in the Sociobiology Debate," *Social Studies of Science* 10 (1980): 519–536。关于较新的概述，参阅 Neil Jumonville, "The Cultural Politics of the Sociobiology Debate," *Journal of the History of Biology* 35 (2002): 569–593。该领域的其他研究，对威尔逊显然更包容的一则，参阅 Ullica Segerstråle, *Defenders of the Truth: The Battle for Science in the Sociobiology Debate and Beyond* (Oxford, UK: Oxford University Press, 2001)；其他从社会学角度出发的，参阅 Alexandra Maryanski, "The Pursuit of Human Nature by Sociobiology and by Evolutionary Sociology," *Sociological Perspectives* 37 (1994): 375–389。另一则对于社会生物学的批判性解读，明确反对把生物学当作社会科学"正当性"基础的作品，参阅 Lee Freese, "The Song of Sociobiology," *Sociological Perspectives* 37 (1994): 337–373。

45. 关于"文化"与"自然"两个概念难以分开来说，参阅 Raymond Williams, *Keywords: A Vocabulary of Culture and Society* (London: Croom Helm, 1976)。关于文化和自然的分野总是出于政治左派或批判工业资本主义的角度，故并不稳定的看法，参阅 Haraway, "A Cyborg Manifesto," in Simians, Cyborgs, and Women。

46. 威尔逊也承认，并不是他发明了社会生物学这一术语；关于几十年前这一领域状况的回顾，参阅 G. Manoury, "Sociobiology," *Synthese* 5 (1947): 522–525。有意思的是，最早的"社会生物学"思想家之一亚历克西斯·卡雷尔（Alexis Carrel），是 20 世纪前几十年组织培养领域的创始人之一。他把他的方法论称为"生物社会学"（biosociology）。

47. 注意，霍华德·凯（Howard L. Kaye）反驳了社会生物学总为资本主义说话的观点，他认为，与其说社会生物学在把资本主义自然化（所以说是给它辩护），不如说是在"重新梳理我们的社会和心理"。参阅 Kaye, *Social Meaning of Modern Biology,* 5。

48. 参阅 Sahlins, *Use and Abuse of Biology,* 93。

49. 同上书，100–102。该观点的另一个版本，参阅 Haraway, "The Biological Enterprise: Sex, Mind, and Profit from Human Engineering to Sociobiology," 收于 *Simians, Cyborgs, and Women*。

50. 参阅 Freese, "Song of Sociobiology," 345。

51. 参阅 Haraway, "The Past Is the Contested Zone: Human Nature and Theories of Production and Reproduction in Primate Behaviour Studies," 收于 *Simians, Cyborgs, and Women*。

52. 参阅 Haraway, "Animal Sociology and a Natural Economy of the Body Politic: A Political Physiology of Dominance," 收于 *Simians, Cyborgs, and Women,* 11。

53. 参阅 Marshall Sahlins, "The Original Affluent Society," 收于 *Stone Age Economics* (Chicago, IL: Aldine-Atherton, 1972)。

54. 参阅 William Laughlin, Richard B. Lee, and Irven deVore (eds.), with Jill Nash-Mitchell, *Man the Hunter* (Chicago, IL: Aldine-Atherton, 1968), 304。这本书是基于 1966 年同名研讨会的成果。

55. 参阅 Lee and Devore, "Problems in the Study of Hunters and Gatherers," 收于 *Man the Hunter*。不过，这部合集中 Sherwood L. Washburn 和 C. S. Lancaster 的文章似乎表示强烈赞成。他们写道："事实上，我们的智力、情感和基本的社交生活——全都是适应了狩猎活动的进化产物。"参阅 Washburn and Lancaster, "The Evolution of Hunting," in *Man the Hunter*。

56. 就影响力而言，这类主张中最重要的是德国化学家尤斯图斯·冯·李比希（Justus von Liebig）提出的观点。他在 1842 年出版的《动物化学》(*Animal Chemistry*) 一书中指出，蛋白质是唯一"真正的营养素"。关于李比希的影响，参阅 William H. Brock, *Justus von Liebig: The Chemical Gatekeeper* (Cambridge, UK: Cambridge University Press, 1997)。值得注意的是，李比希在 19 世纪中期就提出了有点类似人造肉的想法。1847 年，他发表了制作牛肉膏的方法，希望做出肉类替代品来解决全世界的粮食短缺问题。最终他在乌拉圭协办了一家工厂，生产他的牛肉膏，推动了 1865 年伦敦李比希肉膏公司（Liebig Extract of Meat Company）的成立；该公司后来更名为牛讴公司（Oxo），时至今日还在生产牛肉汤粒。

57. 参阅 Michael S. Alvard and Lawrence Kuznar, "Deferred Harvests: The Transition from Hunting to Animal Husbandry," *American Anthropologist* 103 (2001): 295–311。

58. 参阅 Pat Shipman, "The Animal Connection and Human Evolution," *Current Anthropology* 51 (2010): 519–538。

59. 同上书，524–525。

60. 亦可参阅 Helen M. Leach, "Human Domestication Reconsidered," *Current Anthropology* 44 (2003): 349–368。

61. 参阅 McGee, *On Food and Cooking,* 135。

62. 参阅 J. J. Harris, H. R. Cross, and J. W. Savell, "History of Meat Grading in the United States," Department of Animal Science, Texas A&M University, http:// meat.tamu.edu/meat-grading-history/, 2018 年 3 月 29 日浏览。

63. 这个主题的探讨，尤其可参阅 Orville Schell, *Modern Meat: Antibiotics, Hormones, and the Pharmaceutical Farm* (New York: Vintage, 1978)。

64. William Boyd, "Making Meat: Science, Technology, and American Poultry Production," *Technology and Culture* 42 (2001): 631–664.

65. Friedrich Engels, *The Condition of the Working Class in England in 1844,* trans. Florence Kelley Wischnewetzky (London: George Allen & Unwin, 1892), 192.

66. 参阅 John Lossing Buck, "Agriculture and the Future of China," *Annals of the American Academy of Political and Social Science,* November 1, 1930。

67. 关于人造化肥的意义，参阅 Vaclav Smil, "Population Growth and Nitrogen: An Exploration of a Critical Existential Link," *Population and Development Review* 17 (1991): 569–601。

68. 该词出自西沃恩·菲利普斯（Siobhan Phillips）。参阅 Phillips,

肉食星球

"What We Talk about When We Talk about Food," *The Hudson Review* 62 (2009): 189–209; at 197。

69. 参阅 Zaraska, *Meathooked*。

70. William Cronon, *Nature's Metropolis: Chicago and the Great West* (New York: W. W. Norton, 1991), 256.

71. 参阅 Rachel Laudan, *Cuisine and Empire: Cooking in World History* (Berkeley: University of California Press, 2013), 208。

72. 关于英国家庭糖消费量上升的问题，参阅 Sidney Mintz, *Sweetness and Power: The Place of Sugar in Modern History* (New York: Viking, 1985)。

73. 这一下滑通常是由于发达国家的富裕饮食者提高了健康意识。美国自然资源保护协会（Natural Resources Defense Council）发布的一份报告显示，2005 年至 2014 年，美国人的牛肉消费量削减了 20%；该报告关注的是削减的有利影响，涉及养牛业的高碳足迹。参阅 "Less Beef, Less Carbon," www.nrdc.org/sites/default/files/less-beef-less-carbon-ip.pdf, 2017 年 6 月 6 日浏览。

第三章　承诺

1. 另一种实验室复制动物或其部位的技术也应该提到台面上来：以（诱导回归了全能状态的）成年动物体细胞实施的克隆，即制造了多莉羊（Dolly the sheep，1996—2003）的技术。关于多莉，以及用家畜细胞实施克隆和转基因技术的"潜力"的讨论，参阅 Sarah Franklin, *Dolly Mixtures: The Remaking of Genealogy* (Durham, NC: Duke University Press, 2007)。

2. 参阅 Shoshana Felman, *The Scandal of the Speaking Body: Don Juan with J. L. Austin, or Seduction in Two Languages* (Stanford, CA: Stanford University Press, 2003)。

3. 出自马克·波斯特，引用于 "Lab-Grown Beef: 'Almost' Like a Burger," *Associated Press,* August 5, 2013。

4. 这条声明出自善待动物组织，转引自 Kate Kelland, "Scientists to Cook World's First In Vitro Beef Burger," *Reuters,* August 5,

2013, 报道波斯特演示的其他许多记者也曾引用过。

5. 出自新收获创始人贾森·马西尼, 转引自 Jason Gelt, "In Vitro Meat's Evolution, " *The Los Angeles Times,* January 27, 2010。

6. 我会在 2017 年下半年的纽约市, 在"新收获"举办的一场大会上见到这只苹果。它由奥卡诺根特色水果公司（Okanagan Specialty Fruits）生产, 后者为马里兰州的生物技术公司英创松（Intrexon）旗下公司。参阅 Andrew Rosenblum, "GM Apples That Don't Brown to Reach U.S. Shelves This Fall," *MIT Technology Review,* October 7, 2017, www.technologyreview.com/s/609080/gm-apples-that-dont-brown-to-reach- us-shelves-this-fall/, 2018 年 1 月 28 日浏览。

7. Friedrich Nietzsche, *On the Genealogy of Morals,* trans. Walter Kaufmann (New York: Vintage Books, 1969), 57.

8. 参阅 Aristotle, *Politics* (Chicago, IL: University of Chicago Press, 2013)。

9. Mike Fortun, *Promising Genomics: Iceland and deCODE Genetics in a World of Speculation* (Berkeley: University of California Press, 2008), 107.

10. 参阅 Hannah Arendt, *The Human Condition* (Chicago, IL: University of Chicago Press, 1958), 244–245。

11. 同上书, 245。

12. 同上。

13. 阿伦特还把政治领域的掌权和技艺（或制造）领域的掌握做了有趣的对比：掌权之有效, 在于其团体性和社会性, 而艺术掌握却需要独立性。参阅上书, 245。

14. 参阅 Merritt Roe Smith and Leo Marx (eds.), *Does Technology Drive History? The Dilemma of Technological Determinism* (Cambridge, MA: MIT Press, 1994)。

15. 参阅 Merritt Roe Smith, "Technological Determinism in American Culture", 出处同上。亦可参阅 Roe Smith, "Technology, Industrialization, and the Idea of Progress in America," in K. B. Byrne (ed.), *Responsible Science: The Impact of Technology on Society* (Harper

肉食星球

& Row, 1986), and Leo Marx, "Does Improved Technology Mean Progress?" *Technology Review* (January 1987): 33–41, 71。科学哲学家兰登·温纳（Langdon Winner）曾说过，虽然技术与进步挂钩的理念源于启蒙运动，但它似乎已然取代了技术或工程学的严肃哲学。温纳认为，进步理念妨碍我们深入认识人类利用可以让生活更为便捷的工具做了什么。参阅 Winner, *The Whale and the Reactor: The Search for Limits in the Age of High Technology* (Chicago, IL: University of Chicago Press, 1986), 5。

16. 萨拉·富兰克林（Sarah Franklin）指出，干细胞的"干"（stem）字和遗传血统（即牲畜的潜在资本）的"血统"概念有一定联系。参阅 Franklin, *Dolly Mixtures,* 50, 57–58。

17. 参阅 Karen-Sue Taussig, Klaus Hoeyer, and Stefan Helmreich, "The Anthropology of Potentiality in Biomedicine," *Current Anthropology* 54, Supplement 7 (2013)。

18. 参阅 Paul Martin, Nik Brown, and Alison Kraft, "From Bedside to Bench? Communities of Promise, Translational Research and the Making of Blood Stem Cells," *Science as Culture* 17 (2008): 29–41。

19. 参阅 Georges Canguilhem, "La théorie cellulaire," 收于 Canguilhem, *La Connaissance de la Vie* (Paris: Vrin, 1989); Stefanos Geroulanos and Daniela Ginsburg 将其译为英文："Cell Theory," 收于 Canguilhem, *Knowledge of Life*, ed. Paola Marrati and Todd Meyers (New York: Fordham University Press, 2008), 43。

20. Isha Datar and Mirko Betti, "Possibilities for an in Vitro Meat Production System," *Innovative Food Science & Emerging Technologies* 11 (2010): 13–21.

21. 这一点引自萨拉·富兰克林。参阅 Franklin, *Dolly Mixtures,* 59。

22. 它们受到了其他想用比生物技术和市场经济更传统的手段来打击犀牛偷猎的群体的严厉批评。参阅如 Katie Collins, "3D-Printed Rhino Horns Will Be 'Ready in Two Years' —but Could They Make Poaching Worse?" *Wired UK*, October 7, 2016, www.wired.

co.uk/article/3d-printed-rhino-horns，2018 年 1 月 23 日浏览。

23. 关于明确探讨未来可能性的人类学作品例子，参阅 Lisa Messeri, *Placing Outer Space: An Earthly Ethnography of Other Worlds* (Chapel Hill, NC: Duke University Press, 2016); Ulf Hannerz, *Writing Future Worlds: An Anthropologist Explores Global Scenarios* (London: Palgrave, 2016); 以及 Juan Francisco Salazar, Sarah Pink, Andrew Irving, and Johannes Sjöberg (eds.), *Anthropologies and Futures: Researching Emerging and Uncertain Worlds* (London: Bloomsburgy, 2017)。关于未来的另一个重要人类学视角是繁殖的研究；尤其参阅 Marilyn Strathern, *Reproducing the Future: Essays on Anthropology, Kinship and the New Reproductive Technologies* (Manchester, UK: Manchester University Press, 1992); 和 Strathern, "Future Kinship and the Study of Culture," *Futures* 27 (1995): 423–435。而人类学家对于未来的思考合集，没有 Margaret Mead 的 *The World Ahead: An Anthropologist Contemplates the Future* (New York: Berghahn, 2005) 就不算完整。

24. 参阅 Johannes Fabian's *Time and the Other: How Anthropology Makes Its Object* (New York: Columbia University Press, 2014)。

25. 冷热社会的概念（"热"指变化而"冷"指稳定）出自结构主义人类学教授克劳德·列维－斯特劳斯。对于这一概念的新解，也是偏向温度谱上较冷、环境或许更可持续的一方，参阅科幻作家（以及加州大学伯克利分校首位人类学教授艾尔弗雷德·路易丝·克罗伯 [Alfred Louis Kroeber] 的女儿）Ursula K. LeGuin 的文章 "A Non-Euclidean View of California as a Cool Place to Be," 收于 *Dancing at the Edge of the World* (London: Gollancz, 1989)。

第四章　迷雾

1. 为了配合本书的框架，我对这个事实细节做了改动：其实我是 2015 年在奥克兰的一辆巴士上看到"共享内容"的广告，不是在 2013 年的旧金山。

2. Sigmund Freud, *Jokes and Their Relation to the Unconscious* (Standard

　　　　　　　　　　　　　　　　　　　　肉食星球

Edition, vol. 8) (London: Hogarth Press, 1960), 118. 在 146 页，弗洛伊德引用了赫伯特·斯宾塞（Herbert Spencer）的《笑的生理学》（"The Physiology of Laughter"，1860 年）。斯宾塞用了一个"经济学"模型来描述笑所释放的精神能量。

3.   参阅 Richard D. deShazo, Steven Bigler, and Leigh Baldwin Skipworth, "The Autopsy of Chicken Nuggets Reads 'Chicken Little,'" *American Journal of Medicine* 126 (2013): 1018–1019。

4.   参阅 Giovanni Arrighi, *The Long Twentieth Century: Money, Power, and the Origins of Our Times* (New York: Verso, 1994); 亦可参阅 Arrighi in Raj Patel and Jason W. Moore, *A History of the World in Seven Cheap Things: A Guide to Capitalism, Nature, and the Future of the Planet* (Oakland: University of California Press, 2017), 第 69 页中的讨论。

5.   我参观突破实验室之际，蒂尔属于身陷争议之中的公众人物，这是因为他坦率的自由主义论和（本章描述的）独特的未来主义品牌。而本书撰写之际，蒂尔备受争议有其他更明确的政治原因，比如他对竞选公职的保守派候选人的声援和财务支持，包括对 2016 年美国总统大选的获胜者的支持。

6.   引自突破实验室官网，www.breakoutlabs.org/，2017 年 7 月 4 日查询。

7.   现代牧场于 2014 年搬到布鲁克林的红钩区，以期与纽约时装业有更密切的合作。之后现代牧场撤出人造肉生产，专攻生物材料。见第十章。

8.   参阅 George Packer, "No Death, No Taxes," *The New Yorker,* November 28, 2011。

9.   关于这类巴士的媒体报道案例，参阅 Casey Miner, "In a Divided San Francisco, Private Tech Buses Drive Tension," *All Tech Considered*, December 17, 2013, www.npr.org/sections/alltechc onsidered/2013/12/17/251960183/in-a-divided-san-francisco-private-tech-buses-drive-tension, 2017 年 6 月 9 日浏览。

10. 参阅 Nathan Heller, "California Screaming," *The New Yorker*, July 7, 2014。

11. 当然，还有温和很多的驱逐租户的办法，并不都合法。反驱逐地图计划（Anti-Eviction Mapping Project）就尽力录下了湾区的非法驱逐现象。参见 www.antievictionmappingproject.net/, 2017年 6 月 9 日浏览。

12. 布鲁金斯学会（Brookings Institute）2014 年的一项研究显示，2007 至 2012 年间，旧金山收入不平等的加剧程度比美国其他任何城市都严重。这主要是由于那些收入占总体 95% 以上的人群的收入又提高了。参阅 Alan Berube, "All Cities Are Not Created Unequal," February 4, 2014, www.brookings.edu/research/all-cities-are-not-created-unequal/, 2017 年 6 月 9 日浏览。

13. 参阅 Kenneth L. Kusmer, *Down and Out, On the Road: The Homeless in American History* (Oxford, UK: Oxford University Press, 2003)。Kusmer 谈到市场街南区说，那儿曾是"美国西海岸最重要的临时工和散工中心"。

14. 参阅 Meagan Day, "For More Than 100 Years, SoMa Has Been Home to the Homeless," https://timeline.com/for-more-than-100-years-soma-has-been-home-to-the-homeless-5e2d014bdd92, 2017 年 6 月 17 日浏览。旧金山市实施了"时间点计数"法来确定流浪人口；截至本书撰稿时，近几年的数据可参见：http://hsh.sfgov.org/researchreports/san-francisco-homeless-point-in-time-count-reports/。

15. 参阅 Day, "SoMa Has Been Home to the Homeless"。

16. 引自 Stewart Brand, *The Clock of the Long Now: Time and Responsibility*(New York: Basic Books, 1999), 2–3。

17. 关于科幻作品同现实中技术发展的相互作用，参见 David A. Kirby, "The Future Is Now: Hollywood Science Consultants, Diegetic Prototypes and the Role of Cinematic Narratives in Generating Real-World Technological Development," *Social Studies of Science* 40 (2010): 41–70。

18. 多年以后，回顾突破实验室的受赠方，我发现它们分为以下几类："诊断""治疗""硬件""细胞生物学""纳米技术""合成

　　　　　　　　　　　　　　　　　　　　　肉食星球

生物学""能源""化学""材料""计算机""神经科学"和"长寿"。虽然这些都没体现出蒂尔基金会想解决什么问题,但能看出,最后一项"长寿"可以说反映了它想实现的状态,而不是直接的技术应用领域。参阅 www.breakoutlabs.org/portfolio/,2017 年 8 月 2 日浏览。

19. 关于 21 世纪初超人主义和硅谷资本主义关系的批判性解读,参阅 Patrick McCray, "Bonfire of the Vainglorious," *Los Angeles Review of Books,* July 17, 2017, https://lareviewofbooks.org/article/silicon-valleys-bonfire-of-the-vainglorious/, 2017 年 7 月 20 日浏览。

第五章 疑虑

1. 在 2017 年 5 月 22 日 Techcrunch.com 发布的一则采访中,不思议食品公司的帕特·布朗(Pat Brown)称动物细胞制作的实验室培养肉是"目前为止最蠢的点子之一"。参阅 https://techcrunch.com/2017/05/22/impossible-foods-ceo-pat-brown-says-vcs-need-to-ask-harder-scientific-questions/, 2017 年 11 月 7 日浏览。这儿借用的也是布朗 2017 年 9 月 21 日在哈佛大学一次演讲中说的话,当时我在观众席上。

2. 作家、厨师及电视名人安东尼·布尔丹(Anthony Bourdain)提到过他视为"敌人"的"假"肉。参见 www.businessinsider.com/anthony-bourdain-big-problem-synthetic-fake-meat-laboratory-2016–12, 2017 年 11 月 7 日浏览。布尔丹在视频中谈到动物屠宰的边角料浪费问题,认为我们在考虑实验室培养肉之前,应先更加充分地利用当下生产的畜体。

3. Pew Research Center, "U.S. Views of Technology and the Future," April 17, 2014, http://assets.pewresearch.org/wp-content/uploads/sites/14/2014/04/US-Views-of-Technology-and-the-Future.pdf, 2017 年 11 月 7 日获取.

4. Christina Agapakis, "Steak of the Art: The Fatal Flaws of In Vitro Meat," *Discover,* April 24, 2012.

5. 参阅 Warren Belasco, "Algae Burgers for a Hungry World? The Rise and Fall of Chlorella Cuisine," *Technology and Culture* 38 (1997): 608–634。

6. Christina Agapakis, "Growing the Future of Meat," *Scientific American,* August 6, 2013, https://blogs.scientificamerican.com/oscillator/growing-the-future-of-meat/, 2017 年 10 月 21 日浏览.

7. Ursula Franklin, *The Real Worldof Technology* (Toronto: Anansi Press, 1999).

第六章　希望

1. 参阅 Patrick D. Hopkins and Austin Dacey, "Vegetarian Meat: Could Technol ogy Save Animals and Satisfy Meat Eaters?" *Journal of Agricultural and Environ- mental Ethics* 21 (2008): 579–596。

2. 参阅 Clemens Driessen and Michiel Korthals, "Pig Towers and In Vitro Meat: Disclosing Moral Worlds by Design," *Social Studies of Science* 42(2012): 797–820。

3. Neil Stephens and Martin Ruivenkamp, "Promise and Ontological Ambiguity in the *In Vitro* Meat Imagescape: From Laboratory Myotubes to the Cultured Burger," *Science as Culture* 25 (2016): 327–355.

4. 参阅 Nik Brown, "Hope against Hype—Accountability in Biopasts, Presents, and Futures," *Science Studies* 16(2) (2003): 3–21。亦可参阅 Mike Fortun, *Promising Genomics: Iceland and deCODE Genetics in a World of Speculation* (Berkeley: University of California Press, 2008); and Kaushik Sunder Rajan, *Biocapital: The Constitution of Postgenomic Life* (Durham, NC: Duke University Press, 2006), 264。

5. 参阅 Fredric Jameson, *Archaeologies of the Future: The Desire Called Utopia and Other Science Fictions* (New York: Verso, 2005), 3。

第七章 树

1. 这里所说的艺术品是《冰拱桥》(*Ice Arch*, 1982)。参见 Andy Goldsworthy Digital Catalogue, www.goldsworthy.cc.gla.ac.uk/image/? id=ag_02391, 2017 年 7 月 14 日浏览。

2. 事实上，戈兹沃西创作用的是以前迪扬美术馆附近铺路所用的一块约克郡石头，它是从英国进口到旧金山的。

3. 参阅 Richard A. Walker, *The Country in the City: The Greening of the San Francisco Bay Area* (Seattle: University of Washington Press, 2007)。亦可参阅 Daegan Miller, *This Radical Land: A Natural History of American Dissent* (Chicago, IL: University of Chicago Press, 2018)。

第八章 未来

1. 昆虫企业家提倡食用昆虫，有些政策专家也提倡。2013 年，联合国粮食及农业组织（Food and Agriculture Organization，简称 FAO）出台了一份名为《食用型昆虫：未来粮食及饲料保障的前景》（"Edible Insects: Future Prospects for Food and Feed Security"）的文件，其中总结说，尽管障碍未消，但"近期研发的进展表明，食用型昆虫有望成为传统肉类产业的替代品，不管是直接供人消费，还是间接用于饲料"（161）。FAO 文件发布于网站：www.fao.org/docrep/018/i3253e/i3253e.pdf。亦可参阅 Julieta Ramos-Elorduy, "Anthropo-Entomophagy: Cultures, Evolution and Sustainability," *Annual Review of Entomology* 58 (2009): 141–160。

2. 1971 年，国际研究磋商组织（Consultative Group on International Agricultural Research）成立，随后是农业科学技术委员会（Council for Agricultural Science and Technology）。粮食优先（Food First）组织，又名粮食和发展政策研究所（Institute for Food and Development Policy），由弗朗西丝·穆尔·拉佩成立于 1975 年。同年，国际粮食政策研究所（International Food Policy Research Institute）在华盛顿特区成立。参阅 Warren Belasco, *Meals to Come: A History of the Future of Food* (Berkeley: University of California Press, 2006), 55。

3. 关于 IFTF 出品的 IFTF 主要项目和企业年表，参阅 www.iftf.
   org/fileadmin/user_upload/images/whoweare/iftf_history_
   lg.gif, 2019 年 2 月 5 日浏览。

4. 关于未来学方法概述，参阅 Theodore J. Gordon, "The Methods
   of Futures Research," *Annals of the American Academy of Political
   and Social Science* 522 (1992): 25–35。

5. Fred Polak, "Crossing the Frontiers of the Unknown," 收于 Alvin
   Toffler (ed.), *The Futurists* (New York: Random House, 1972)。

6. 参阅 Simon Sadler, "The Dome and the Shack: The Dialectics of
   Hippie Enlightenment," 收于 Iain Boal, Janferie Stone, Michael
   Watts, and Cal Winslow (eds.), *West of Eden: Communes and Utopia in
   Northern California* (Oakland, CA: PM Press, 2012), 72–73。亦可
   参阅 Fred Turner, *From Counterculture to Cyberculture: Stewart Brand,
   the Whole Earth Network, and the Rise of Digital Utopianism* (Chicago,
   IL: University of Chicago Press, 2006), 55–58。

7. "Introducing the IFTF Food Futures Lab," www.youtube.com/
   watch?v= 5_f P-7tfSK4, 2017 年 11 月 1 日浏览.

8. 参阅如 the Center for Graphic Facilitation's homepage, http://
   graphicfacilitation.blogs.com/pages/, 2018 年 3 月 28 日浏览。

9. 下述 20 世纪中后期的未来主义仔细参考了 Jenny Andersson,
   "The Great Future Debate and the Struggle for the World,"
   The American Historical Review 117 (2012): 1411–1430; 以 及 Nils
   Gilman, *Mandarins of the Future: Modernization Theory in Postwar
   America* (Baltimore, MD: Johns Hopkins University Press, 2003)。

10. 参阅 Olaf Helmer, "Science," *Science Journal* 3(10) (1967): 49–51。

11. 参阅 T. J. Gordon and Olaf Helmer, "Report on a Long-Range
    Forecasting Study" (Santa Monica, CA: Rand, 1964)。

12. 这种意识形态派同理性主义派的划分，是珍妮·安德森（Jenny
    Andersson）提出的。

13. Walt Whitman Rostow, *The Stages of Economic Growth: A Non-
    Communist Manifesto* (Cambridge, UK: Cambridge University Press,

1960), 2.

14. 参阅 Daniel Bell and Steven Graubard, *Toward the Year 2000: Work in Progress,* special issue of *Daedalus* (1967)，MIT Press 1969年再版。

15. Daniel Bell, *The Coming of Post-industrial Society: A Venture in Social Forecasting* (New York: Basic Books, 1973).

16. 参阅 Gilman, *Mandarins of the Future*。

17. Brendan Buhler, "On Eating Roadkill, The Most Ethical Meat," *Modern Farmer,* September 12, 2013, http://modernfarmer. com/2013/09/eating-roadkill/, 2017 年 8 月 24 日浏览. 最先对路杀做深入分析的是 James R. Simmons, *Feathers and Fur on the Turnpike* (Boston: Christopher, 1938)。

18. 艾伦·萨沃里整体化草原管理（包括通过恢复碳隔离草原来抵抗全球变暖）的主张，不是没有争议。参阅 James E. McWilliams, "All Sizzle and No Steak," *Slate,* April 22, 2013, www.slate.com/ articles/life/food/2013/04/allan_savory_s_ted_talk_is_wrong_ and_the_benefits_of_holistic_ grazing_have.html, 2017 年 8 月 24 日浏览。

19. 我对肉在未来食品愿景中的地位描述，仔细参考了 Warren Belasco, *Meals to Come*。

20. 参阅 Thomas Robert Malthus, *An Essay on the Principle of Population* (London: Penguin, 1985), 187–188。

21. 关于英国农业改良措施对马尔萨斯的影响，参阅 Fredrik Albritton Jonsson, "Island, Nation, Planet: Malthus in the Enlightenment," 收于 Robert Mayhew (ed.), *New Perspectives on Malthus* (Oxford, UK: Oxford University Press, 2016)。

22. Paul and Anne Ehrlich, *The Population Bomb* (New York: Ballantine, 1968). 亦可参阅 Thomas Robertson, *The Malthusian Moment: Global Population Growth and the Birth of American Environmentalism* (New Brunswick, NJ: Rutgers University Press, 2012)。

23. 参阅 Paul and Anne Ehrlich, *One with Nineveh: Politics, Consumption, and the Human Future* (Washington, DC: Island Press, 2004)。另

外参见保罗·埃利希在《洛杉矶时报》(*Los Angeles Times*)中的访谈，其中谈到他觉得《人口爆炸》猜对和猜错的地方：Patt Morrison, "Paul R. Ehrlich: Saving Earth. The Scholar Looks the Planet, and Humanity, in the Face," February 12, 2011, http://articles.latimes.com/2011/feb/12/opinion/la-oe-morrison-ehrlich-021211, 2017 年 9 月 13 日浏览。

24. Fredrik Albritton Jonsson, "The Origins of Cornucopianism: A Preliminary Genealogy," *Critical Historical Studies* 1 (2014): 151–168.

25. 奥尔布里顿·琼森也列出一大批李嘉图丰饶主义政治经济观的先驱者。简单举几个例子：弗朗西斯·培根(Francis Bacon)的自然哲学；18 世纪的通俗牛顿主义，表现在运用土木工程项目，和查尔斯·韦伯斯特(Charles Webster)及托马斯·休斯(Thomas Hughes)所谓的靠技术进步来"光复伊甸"上；以及北美殖民主义自身的经历，其中的扩张和新大陆的经济活动似乎隐含了对未来富足的憧憬。参阅上书。

26. 2015 年秋，我参加了一个表面上探讨如何平衡生态问题和商业利益的大会。然而，一位主讲人的关注点却是，用卫星来开采小行星的自然资源何以帮助我们（像他说的）"在地球之外实现永久性人类扩居和经济活动"。李嘉图的观点有不少当代的继承者。

27. 例如，参阅 Joel Mokyr, *The Gift of Athena: Historical Origins of the Knowledge Economy* (Princeton, NJ: Princeton University Press, 2002)。

28. Albritton Jonsson, "Origins of Cornucopianism," 160.

29. 参阅如 Will Steffen, Paul Crutzen, and John McNeill, "The Anthropocene: Are Humans Now Overwhelming the Great Forces of Nature?" *AMBIO: A Journal of the Human Environment* 36 (2007): 849–852。

30. 参阅 Gilman, *Mandarins of the Future,* 1–2。

31. Karl Marx, *The Communist Manifesto: With Related Documents* (Boston: Bedford/St. Martin's, 1999). （中译本参：中共中央马克思恩格斯列宁斯大林著作编译局编译，北京：人民出版社，2014。）

32. 参阅 Marshall Berman, *All That Is Solid Melts into Air: The Experi-

ence of Modernity (New York: Verso, 1982), 21。我对马克思这段话的分析化用了伯曼的分析。

第九章　普罗米修斯

1. 参阅 Gregory Schrempp, "Catching Wrangham: On the Mythology and the Science of Fire, Cooking, and Becoming Human," *Journal of Folklore Research* 48 (2011): 109–132。

2. 关于普罗米修斯神话有很多重要研究。例如，参阅 Hans Blu-menberg, *Arbeit am Mythos* (Frankfurt am Main: Suhrkamp, 1979)，由 Robert M. Wallace 英译为 *Work on Myth* (Cambridge, MA: MIT Press, 1985)；以及 Raymond Trousson, *Le Thèmede Prométhée dans la Littérature Européenne* (Geneva: Librairie Droz, 1964)。亦可参阅 Alfredo Ferrarin, "Homo Faber, Homo Sapiens, or Homo Politicus? Protagoras and the Myth of Prometheus," *The Review of Metaphysics* 54 (2000): 289–319。其中 Ferrarin 的研究以普罗米修斯的故事来重新赏析了希腊意义上的 "*techne*" —— 制造之术。

3. 施瓦茨的原话是："生物学本身含有丰富的神话矛盾。" 参阅 Hillel Schwartz, *The Culture of the Copy: Striking Likenesses, Unreasonable Facsimiles* (revised and updated) (New York: Zone Books, 2014), 19。

4. Gaston Bachelard, *The Psychoanalysis of Fire,* trans. Alan C. M. Ross (London: Routledge & Kegan Paul, 1964).

5. 关于普罗米修斯故事的前现代接受史，参阅 Olga Raggio, "The Myth of Prometheus: Its Survival and Metaphormoses up to the Eighteenth Century," *Journal of the Warburg and Courtauld Institutes* 21 (1958): 44–62。

6. 玛丽·雪莱（Mary Shelley）1819 年小说《弗兰肯斯坦》（*Frankenstein*）的副标题为 "现代普罗米修斯"（The Modern Prometheus），指的是主人公维克多·弗兰肯斯坦，常被认为是她丈夫珀西·雪莱的化身。《弗兰肯斯坦》有时被称作第一部科幻小说，也是一个人造生命体的故事，写于现代细胞理论出现之前。19 世纪之初，细胞生物学还没有扫除生命的本质为能量而不是生物成分相互作用的结果这一观念。正如文学学者丹尼丝·吉甘特（Denise Gigante）所说，《弗兰肯斯坦》可以说探究了生命为能量这一理念，就像其他很多浪漫主义文学作品一样。《弗兰肯斯坦》没有直接解答这个生命谜题，而是表现了主人公对这一谜题的痴迷，暗示维克多·弗兰肯斯坦造出人造"替身"，是把某种难以预料的东西释放到了世界上，这是一种不但必然会超越其创造者的物理限制，还会超越其道德限制的生命。但弗兰肯斯坦的怪物似乎有着自己的道德。他或许如珀西一样是个素食主义者，因为他说："我不吃人类的食物，我不会杀羊羔或孩子来填饱肚子，橡子和浆果给我的营养足够了。" Shelley, *Frankenstein: The Modern Prometheus* (London: Henry Colburn and Richard Bentley, 1831), 308. 亦可参阅 Denise Gigante, *Life: Organic Formand Romanticism* (New Haven, CT: Yale University Press, 2009), 尤其是 1–48、160–163 页。另外参见 *The Sexual Politics of Meat: A Feminist-Vegetarian Critical Theory* (New York: Continuum, 1990) 108–119 页中，Carol Adams 对弗兰肯斯坦之为素食者的讨论。

第十章 纪念录

1. Arthur Schopenhauer, *The World as Will and Representation,* trans. and ed. Judith Norman, Alistair Welchman, and Christopher Janaway (Cambridge, UK: Cambridge University Press, 2010).

2. 参阅 Heather Paxson, *The Life of Cheese: Crafting Food and Value in America* (Berkeley: University of California Press, 2012), 31。

3. 参阅 See Rachel Laudan, "A Plea for Culinary Modernism: Why We Should Love New, Fast, Processed Food," *Gastronomica* 1 (2001): 36–44。

4. 同上书，36。

5. 伦敦大学城市学院（City University of London）食品政策教授蒂莫西·朗（Timothy Lang）拟用了"食品里程"（food miles）一词。这一概念在他 1994 年发表在 SAFE Alliance 上的《食品里程报告：远程运输食品的危险》（"The Food Miles Report:

The Dangers of Long-Distance Food Transportation") 里有介绍。对于用"食品里程"法衡量食品体系于环境的影响的批判，通常集中在运输在食品体系的影响中只占一小部分，大部分食品的"碳足迹"源自生产。例如，参阅 Pierre Desrochers and Hiroko Shimizu, "Yes, We Have No Bananas: A Critique of the 'Food-Miles' Perspective," George Mason University Mercatus Policy Series, Policy Primer No. 8, October 2008。

6. 参阅 William Cronon, *Nature's Metropolis: Chicago and the Great West* (New York: W. W. Norton, 1991)。

7. 正如 Clemens Driessen 和 Michiel Korthals 所说，人造肉幻想受到了都市农业的启发。参阅他俩的 "Pig Towers and In Vitro Meat: Disclosing Moral Worlds by Design," *Social Studies of Science* 42 (2012): 797–820。

8. 有关郭瓦纳斯河申定为超级基金站点的简要经过，参阅 Juan-Andres Leon, "The Gowanus Canal: The Fight for Brooklyn's Coolest Superfund Site," 收于 *Distillations,* winter 2015, www.chemheritage.org/distillations/magazine/the-gowanus-canal, 2017 年 3 月 6 日浏览。

9. 普罗透斯·郭瓦纳斯博物馆在本章所述的活动期间还开放，但此后不久，于 2015 年结束了为期 10 年的运营。

10. 关于肉用家畜养殖，并以"真实""本土""风土"为核心分析词汇的人类学研究，参阅 Brad Weiss, *Real Pigs: Shifting Values in the Field of Local Pork* (Durham, NC: Duke University Press, 2016)。

11. 参阅 Max Weber, *The Protestant Ethic and the Spirit of Capitalism, trans.* Talcott Parsons (New York: Routledge, 2001)。关于手工食品的生产和价值，以及食品相关的商业活动何以产生额外的商业价值的杂谈，参阅 Paxson, *Life of Cheese*。

12. 牛打嗝释放出超大量甲烷的观点，并非没有争议。据妮科莱特·哈恩·尼曼（值得注意的是，这位前律师的丈夫比尔·尼曼 [Bill Niman] 是尼曼牧场 [Niman Ranch] 的创始人，而这家旧金山湾区的肉类生产公司很注重透明度、人性化动物养殖和环境可持续发展）所说，我们常听到的"14%—18%"这一数字所基于的牛类甲烷产量研究，用的是很小的样本。所以，以此来类推全球牛群的释放量并不合适。Nicolette Hahn Niman, *Defending Beef: The Case For Sustainable Meat Production* (White River Junction, VT: Chelsea Green, 2014).

13. Nathan Heller, "Listen and Learn," *The New Yorker,* July 9, 2012.

14. Catherine Mohr, "Surgery's Past, Present, and Robotic Future," TED 2009, www.ted.com/talks/catherine_mohr_surgery_s past present_and_robotic_future#t-1100302, 2017 年 11 月 14 日浏览.

15. 沃尔曼 1984 年成立 TED，2003 年卖出，之后又成立了其他相关的大会，在其中一些中反思了 TED 的形式。与此同时，TED 新掌门人克里斯·安德森（Chris Anderson）将该大会改造成了之后多年一直保持的文化形态。

16. 参阅 Laudan, "Plea for Culinary Modernism," 43。

第十一章　复制

1. 参阅 Walter Benjamin, "The Work of Art in the Age of Mechanical Reproduction," in *Illuminations: Essays and Reflections,* trans. Harry Zohn (New York: Harcourt Brace Jovanovich, 1968)。（中译本参：李伟、郭东译，重庆：重庆出版社，2006。）

2. 关于复制感受的文化史，从似曾相识论到克尔凯郭尔或尼采的哲学论，参阅 Hillel Schwartz, *The Culture of the Copy: Striking Likenesses, Unreasonable Facsimiles* (revised and updated) (New York: Zone Books, 2014)。

3. Benjamin, *Illuminations,* 188.

4. 参阅 Corby Kummer, *The Pleasures of Slow Food* (San Francisco: Chronicle Books, 2002)。

5. 参阅 Laudan, "A Plea for Culinary Modernism: Why We Should Love New, Fast, Processed Food," *Gastronomica* 1 (2001): 36–44。

6. 注重生物性相同（biological equivalency），是人造肉有别于旧式复制肉的地方，后者基于我们所谓的感官性相同（sensory

equivalency）。关于这点的讨论，以及植物蛋白制成感官性相同的肉食替代品的情况，参阅我的 "Meat Mimesis: Laboratory-Grown Meat as a Study in Copying," forthcoming in *Osiris*。

7. 参阅 Schwartz, *Culture of the Copy,* for one of the most important surveys of the subject。

8. Hans Blumenberg, "Imitation of Nature: Toward a Prehistory of the Idea of the Creative Being [first published in 1957]," trans. Ania Wertz, *Qui Parle* 12(1) (2000): 17–54.

9. 正如布鲁门伯格指出的，亚里士多德派对于模仿的观点是对柏拉图观点的回应，尤其是柏拉图学说中关于人造之起源的问题。真像柏拉图在《理想国》第十卷中所说，人造物品有理想型相？到了亚里士多德时代，柏拉图学派似乎摒弃了这一观点，反而说按理想型相建立的宇宙一定会是最佳形态，不会把"残次"型相给人类工匠开发（见《蒂迈欧篇》[*Timaeus*]）。总之，亚里士多德派认为凡是发明都是对自然的模仿。参阅 Blumenberg, "Imitation of Nature," 29。

10. 有些亚里士多德派学者认为，能动的自然与被动的自然有性别意义上的区别，前者应属于男性化的生造原则，而生成的呆板造物是女性化的。这是把亚里士多德"母亲的身体仅为生殖过程提供原材料"的观点换了种说法。参阅 Mary Garrard, "Leonardo da Vinci: Female Portraits, Female Nature," in Mary Garrard and Norma Broude (eds.), *The Expanding Discourse: Feminism and Art History* (New York: IconEditions, 1992), 58–86。

第十二章 哲学家们

1. 参阅 Patrick Martins with Mike Edison, *The Carnivore Manifesto: Eating Well, Eating Responsibly, and Eating Meat* (New York: Little, Brown, 2014)。

2. 为写作本书，我查阅了《动物解放》2002 年的修订版：Peter Singer, *Animal Liberation* (New York: HarperCollins, 2002)。（中译版参：祖述宪译，北京：中信出版社，2018。）值得注意的是，该书动

物权利运动"圣经"的美誉把它的哲学立场完全搞错了，它是基于功利论，而不是权利论。辛格在书中说，他的论点是无法反驳的，大意是动物不具备权利，而那些"权利论"只是"一种方便的政治套话"。见上，第 8 页。辛格在另一文中表示后悔"让步于通俗的道德论"，因为这让批判者们把他的观点和权利论混为一谈；参阅 Singer, "The Fable of the Fox and the Unliberated Animals," *Ethics* 88 (1978): 119–125; 见 122 页。

3. Singer, "Utilitarianism and Vegetarianism," in *Philosophy & Public Affairs* 9 (1980): 325–337.

4. "集体自由"将他们在大会上的行动自制成一份报道，同视频一起发布到网上：www.collectivelyfree.org/intervention-4-all-animals-want-to-live-museum-of-food-and-drink-mofad-manhattan-ny/, 2018 年 3 月 13 日浏览。

5. 关于布多尔夫森的作品，包括他对辛格功利论的批判，可以参阅 Mark B. Budolfson, "Is It Wrong to Eat Meat from Factory Farms? If So, Why?" in Ben Bramble and Bob Fischer (eds.), *The Moral Complexities of Eating Meat* (Oxford, UK: Oxford University Press, 2015)。布多尔夫森有些作品，包括这篇文章在内的一些作品，论及体制构成伤害的问题，承认发达国家的大多数消费者行为或多或少都属于危害环境或道德的行为。

6. Bernard Williams, "A Critique of Utilitarianism" in J. J. C. Smart and Bernard Williams, *Utilitarianism: For and Against* (Cambridge, UK: Cambridge University Press, 1973), 137.

7. Bertrand Russell, "The Harm That Good Men Do," *Harpers,* October, 1926. 不要以为罗素对功利主义的赞誉是随口一说，他个人对其历史贡献一直持正面看法。

8. 参阅 Michel Foucault, "Truth and Juridical Forms," 收于 *Power: Essential Works of Foucault, 1954–1984*, ed. Paul Rabinow (New York: The New Press, 2000), 70。注意，我将罗素和福柯不同的功利主义论拿来对比，是借鉴了 Bart Schultz and Georgios Varouxakis (eds.), *Utilitarianism and Empire* (Lanham, MD: Lexington Books, 2005); 参见

肉食星球

引言部分。

9. 参阅 Jeremy Bentham, "A Comment on the Commentaries and A Fragment on Government," ed. J. H. Burns and H. L. A. Hart, 收于 *The Collected Works of Jeremy Bentham* (Oxford, UK: Oxford University Press, 1970), 393。

10. Alasdair MacIntyre 与 Alex Voorhoeve 的对话, *Conversations on Ethics* (Oxford, UK: Oxford University Press, 2009), 116。

11. 关于边沁追求影响力的简要介绍, 参阅 James Crimmins, "Bentham and Utilitarianism in the Early Nineteenth Century," in B. Eggleston and D. Miller (eds.), *The Cambridge Companion to Utilitarianism* (New York: Cambridge University Press, 2014), 38。相关的展开讨论, 参阅 Crimmins, *Secular Utilitarianism: Social Science and the Critique of Religion in the Thought of Jeremy Bentham* (Oxford, UK: Oxford University Press, 1990)。

12. 参阅 Christine M. Korsgaard, "Getting Animals in View," *The Point*, no. 6, 2013。

13. 同上书, 123。

14. Paul Muldoon, "Myself and Pangur," 收于 *Hay* (New York: Farrar, Straus and Giroux, 1998)。该诗改编自一首常被翻译的匿名诗, 据说由公元 9 世纪的一位爱尔兰僧侣所作。

15. 关于这点, 科斯嘉德(很多时候算是康德学派)和辛格的看法一致, 这令人意外, 毕竟康德派理论——或笼统地称为道义论——常和结果论对比, 好像两者对立一样。科斯嘉德写道: "其他动物自身有目标这点, 和我们人类有着共同的根本性基础——生命自身本质上的自我肯定属性。"Korsgaard, "Getting Animals in View."

16. 参阅 Singer, *The Expanding Circle: Ethics, Evolution, and Moral Progress* (Princeton, NJ: Princeton University Press, 2011)。该书中辛格从社会生物学的角度阐释了一个旧概念——道德圈经由利他行为实现的扩展。道德圈(也叫"关怀圈"或"道德关怀圈")的概念涉及我们的同情心、同理心和利他心, 在西方哲学史上的记载可追溯到亚里士多德。亚里士多德在《优台谟伦理学》(*Eudemian Ethics*)中写道：

> 一说寻觅自我、广交朋友，一说交友广者交友浅，两种说法都不错。因为如果能一次性结交多人而且相互理解，当然是交得越多越好；但由于这点委实很难，所以活跃的认知共同体只能是一个较小的圈子，因此，不仅交到很多朋友难（毕竟需要试用），而且交到了能用好也很难。(1245b17-18)

斯多葛派的希罗克洛斯(Hierocles the Stoic)在公元 2 世纪的《伦理学原理》(*Elements of Ethics*)中描绘了一组关系同心圆，从自我出发，按关系的疏远程度一层层扩散开去。参阅 Ilaria Ramelli, *Hierocles the Stoic: Elements of Ethics, Fragments, and Excerpts* (Leiden, The Netherlands: Brill, 2009), 91–93。就像玛莎·努斯鲍姆(Martha Nussbaum)所说的，希腊思想认可了道德关怀的扩散，而且运用想象力来解释；古希腊人认为，虽然人与人之间往往确实存在等级差异，"但人类之间最主要的差别多为运气使然，而非人力所致"。参阅 Nussbaum, "Golden Rule Arguments: A Missing Thought?" 收于 Kim-chong Chong, Sorhoon Tan, and C. L. Ten (eds.), *The Moral Circle and the Self: Chinese and Western Approaches* (Chicago, IL: Open Court, 2003), 9。努斯鲍姆指出，这一希腊思想在卢梭等学派中有现代版本，而且在约翰·罗尔斯(John Rawls)等当代哲学家身上也能看到。不过，这种把道德进步的历史进程比作圈子扩大的概念似乎起源于现代。例如，参阅 William Edward Hartpole Lecky, *History of European Morals from August to Charlamagne,* vol. 1 (London: Longmans, Green, 1890), 107。不过，对辛格来说，最大的问题不是人类内部道德圈的扩大，而是幻想把这个圈子扩大到涵盖其他生物。达尔文(Charles Darwin)就曾表示能从自然的角度解释物种之间的利他主义，并把这种天然的同情心(sympathy，希腊语原意是"与之共苦")视为文明发展的关键。关于达尔文和维多利亚文化中的同情心的讨论，参阅 Rob Boddice, *The Science of Sympathy: Morality, Evolution, and Victorian Civilization* (Urbana: University of Illinois Press, 2016)。

17. Immanuel Kant, "Conjectures on the Beginning of Human History," 引于 Korsgaard, "Getting Animals in View"（省略号与科斯嘉德引文一致；"人类"的标记为笔者所加）；全文见 H. S. Reiss (ed.), *Kant: Political Writings* (Cambridge, UK: Cambridge University Press, 1970)。

18. 参阅 Jeremy Bentham, "Introduction to the Principles of Morals and Legislation," 收于 *Collected Works of Jeremy Bentham*。

19. 亦可参阅 Ryder, "Experiments on Animals", *Animals, Men and Morals: An Enquiry into the Maltreatment of Non-humans* (London: Gollancz, 1971)；依照种族歧视提出的"物种歧视"，见 81 页。Ryder 引用了"已故的 C. S. 刘易斯（C. S. Lewis）教授"的话："如果忠于我们自身这个物种，因为我们是人所以偏向人，都不算情感，那什么才算呢？如果只是因为情感就可以为残酷辩护，那为什么又止步于对全人类的情感？白人反对黑人，'优等民族'（Herrenvolk）反对非雅利安人也是情感嘛。"

20. 但注意辛格的批判者之一汤姆·里根（下方对他有详细讨论）指出，辛格反对物种歧视没有给出严格的功利主义论证，给出的只是里根所说的符合其道德连贯性的论点。我发现为自身的道德连贯性服务这点更接近于道义论，和辛格会说的截然相反。里根把这点展开了，说其实辛格给不出能代表素食主义的功利论观点，后者在他看来需要大量的经验证据，而辛格没有。参阅 Regan, "Utilitarianism, Vegetarianism, and Animal Rights," *Philosophy & Public Affairs* 9 (1980): 305–324。

21. 关于辛格的部分早期批判，例如，参阅 Michael Martin, "A Moral Critique of Vegetarianism," *Reason Papers,* no. 3 (1976), 13–43; Philip Devine, "The Moral Basis of Vegetarianism," *Philosophy* 53 (1978), 481–505; Leslie Pickering Francis and Richard Norman, "Some Animals Are More Equal Than Others," *Philosophy* 53

(1978), 507–527; Aubrey Townsend, "Radical Vegetarians," *Australasian Journal of Philosophy* 57 (1979), 85–93; Peter Wenz, "Act-Utilitarianism and Animal Liberation," *The Personalist* 60 (1979): 423–428; 以及 R. G. Frey, *Rights, Killing, and Suffering: Moral Vegetarianism and Applied Ethics* (Oxford, UK: Blackwell, 1983)。较近的一部关于辛格的批判分类集，包括辛格的一则回应，参阅 Jeffrey A. Schaler (ed.), *Peter Singer Under Fire: The Moral Iconoclast Faces His Critics* (Chicago, IL: Open Court, 2009)。

22. 参阅 Gary L. Francione, "On Killing Animals," 收于 *The Point*, no. 6 (2013)；以及 Francione, *Animals as Persons: Essays on the Abolition of Animal Exploitation* (New York: Columbia University Press, 2008)。

23. 参阅 Tom Regan, "The Moral Basis of Vegetarianism," *Canadian Journal of Philosophy* 5 (1975): 181–214; Regan, "Utilitarianism, Vegetarianism, and Animal Rights," *Philosophy & Public Affairs* 9 (1980), 305–324; 以及 Regan, *The Case for Animal Rights* (Berkeley: University of California Press, 1983)。

24. 参阅 Michael Fox, "'Animal Liberation': A Critique," *Ethics* 88 (1978): 106–118。

25. 参阅辛格对福克斯的回应 "Fable of the Fox" 及里根对福克斯的回应 "Fox's Critique of Animal Liberation"，*Ethics* 88 (1978): 126–133。福克斯在《伦理学》杂志的同一期对辛格和里根做了回应，参阅 "Animal Suffering and Rights: A Reply to Singer and Regan," *Ethics* 88 (1978): 134–138。

26. "所有活物都可成为你们的食物；我赐予你们一切，就像我赐予你们蔬食一样。" *New Oxford Annotated Bible,* New Standard Revised Version, ed. Bruce M. Metzger and Roland E. Murphy (New York: Oxford University Press, 1991), 12.

27. 熟悉大卫·福斯特·华莱士（David Foster Wallace）《想想龙虾》（"Consider the Lobster"）一文——结论和本章一样，即吃动物的道德哲学论证很薄弱——的读者至此已经找到我影射该文的所有彩蛋，

可以松一口气了。参阅 Wallace, "Consider the Lobster," *Gourmet,*
August 2004, 50–64。

第十三章　马斯特里赫特

1.　关于荷兰地貌的通用指南，参阅 Audrey M. Lambert, *The Making
of the Dutch Landscape: An Historical Geography of the Netherlands*
(London: Academic Press, 1985)。关于荷兰的堤坝和围垦历史，
参阅 Eric-Jan Pleijster, *Dutch Dikes* (Rotterdam: nai010, 2014)。

2.　荷兰男性的平均身高为世界第一。而荷兰人的身高史也是个谜：
为什么过去两百年里，荷兰男性增高了约 20 厘米（7.87 英寸）？
军事记录显示，在 18 世纪中期，荷兰男性比其他欧洲人要矮，
之后才迅速拔高超越同辈人。一个分析了历史记录和现代生物计
量数据的研究团队得出的结论是，荷兰人增高和西方人身高普遍
上升是一致的，或许是因为饮食改善，这段时期内营养丰富的食
物（如牛奶、鸡蛋、鱼肉等）大范围普及。而当其他国家人的增
高渐趋平缓后，荷兰人的还在上涨。可能的原因包括荷兰饮食的
持续改善，以及崇尚中等母亲和高个父亲组合的自然选择。参阅
Gert Stulp et al., "Does Natural Selection Favour Taller Stature
among the Tallest People on Earth?" *Proceedings of the Royal Society
B* 282 (2015): 20150211。

3.　参阅 Rachel Laudan, "A Plea for Culinary Modernism: Why We
Should Love New, Fast, Processed Food," *Gastronomica* 1 (2001):
36–44。

*4.　有关哈里森《让地方！让地方！》和马尔萨斯主义的讨论，参
阅 Warren Belasco, *Meals to Come: A History of the Future of Food*
(Berkeley: University of California Press, 2006), 51, 134。《人
口爆炸》的作者保罗·埃希利为平装版的《让地方！让地方！》
作序。*

5.　Hans Blumenberg, *Care Crosses the River,* trans. Paul Fleming
(Stanford, CA: Stanford University Press, 2010), 133.

6.　关于我大量引用的马斯特里赫特地质史和政治史，参阅 John

McPhee, "A Season on the Chalk," in *Silk Parachute* (New York: Macmillan, 2010)。

7. 其实我是实打实的城市人，和宠物以外的动物相望的次数，光用指头就能数过来。约翰·伯格写道："动物有种力量，可与人类的力量媲美，但完全不同。动物有种奥秘，不同于洞穴、山川和海洋的奥秘，只有人类能懂。" Berger, "Why Look at Animals?" in *About Looking* (New York: Vintage, 1991).

8. 关于"Roman Maastricht"，参阅 Lambert, *Making of the Dutch Landscape*。

9. 参阅 Sheila Jasanoff, *Designs on Nature: Science and Democracy in Europe and the United States* (Princeton, NJ: Princeton University Press, 2007)。

10. 参阅 Cor van der Weele and Clemens Driessen, "Animal Liberation?" https://bistro-invitro.com/en/essay-cor-van-der-weele-animal-liberation/, 2018 年 1 月 11 日；以及 van der Weele and Driessen, "Emerging Profiles for Cultured Meat; Ethics through and as Design," *Animals* 3 (2013): 647–662。亦可参阅 Wim Verbeke, Pierre Sans, and Ellen J. Van Loo, "Challenges and Prospects for Consumer Acceptance of Cultured Meat," *Journal of Integrative Agriculture* 14, (2015): 285–294；还有 Verbeke et al., "Would You Eat 'Cultured Meat'?: Consumers' Reactions and Attitude Formation in Belgium, Portugal and the United Kingdom," *Meat Science* 102 (2015): 49–58。

11. 参阅 McPhee, "Season on the Chalk"。

第十四章　洁食

1. 她引用的是新收获 2016 年 3 月在 Reddit.com 上发起的一个话题讨论，参见：www.reddit.com/r/IAmA/comments/48sn01/we_are_new_harvest_the_nonprofit_responsible_for/, 2018 年 3 月 28 日浏览。

2. Mary Douglas, *Purity and Danger* (London: Routledge, 1966), 51.

3. 一些反对洁食屠宰法的动物保护人士认为，它和非洁食屠宰法一样残忍。此外，很多活动人士表示，洁食屠宰法若按工业规模实施，那情景会给动物们带来极大的痛苦。布鲁斯·弗雷德里希（本书写作时为好食研究所的负责人，之前在善待动物组织就职）曾就这一点与律师拿单·卢因（Nathan Lewin）争论过；争论的部分录像参见 www.mediapeta.com/peta/Audio/bruce_debate_final.mp3, 2018 年 10 月 14 日浏览。动物科学教授和知名屠宰法专家唐普勒·格朗丹（Temple Grandin）关于洁食屠宰法工业化所面临的道德问题写过一篇不偏不倚的社论，发表在美国一家犹太报纸上：Grandin, "Maximizing Animal Welfare in Kosher Slaughter," *The Forward,* April 27, 2011, http://forward.com/opinion/137318/maximizing-animal-welfare-in-kosher-slaughter/, 2018 年 10 月 14 日浏览。

4. 参阅 Shmuly Yanklowitz, "Why This Rabbi Is Swearing Off Kosher Meat," *The Wall Street Journal,* May 30, 2014。

5. Sarah Zhang, "A Startup Wants to Grow Kosher Meat in a Lab," *The Atlantic,* September 16, 2016, www.theatlantic.com/health/archive/2016/09/is-lab-grown-meat-kosher/500300/, 2018 年 10 月 14 日浏览。

6. 参阅 Roger Horowitz, *Kosher USA: How Coke Became Kosher and Other Tales of Modern Food* (New York: Columbia University Press, 2016)。

7. 同上书，125。

第十五章　鲸

1. 对于讲师和作者们利用历史材料来劝导商业听众的犀利的批判性分析，参阅 John Patrick Leary, "The Poverty of Entrepreneurship: The Silicon Valley Theory of History," *The New Inquiry,* June 9, 2017。

2. 活动结束后，夏皮罗告知了他那个故事版本的来源：Eric Jay Dolin's *Leviathan: The History of Whaling in America* (New York: W. W. Norton, 2007)。

3. 关于类似但更简短的版本，可参阅 Amory B. Lovins, "A Farewell to Fossil Fuels: Answering the Energy Challenge," *Foreign Affairs*

91 (2012): 134–146。

4.　参阅 Bill Kovarik, "Thar She Blows! The Whale Oil Myth Surfaces Again," TheDailyClimate.org, March 3, 2014；以及 Kovarik, "Henry Ford, Charles Kettering, and the Fuel of the Future," *Automotive History Review* (spring 1998): 7–27。

5.　参阅 Dan Bouk and D. Graham Burnett, "Knowledge of Leviathan: Charles W. Morgan Anatomizes His Whale," *Journal of the Early Republic* 28 (2008): 433–466。

6.　关于鲸油的开采速度快于补充速度，其差异之大以至于形成了经济学家所谓的哈伯特曲线（Hubbert curve）——可与石油相比拟——的讨论，参阅 U. Bardi, "Energy Prices and Resource Depletion: Lessons from the Case of Whaling in the Nineteenth Century," *Energy Sources B* 2 (2007): 297–304。

第十六章　食人族

1.　参阅 Mary Douglas, *Purity and Danger* (London: Routledge, 1966)。

2.　Sigmund Freud, "From the History of an Infantile Neurosis," 收于 *The Standard Edition of the Complete Works of Sigmund Freud,* ed. and trans. James Strachey (London: Hogarth Press, 1953), 3583.

3.　Freud, "Three Essays on the History of Sexuality," 收于上书，1485, 1516。

4.　参阅 Cătălin Avramescu, *An Intellectual History of Cannibalism,* trans. Alistair I. Blyth (Princeton, NJ: Princeton University Press, 2009)。

5.　Freud, *The Future of an Illusion,* trans. James Strachey (New York: W. W. Norton, 1961), 10.

6.　同上书，11。

7.　克劳德·列维－斯特劳斯也在文章《我们都是食人族》（"We Are All Cannibals"）中，反驳食人主义已完全从文明生活中消失的观点。他将其区分为较夸张的"外食人主义"（exocannibalism，常见于捕获和吞噬敌人的群体）和较收敛的"内食人主义"（endocannibalism，指仪式化地筹备和摄取死亡亲属的部分遗体）。列维－斯特劳斯写道，虽然现代社会不一定会搞内食人仪式，但现代医学通过其他方式实施了起来。他认为，器官移植和其他通过注射或手术将人体细胞转入另一人体内的技术表明，内食人现象比我们想象的要普遍得多。参阅 Lévi-Strauss, "We Are All Cannibals," in *We Are All Cannibals and Other Essays,* trans. Jane M. Todd (New York: Columbia University Press, 2016)。对于移植和其他医疗技术的人类学意义的探讨，另见 Sarah Franklin and Margaret Lock (eds.), *Remaking Life & Death: Toward an Anthropology of the Biosciences* (Santa Fe, NM: School of American Research Press, 2003)。

8. Freud, *Moses and Monotheism,* trans. Katherine Jones (London: Hogarth Press, 1937), 131–132.

第十七章　聚合／分离

1. Claude Lévi-Strauss, *The Elementary Structures of Kinship (Les structures élémentaires de la parenté),* trans. James Harle Bell and John Richard von Sturmer, ed. Rodney Needham (Boston: Beacon Press, 1969).

2. 同上书，32。

3. 这样的措辞来自琼·狄迪恩（Joan Didion）。参阅 *The White Album* (New York: Farrar, Straus and Giroux, 1979), 11。

4. "造肉厂"是未来人造肉生产的常见意象，很多人造肉运动的成员都提倡它，包括伊莎·达塔尔。参阅 Datar and Robert Bolton, "The Carnery," 收于 *The In Vitro Meat Cookbook* (Amsterdam: Next Nature Network, 2014)。"造肉厂"概念的出处不明，但路透社记者 Harriet McLeod 在 2011 年一篇文章中说它出自科学家弗拉基米尔·米罗诺夫："South Carolina Scientist Works to Grow Meat in Lab," Reuters, January 30, 2011, www.reuters.com/article/us-food-meat-laboratory-feature/south-carolina-scientist-works-to-grow-meat-in-lab-idUSTRE70T1 WZ20110130, 2018 年 9 月 21 日浏览。

5. 参阅 Peter Schwartz, *The Art of the Long View* (New York: Penguin

Random House, 1991); and Nils Gilman, "The Official Future Is Dead! Long Live the Official Future," www.the-american-interest.com/2017/10/30/official-future-dead-long-live-official-future/, 2017 年 11 月 19 日浏览。

6. 参阅 Elizabeth Devitt, "Artificial Chicken Grown from Cells Gets a Taste Test—but Who Will Regulate It?" *Science,* March 15, 2017, www.sciencemag.org/news/2017/03/artificial-chicken-grown-cells-gets-taste-test-who-will-regulate-it, 2017 年 12 月 6 日浏览。

7. 参阅 Chase Purdy, "The Idea for Lab-Grown Meat Was Born in a POW Camp," *Quartz,* September 24, 2017, https://qz.com/1077183/the-idea-for-lab-grown-meat-was-born-in-a-prisoner-of-war-camp/,2017 年 11 月 27 日浏览。

8. 有人质疑过利用病人的干细胞是否在任何情况下都能确保避开病人的免疫反应，特别是涉及细胞转基因改造的情况。例如，参阅 Effie Apostolou and Konrad Hochedlinger, "iPS Cells Under Attack," *Nature* 474 (2011): 165–166 ; 以 及 Ryoko Araki et al., "Negligible Immunogenicity of Terminally Differentiated Cells Derived from Induced Pluripotent or Embryonic Stem Cells," *Nature* 494 (2013): 100–104。

9. 例如关于保罗·马基亚里尼（Paolo Macchiarini）的故事，参阅 John Rasko and Carl Power, "Dr. Con Man: The Rise and Fall of a Celebrity Scientist Who Fooled Almost Everyone," *The Guardian,* September 1, 2017, www.theguardian.com/science/2017/sep/01/paolo-macchiarini-scientist-surgeon-rise-and-fall, 2017 年 12 月 7 日浏览。

10. 参阅比如 Juliet Eilperin, "Why the Clean Tech Boom Went Bust," Wired, January 20, 2012, www.wired.com/2012/01/ff_solyndra/, 2017 年 12 月 8 日浏览。

11. Ryan Fletcher, "All-One Activist: Bruce Friedrich of the Good Food Institute," interview with Bruce Friedrich for Dr. Bronner's, at www.drbronner.com，2017 年 11 月 28 日浏览。

12. 关于中国的麦当劳的讨论，参阅 James L. Watson (ed.), *Golden Arches East: McDonald's in East Asia* (Stanford, CA: Stanford University Press, 1997)。

13. 关于廉价的讨论，参阅 Raj Patel and Jason W. Moore, *A History of the World in Seven Cheap Things: A Guide to Capitalism, Nature, and the Future of the Planet* (Oakland: University of California Press, 2018)。

14. 有关该话题的讨论，参阅如 Erica Hellerstein and Ken Fine, "A Million Tons of Feces and an Unbearable Stench: Life Near Industrial Pig Farms," *The Guardian,* September 20, 2017, www.theguardian. com/us-news/2017/sep/20/north-carolina-hog-industry-pig-farms, 2017 年 12 月 10 日浏览。

15. Winston Churchill, "Fifty Years Hence," *Popular Mechanics,* March 1932.

16. 关于卡茨和祖作品的起源，参阅 Catts and Zurr, "Semi-living Art," 收于 Eduardo Kac (ed.), *Signs of Life: Bio Art and Beyond* (Cambridge, MA: MIT Press, 2007)。

17. 同上。

18. 参阅 Devitt, "Artificial Chicken"。

19. 卡茨和祖"蛙腿"项目期间有一则关于生物艺术的调查，参阅 Steve Tomasula, "Genetic Art and the Aesthetics of Biology," *Leonardo* 35 (2002): 137–144。

20. 《解忧娃娃》是第一批展出的活组织工程雕塑，最初出现在奥地利的林茨（Linz），作为电子艺术节（Ars Electronica festival）的展品，之后在世界各地展出。

21. 参阅 Lynn Margulis, *The Origin of Eukaryotic Cells* (New Haven, CT: Yale University Press, 1970); and Ionat Zurr and Oron Catts, "Are the Semi-living Semi-good or Semi-evil?" *Technoetic Arts* 1 (2003): 49, 51, 54, 59。

22. 参阅 Stefan Helmreich, *Alien Ocean: Anthropological Voyages in Microbial Seas* (Berkeley: University of California Press, 2009) 中对马古利

斯共生起源部分的讨论，见第七章。

23. 生命之神秘的概念或许要算是自然本身朦胧神秘这个大概念的一部分。关于这个议题，参阅 Pierre Hadot, *The Veil of Isis: An Essay on the History of the Idea of Nature* (Cambridge, MA: Harvard University Press, 2006)。

24. Philippa Foot, "Moral Arguments," *Mind* 67 (1958): 502–513. 亦可参阅安斯科姆（G. E. M. Anscombe）的文章，其中建立了富特试图突破的道德哲学基本僵局：一边是关于行为有后果的功利论，另一边是认为善即遵守规则的道义论。Anscombe, "Modern Moral Philosophy," *Philosophy* 33 (1958): 1–19.

25. 参阅 Philippa Foot and Alan Montefiore, "Goodness and Choice," *Proceedings of the Aristotelian Society, Supplementary Volumes* 35 (1961): 45–80。

26. 参阅 Foot, "Does Moral Subjectivism Rest on a Mistake?" *Oxford Journal of Legal Studies* 15 (1995): 1–14。

27. 参阅我在第十一章中对布鲁门伯格的讨论。

28. 参阅 Wim Verbeke et al., "Would You Eat 'Cultured Meat?': Consumers' Reactions and Attitude Formation in Belgium, Portugal and the United Kingdom," *Meat Science* 102 (2015): 49–58。

29. Cor van der Weele and Clemens Driessen, "Emerging Profiles for Cultured Meat; Ethics through and as Design," *Animals* 3 (2013): 647–662.

第十八章　厄庇墨透斯

1. 我网络浏览器上冒出的这条广告来自正点公司（前身是汉普顿湾公司）首席执行官乔希·蒂特里克在推特上发布的一条推送，时间是 2018 年 10 月 17 日。蒂特里克的"40 万年"略早于很多专家认定的智人的物种形成时间，但略晚于整个古人类将肉类纳入饮食的时间。

2. 尼尔·斯蒂芬斯某次关于"清洁肉"的演讲令我想到保罗·夏皮

罗（参阅第十五章）挥舞捕鲸叉的样子，赫然又是一个弹道想象的例子。

3. 参阅 Plato, *Protagoras,* trans. Benjamin Jowett (Indianapolis, IN: Bobbs-Merrill, 1956), lines 320c–328d, pp. 18–19。以上列举的动物属性从诗句中化用而来，柏拉图提到的厄庇墨透斯的馈赠包括"浓密的毛、厚实的皮，足以抵御冬之严寒，熬过夏之酷暑，也让它们以身为席，随时休息；又在脚下添上毛、蹄，和那又厚又硬的茧皮"。

4. Coral Davenport, "Major Climate Report Describes a Strong Risk of Crisis as Early as 2040," *The New York Times,* October 7, 2018. Davenport 的这份报告引自 Myles Allen 等于 2018 年 10 月 6 日为联合国政府间气候变化专门委员会所写的报告 "Global Warming of 1.5°C"。

5. 参阅 J. Poore and T. Nemecek, "Reducing Food's Environmental Impacts through Producers and Consumers," *Science* 360 (2018): 987–992。

6. Leo Strauss, *Natural Right and History* (Chicago, IL: University of Chicago Press, 1953), 117.

7. William Gibson, "The Art of Fiction," 本受访收于 *The Paris Review,* no. 197, summer 2011.

8. William Gibson 2016 年在推特上写给作者的留言。

9. 若你喜欢，可称之为"推测性作品"（Speculative fiction）。

10. 参阅 Alvin and Heidi Toffler, *Future Shock* (New York: Random House, 1970)。

参考文献

Adams, Carol. *The Sexual Politics of Meat: A Feminist-Vegetarian Critical Theory* (New York: Continuum, 1990).

Aiello, Leslie C., and Peter Wheeler. "The Expensive-Tissue Hypothesis: The Brain and the Digestive System in Human and Primate Evolution." *Current Anthropology* 36 (1995): 199–221.

Albritton Jonsson, Fredrik. "Island, Nation, Planet: Malthus in the Enlightenment," in Robert Mayhew, ed., *New Perspectives on Malthus* (Oxford, UK: Oxford University Press).

———. "The Origins of Cornucopianism: A Preliminary Genealogy." *Critical Historical Studies* 1 (2014): 151–168.

Albury, W. R. "Politics and Rhetoric in the Sociobiology Debate." *Social Studies of Science* 10 (1980): 519–536.

Alvard, Michael S., and Lawrence Kuznar. "Deferred Harvests: The Transition from Hunting to Animal Husbandry." *American Anthropologist* 103 (2001): 295–311.

Andersson, Jenny. "The Great Future Debate and the Struggle for the World." *The American Historical Review* 117 (2012): 1411–1430.

Anscombe, G. E. M. "Modern Moral Philosophy." *Philosophy* 33 (1958): 1–19.

Arendt, Hannah. *The Human Condition* (Chicago, IL: University of Chicago Press, 1958).

Aristotle. *Politics* (Chicago, IL: University of Chicago Press, 2013).

Arrighi, Giovanni. *The Long Twentieth Century: Money, Power, and the Origins of Our Times* (New York: Verso, 1994).

Avramescu, Cătălin. *An Intellectual History of Cannibalism*, trans. Alistair I. Blyth (Princeton, NJ: Princeton University Press, 2009).

Bachelard, Gaston. *The Psychoanalysis of Fire*, trans. Alan C. M. Ross (London: Routledge & Kegan Paul, 1964).

Bakker, Egbert J. *The Meaning of Meat and the Structure of the Odyssey* (Cambridge, UK: Cambridge University Press, 2013).

Banham, Reyner. *Los Angeles: The Architecture of Four Ecologies* (Harmondsworth, UK: Penguin Books, 1971).

肉食星球

Belasco, Warren. "Algae Burgers for a Hungry World? The Rise and Fall of Chlorella Cuisine." *Technology and Culture* 38 (1997): 608–634.

———. *Meals to Come: A History of the Future of Food* (Berkeley: University of California Press, 2006).

Bell, Daniel. *The Coming of Post-industrial Society: A Venture in Social Forecasting* (New York: Basic Books, 1973).

Bell, Daniel, and Steven Graubard. *Toward The Year 2000: Work in Progress,* special issue of *Daedalus* (1967) [republished by MIT Press in 1969].

Benjamin, Walter. *Illuminations: Essays and Reflections,* trans. Harry Zohn (New York: Harcourt Brace Jovanovich, 1968).

———. *Reflections: Essays, Aphorisms, Autobiographical Writings* (New York: Harcourt Brace Jovanovich, 1978).

Bentham, Jeremy. "A Comment on the Commentaries and a Fragment on Government," ed. J. H. Burns and H. L. A. Hart, in *The Collected Works of Jeremy Bentham* (Oxford, UK: Oxford University Press, 1970).

Berger, John. "Why Look at Animals?" in *About Looking* (New York: Vintage, 1991).

Berman, Marshall. *All That Is Solid Melts into Air: The Experience of Modernity* (New York: Verso, 1982).

Berson, Josh. *The Meat Question: Animals, Humans, and the Deep History of Food* (Cambridge, MA: MIT Press, 2019).

Blumenberg, Hans. *Arbeit am Mythos* (Frankfurt am Main: Suhrkamp, 1979) [published in English as *Work on Myth,* trans. Robert M. Wallace (Cambridge, MA: MIT Press, 1985)].

———. *Care Crosses the River,* trans. Paul Fleming (Stanford, CA: Stanford University Press, 2010).

———. "Imitation of Nature: Toward a Prehistory of the Idea of the Creative Being," trans. Ania Wertz. *Qui Parle* 12(1) (2000): 17–54.

Bouk, Dan, and D. Graham Burnett. "Knowledge of Leviathan: Charles W. Morgan Anatomizes His Whale." *Journal of the Early Republic* 28 (2008): 433–466.

Boyd, William. "Making Meat: Science, Technology, and American Poultry Production." *Technology and Culture* 42 (2001): 631–664.

Brand, Stewart. *The Clock of the Long Now: Time and Responsibility* (New York: Basic Books, 1999).

Brock, William H. *Justus von Liebig: The Chemical Gatekeeper* (Cambridge, UK: Cambridge University Press, 1997).

Brown, Nik. "Hope against Hype—Accountability in Biopasts, Presents, and Futures." *Science Studies* 16 (2003): 3–21.

Buck, John Lossing. "Agriculture and the Future of China." *Annals of the American Academy of Political and Social Science,* November 1, 1930.

Budolfson, Mark B. "Is It Wrong to Eat Meat from Factory Farms? If So, Why?" in Ben Bramble and Bob Fischer, eds., *The Moral Complexities of Eating Meat* (Oxford, UK: Oxford University Press, 2015).

Bunn, Henry T. "Meat Made Us Human," in Peter S. Ungar, ed., *Evolution of the Human Diet* (Oxford, UK: Oxford University Press, 2006).

Canguilhem, Georges. "La théorie cellulaire," in *La connaissance de la vie* (Paris: Vrin, 1989), published in English as "Cell Theory," trans. Stefanos Geroulanos and Daniela Ginsburg, in Georges Canguilhem, *Knowledge of Life*, ed. Paola Marrati and Todd Meyers (New York: Fordham University Press, 2008).

Caplan, Arthur. *The Sociobiology Debate* (New York: Harper & Row, 1978).

Cartmill, Matt. *A View to a Death in the Morning* (Cambridge, MA: Harvard University Press, 1993).

Catts, Oron, and Ionat Zurr. "Are the Semi-living Semi-good or Semi-evil?" *Technoetic Arts* 1 (2003).

———. "Disembodied Livestock: The Promise of a Semi-living Utopia." *Parallax* 19 (2013): 101–113.

———. "Ingestion/Disembodied Cuisine." *Cabinet,* no. 16: "The Sea" (Winter, 2004/5).

———. "Semi-living Art," in Eduardo Kac, ed., *Signs of Life: Bio Art and Beyond* (Cambridge, MA: MIT Press, 2007).

Cavanaugh, Jillian R. "Making Salami, Producing Bergamo: The Transformation of Value." *Ethnos* 72 (2007): 149–172.

Churchill, Winston. "Fifty Years Hence." *Popular Mechanics,* March 1932.

Cordain, Loren, S. Boyd Eaton, Anthony Sebastian, Neil Mann, Staffan Lindeberg, Bruce A. Watkins, James H. O'Keefe, and Janette Brand-Miller. "Origins and Evolution of the Western Diet: Health Implications for the 21st Century." *American Journal of Clinical Nutrition* 81 (2005): 341–354.

Crary, Jonathan. *24/7* (New York: Verso, 2013).

Crimmins, James. "Bentham and Utilitarianism in the Early Nineteenth Century," in B. Eggleston and D. Miller, eds., *The Cambridge Companion to Utilitarianism* (New York: Cambridge University Press, 2014).

Cronon, William. *Nature's Metropolis: Chicago and the Great West* (New York: W. W. Norton, 1991).

Datar, Isha, and Mirko Betti. "Possibilities for an In Vitro Meat Production System." *Innovative Food Science & Emerging Technologies* 11 (2010): 13–21.

Devine, Philip. "The Moral Basis of Vegetarianism." *Philosophy* 53 (1978): 481–505.

Didion, Joan. *The White Album* (New York: Farrar, Straus and Giroux, 1979).

Dolin, Eric J. *Leviathan: The History of Whaling in America* (New York: W. W. Norton, 2007).

Douglas, Mary. *Purity and Danger* (London: Routledge, 1966).

Driessen, Clemens, and Michiel Korthals. "Pig Towers and In Vitro Meat: Disclosing Moral Worlds by Design." *Social Studies of Science* 42 (2012): 797–820.

Eaton, S. Boyd, and Melvin Konner. "Paleolithic Nutrition: A Consideration of Its Nature and Current Implications." *New England Journal of Medicine* 312 (1985): 283–289.

Eger, Martin. "Hermeneutics and the New Epic of Science," in William Murdo McRae, ed., *The Literature of Science: Perspectives on Popular Science Writing* (Athens: University of Georgia Press, 1993), 186–212.

肉食星球

Ehrlich, Paul, and Anne Ehrlich. *One With Nineveh: Politics, Consumption, and the Human Future* (Washington, DC: Island Press, 2004).
——. *The Population Bomb* (New York: Ballantine, 1968).
Engels, Friedrich. *The Condition of the Working Class in England in 1844*, trans. Florence Kelley Wischnewetzky (London: George Allen & Unwin, 1892).
Fabian, Johannes. *Time and the Other: How Anthropology Makes Its Object* (New York: Columbia University Press, 2014).
Felman, Shoshana. *The Scandal of the Speaking Body: Don Juan with J. L. Austin, or Seduction in Two Languages* (Stanford, CA: Stanford University Press, 2003).
Ferrarin, Alfredo. "Homo Faber, Homo Sapiens, or Homo Politicus? Protagoras and the Myth of Prometheus." *The Review of Metaphysics* 54 (2000): 289–319.
Fiddes, Nick. *Meat: A Natural Symbol* (London: Routledge, 1991).
Foot, Philippa. "Does Moral Subjectivism Rest on a Mistake?" *Oxford Journal of Legal Studies* 15 (1995): 1–14.
——. "Moral Arguments." *Mind* 67 (1958): 502–513.
Foot, Philippa, and Alan Montefiore. "Goodness and Choice." *Proceedings of the Aristotelian Society, Supplementary Volumes* 35 (1961): 45–80.
Fortun, Mike. "For an Ethics of Promising, or: A Few Kind Words about James Watson." *New Genetics and Society* 24 (2005): 157–174.
——. *Promising Genomics: Iceland and deCODE Genetics in a World of Speculation* (Berkeley: University of California Press, 2008).
Foucault, Michel. "Truth and Juridical Forms," in *Power: Essential Works of Foucault, 1954–1984*, ed. Paul Rabinow (New York: The New Press, 2000).
Fox, Michael. "'Animal Liberation': A Critique." *Ethics* 88 (1978): 106–118.
Francione, Gary L. *Animals as Persons: Essays on the Abolition of Animal Exploitation* (New York: Columbia University Press, 2008).
——. "On Killing Animals." *The Point*, no. 6 (2013).
Francis, Leslie P., and Richard Norman. "Some Animals Are More Equal Than Others." *Philosophy* 53 (1978): 507–527.
Franklin, Sarah. *Dolly Mixtures: The Remaking of Genealogy* (Durham, NC: Duke University Press, 2007).
Franklin, Sarah, and Margaret Lock, eds. *Remaking Life & Death: Toward an Anthropology of the Biosciences* (Santa Fe, NM: School of American Research Press, 2003).
Franklin, Ursula. *The Real World of Technology* (Toronto: Anansi Press, 1999).
Freese, Lee. "The Song of Sociobiology." *Sociological Perspectives* 37 (1994): 337–373.
Freud, Sigmund. *The Future of an Illusion*, trans. James Strachey (New York: W. W. Norton, 1961).
——. *Moses and Monotheism*, trans. Katherine Jones (London: Hogarth Press, 1937).
——. *The Standard Edition of the Complete Works of Sigmund Freud*, ed. and trans. James Strachey (London: Hogarth Press, 1953).

Frey, R. G. *Rights, Killing, and Suffering: Moral Vegetarianism and Applied Ethics* (Oxford, UK: Blackwell, 1983).

Gewertz, Deborah, and Frederick Errington. *Cheap Meat: Flap Food Nations in the Pacific Islands* (Berkeley: University of California Press, 2010).

Gigante, Denise. *Life: Organic Form and Romanticism* (New Haven, CT: Yale University Press, 2009).

Gilman, Nils. *Mandarins of the Future: Modernization Theory in Postwar America* (Baltimore, MD: Johns Hopkins University Press, 2003).

Gordon, Theodore J. "The Methods of Futures Research." *Annals of the American Academy of Political and Social Science* 522 (1992): 25–35.

Gordon, Theodore J., and Olaf Helmer. "Report on a Long-Range Forecasting Study" (Santa Monica, CA: Rand Corporation, 1964).

Hadot, Pierre. *The Veil of Isis: An Essay on the History of the Idea of Nature* (Cambridge, MA: Harvard University Press, 2006).

Hahn Niman, Nicolette. *Defending Beef: The Case for Sustainable Meat Production* (Chelsea, VT: Chelsea Green, 2014).

Hannerz, Ulf. *Writing Future Worlds: An Anthropologist Explores Global Scenarios* (London: Palgrave, 2016).

Haraway, Donna. *Simians, Cyborgs, and Women: The Reinvention of Nature* (New York: Routledge, 1991).

Helmer, Olaf. "Science." *Science Journal* 3(10) (1967): 49–51.

Helmreich, Stefan. *Alien Ocean: Anthropological Voyages in Microbial Seas* (Berkeley: University of California Press, 2009).

———. "Potential Energy and the Body Electric: Cardiac Waves, Brain Waves, and the Making of Quantities into Qualities." *Current Anthropology* 54 (Supplement 7) (2013).

Hesketh, Ian. "The Story of Big History." *History of the Present* 4 (2014): 171–202.

Hopkins, Patrick D., and Austin Dacey. "Vegetarian Meat: Could Technology Save Animals and Satisfy Meat Eaters?" *Journal of Agricultural and Environmental Ethics* 21 (2008): 579–596.

Horowitz, Roger. *Kosher USA: How Coke Became Kosher and Other Tales of Modern Food* (New York: Columbia University Press, 2016).

Horowitz, Roger, Jeffrey M. Pilcher, and Sydney Watts. "Meat for the Multitudes: Market Culture in Paris, New York City, and Mexico City over the Long Nineteenth Century." *American Historical Review* 109 (2004): 1055–1083.

Jameson, Fredric. *Archaeologies of the Future: The Desire Called Utopia and Other Science Fictions* (New York: Verso, 2005).

Jasanoff, Sheila. *Designs on Nature: Science and Democracy in Europe and the United States* (Princeton, NJ: Princeton University Press, 2007).

Johnson, Christopher. "Bricoleur and Bricolage: From Metaphor to Universal Concept." *Paragraph* 35 (2012): 355–372.

Jumonville, Neil. "The Cultural Politics of the Sociobiology Debate." *Journal of the History of Biology* 35 (2002): 569–593.

肉食星球

Kant, Immanuel. *Kant: Political Writings,* ed. H. S. Reiss (Cambridge, UK: Cambridge University Press, 1970).

Kaye, Howard L. *The Social Meaning of Modern Biology: From Social Darwinism to Sociobiology* (New Haven, CT: Yale University Press, 1986).

Kirby, David A. "The Future Is Now: Hollywood Science Consultants, Diegetic Prototypes and the Role of Cinematic Narratives in Generating Real-World Technological Development." *Social Studies of Science* 40 (2010): 41–70.

Korsgaard, Christine M. "Getting Animals in View." *The Point,* no. 6 (2013).

Kovarik, Bill. "Henry Ford, Charles Kettering, and the Fuel of the Future." *Automotive History Review,* no. 32 (Spring 1998): 7–27.

———. "Thar She Blows! The Whale Oil Myth Surfaces Again." TheDailyClimate. Org, March 3, 2014.

Kummer, Corby. *The Pleasures of Slow Food* (San Francisco: Chronicle Books, 2002).

Landecker, Hannah. *Culturing Life: How Cells Became Technologies* (Cambridge, MA: Harvard University Press, 2007).

Laudan, Rachel. *Cuisine and Empire: Cooking in World History* (Berkeley: University of California Press, 2013).

———. "A Plea For Culinary Modernism: Why We Should Love New, Fast, Processed Food." *Gastronomica* 1 (2001): 36–44.

Laughlin, William, Richard B. Lee, and Irven deVore (eds.), with Jill Nash-Mitchell. *Man the Hunter* (Chicago, IL: Aldine-Atherton, 1968).

Leach, Helen M. "Human Domestication Reconsidered." *Current Anthropology* 44 (2003): 349–368.

LeGuin, Ursula K. "A Non-Euclidean View of California as a Cool Place to Be," in *Dancing at the Edge of the World* (London: Gollancz, 1989).

Lévi-Strauss, Claude. *The Elementary Structures of Kinship (Les structures élémentaires de la parenté),* trans. James Harle Bell and John Richard von Sturmer, ed. Rodney Needham (Boston: Beacon Press, 1969).

———. *We Are All Cannibals and Other Essays,* trans. Jane M. Todd (New York: Columbia University Press, 2016).

Lewin, Roger. *Human Evolution: An Illustrated Introduction* (Malden, MA: Blackwell, 2005).

Madrigal, Alexis C. "When Will We Eat Hamburgers Grown in Test-Tubes?" *The Atlantic,* August 6, 2013.

Malthus, Thomas R. *An Essay on the Principle of Population* (London: Penguin, 1985).

Manoury, G. "Sociobiology." *Synthese* 5 (1947): 522–525.

Margulis, Lynn. *The Origin of Eukaryotic Cells* (New Haven, CT: Yale University Press, 1970).

Martin, Michael. "A Moral Critique of Vegetarianism." *Reason Papers,* no. 3 (Fall 1976): 13–43.

Martin, Paul, Nik Brown, and Alison Kraft. "From Bedside to Bench? Communities of Promise, Translational Research and the Making of Blood Stem Cells." *Science as Culture* 17 (2008): 29–41.

Martins, Patrick, with Mike Edison. *The Carnivore Manifesto: Eating Well, Eating Responsibly, and Eating Meat* (New York: Little, Brown, 2014).

Maryanski, Alexandra. "The Pursuit of Human Nature by Sociobiology and by Evolutionary Sociology." *Sociological Perspectives* 37 (1994): 375–389.

Marx, Karl. *The Communist Manifesto: With Related Documents* (Boston: Bedford /St. Martin's, 1999).

Marx, Leo. "Does Improved Technology Mean Progress?" *Technology Review,* January 1987, 33–41, 71.

———. *The Machine in the Garden: Technology and the Pastoral Ideal in America* (Oxford, UK: Oxford University Press, 1964).

Mattick, Carolyn S., Amy E. Landis, Braden R. Allenby, and Nicholas J. Genovese. "Anticipatory Life Cycle Analysis of In Vitro Biomass Cultivation for Cultured Meat Production in the United States." *Environmental Science & Technology* 49 (2015): 11941–11949.

McGee, Harold. *On Food and Cooking: The Science and Lore of the Kitchen* (New York: Scribner, 1984).

McInerney, Jeremy. *The Cattle of the Sun: Cows and Culture in the World of the Ancient Greeks* (Princeton, NJ: Princeton University Press, 2010).

McKenna, Maryn. *Big Chicken: The Improbable Story of How Antibiotics Created Modern Farming and Changed the Way the World Eats* (Washington, DC: National Geographic Books, 2017).

McPhee, John. "A Season on the Chalk," in *Silk Parachute* (New York: Macmillan, 2010).

Mead, Margaret. *The World Ahead: An Anthropologist Contemplates the Future* (New York: Berghahn, 2005).

Messeri, Lisa. *Placing Outer Space: An Earthly Ethnography of Other Worlds* (Chapel Hill, NC: Duke University Press, 2016).

Midgley, Mary. "Sociobiology." *Journal of Medical Ethics* 10 (1984): 158–160.

Miller, Daegan. *This Radical Land: A Natural History of American Dissent* (Chicago, IL: University of Chicago Press, 2018).

Mintz, Sidney. *Sweetness and Power: The Place of Sugar in Modern History* (New York: Viking, 1985).

Mokyr, Joel. *The Gift of Athena: Historical Origins of the Knowledge Economy* (Princeton, NJ: Princeton University Press, 2002).

Nestle, Marion. "Paleolithic Diets: A Skeptical View." *Nutrition Bulletin* 25 (2000): 43–47.

Next Nature Network. *The In Vitro Meat Cookbook* (Amsterdam: Next Nature Network, 2014).

Nietzsche, Friedrich. *On the Genealogy of Morals,* trans. Walter Kaufmann (New York: Vintage Books, 1969).

Oshinsky, David M. *Polio: An American Story* (Oxford, UK: Oxford University Press, 2006).

Ozersky, Josh. *The Hamburger* (New Haven, CT: Yale University Press, 2008).

肉食星球

Patel, Raj, and Jason W. Moore. *A History of the World in Seven Cheap Things: A Guide to Capitalism, Nature, and the Future of the Planet* (Oakland: University of California Press, 2018).

Pauly, Philip J. *Controlling Life: Jacques Loeb and the Engineering Ideal in Biology* (Berkeley: University of California Press, 1987).

Paxson, Heather. *The Life of Cheese: Crafting Food and Value in America* (Berkeley: University of California Press, 2012).

Phillips, Siobhan. "What We Talk about When We Talk about Food." *The Hudson Review* 62 (2009): 189–209.

Plato. *Protagoras,* trans. Benjamin Jowett (Indianapolis, IN: Bobbs-Merrill, 1956).

Pohl, Fredrik, and Cyril M. Kornbluth. *The Space Merchants* (New York: Ballantine, 1953).

Raggio, Olga. "The Myth of Prometheus: Its Survival and Metaphormoses up to the Eighteenth Century." *Journal of the Warburg and Courtauld Institutes* 21 (1958): 44–62.

Ramos-Elorduy, Julieta. "Anthropo-Entomophagy: Cultures, Evolution and Sustainability." *Annual Review of Entomology* 58 (2009): 141–160.

Regan, Tom. *The Case for Animal Rights* (Berkeley: University of California Press, 1983).

———. "Fox's Critique of Animal Liberation." *Ethics* 88 (1978): 126–133.

———. "The Moral Basis of Vegetarianism." *Canadian Journal of Philosophy* 5 (1975): 181–214.

———. "Utilitarianism, Vegetarianism, and Animal Rights." *Philosophy & Public Affairs* 9 (1980): 305–324.

Ritvo, Harriet. *The Animal Estate: The English and Other Creatures in the Victorian Age* (Cambridge, MA: Harvard University Press, 1987).

Robertson, Thomas. *The Malthusian Moment: Global Population Growth and the Birth of American Environmentalism* (New Brunswick, NJ: Rutgers University Press, 2012).

Rodgers, Ben. *Beef and Liberty: Roast Beef, John Bull and the English Nation* (London: Vintage, 2004).

Roe Smith, Merritt. "Technology, Industrialization, and the Idea of Progress in America," in K.B. Byrne, ed., *Responsible Science: The Impact of Technology on Society* (New York: Harper & Row, 1986).

Roe Smith, Merritt, and Leo Marx, eds. *Does Technology Drive History? The Dilemma of Technological Determinism* (Cambridge, MA: MIT Press, 1994).

Rostow, Walt W. *The Stages of Economic Growth: A Non-Communist Manifesto* (Cambridge, UK: Cambridge University Press, 1960).

Russell, Bertrand. "The Harm That Good Men Do." *Harper's,* October 1926.

Sadler, Simon. "The Dome and the Shack: The Dialectics of Hippie Enlightenment," in Iain Boal, Janferie Stone, Michael Watts, and Cal Winslow, eds., *West of Eden: Communes and Utopia in Northern California* (Oakland, CA: PM Press, 2012).

Sahlins, Marshall. "The Original Affluent Society," in *Stone Age Economics* (Chicago, IL: Aldine-Atherton, 1972).

————. *The Use and Abuse of Biology: An Anthropological Critique of Sociobiology* (Ann Arbor: University of Michigan Press, 1976).

Schaler, Jeffrey A., ed. *Peter Singer Under Fire: The Moral Iconoclast Faces His Critics* (Chicago, IL: Open Court, 2009).

Schell, Orville. *Modern Meat: Antibiotics, Hormones, and the Pharmaceutical Farm* (New York: Vintage, 1978).

Schonwald, Josh. *The Taste of Tomorrow: Dispatches from the Future of Food* (New York: HarperCollins, 2012).

Schopenhauer, Arthur. *The World as Will and Representation,* trans. and ed. Judith Norman, Alistair Welchman, and Christopher Janaway (Cambridge, UK: Cambridge University Press, 2010).

Schrempp, Gregory. "Catching Wrangham: On the Mythology and the Science of Fire, Cooking, and Becoming Human." *Journal of Folklore Research* 48 (2011): 109–132.

Schultz, Bart, and Georgios Varouxakis, eds. *Utilitarianism and Empire* (Lanham, MD: Lexington Books, 2005).

Schwartz, Hillel. *The Culture of the Copy: Striking Likenesses, Unreasonable Facsimiles* (revised and updated) (New York: Zone Books, 2014).

Schwartz, Peter. *The Art of the Long View* (New York: Penguin Random House, 1991).

Segerstråle, Ullica. *Defenders of the Truth: The Battle for Science in the Sociobiology Debate and Beyond* (Oxford, UK: Oxford University Press, 2001).

Shapin, Steven. "Invisible Science." *The Hedgehog Review* 18(3) (2016).

Shelley, Mary. *Frankenstein: The Modern Prometheus* (London: Henry Colburn and Richard Bentley, 1831).

Shipman, Pat. "The Animal Connection and Human Evolution." *Current Anthropology* 51 (2010): 519–538.

Singer, Peter. *Animal Liberation* (New York: HarperCollins, 2002).

————. "Ethics and Sociobiology." *Philosophy & Public Affairs* (1982): 40–64.

————. *The Expanding Circle: Ethics, Evolution, and Moral Progress* (Princeton, NJ: Princeton University Press, 2011).

————. "The Fable of the Fox and the Unliberated Animals." *Ethics* 88 (1978): 119–125.

————. "Utilitarianism and Vegetarianism." *Philosophy & Public Affairs* 9 (1980): 325–337.

Smetana, Sergiy, Alexander Mathys, Achim Knoch, and Volker Heinz. "Meat Alternatives: Life Cycle Assessment of Most Known Meat Substitutes." *International Journal of Life Cycle Assessment* 20 (2015): 1254–1267.

Smil, Vaclav. "Eating Meat: Evolution, Patterns, and Consequences." *Population and Development Review* 28 (2002): 599–639.

————. *Feeding the World: A Challenge for the Twenty-First Century* (Cambridge, MA: MIT Press, 2000).

————. "Population Growth and Nitrogen: An Exploration of a Critical Existential Link." *Population and Development Review* 17 (1991): 569–601.

Stanford, Craig B. *The Hunting Ape* (Princeton, NJ: Princeton University Press, 1999).

Steinfeld, Henning, et al. "Livestock's Long Shadow." FAO (2006), www.fao.org /docrep/010/a0701e/a0701e00.HTM.

Stephens, Neil, and Martin Ruivenkamp. "Promise and Ontological Ambiguity in the *In Vitro* Meat Imagescape: From Laboratory Myotubes to the Cultured Burger." *Science as Culture* 25 (2016): 327–355.

Strathern, Marilyn. "Future Kinship and the Study of Culture." *Futures* 27 (1995): 423–435.

———. *Reproducing the Future: Essays on Anthropology, Kinship and the New Reproductive Technologies* (Manchester, UK: Manchester University Press, 1992).

Strauss, Leo. *Natural Right and History* (Chicago, IL: University of Chicago Press, 1953).

Stulp, Gert, Louise Barrett, Felix C. Tropf, and Melinda Mills. "Does Natural Selection Favour Taller Stature among the Tallest People on Earth?" *Proceedings of the Royal Society B* 282 (2015): 20150211.

Taussig, Karen-Sue, Klaus Hoeyer, and Stefan Helmreich. "The Anthropology of Potentiality in Biomedicine." *Current Anthropology* 54 (Supplement 7) (2013).

Tiger, Lionel, and Robin Fox. *Imperial Animal* (New York: Holt, Rinehart and Winston, 1972).

Toffler, Alvin, ed. *The Futurists* (New York: Random House, 1972).

Toffler, Alvin, and Heidi Toffler. *Future Shock* (New York: Random House, 1970).

Tomasula, Steve. "Genetic Art and the Aesthetics of Biology." *Leonardo* 35 (2002): 137–144.

Townsend, Aubrey. "Radical Vegetarians." *Australasian Journal of Philosophy* 57 (1979): 85–93.

Tsing, Anna. "How to Make Resources in order to Destroy Them (and Then Save Them?) on the Salvage Frontier," in Daniel Rosenberg and Susan Harding (eds.), *Histories of the Future* (Chapel Hill, NC: Duke University Press, 2005).

Tuomisto, Hanna L., and M. Joost Teixeira de Mattos. "Environmental Impacts of Cultured Meat Production." *Environmental Science & Technology* 45 (2011): 6117–6123.

Turner, Fred. *From Counterculture to Cyberculture: Stewart Brand, the Whole Earth Network, and the Rise of Digital Utopianism* (Chicago, IL: University of Chicago Press, 2006).

van der Weele, Cor, and Clemens Driessen. "Emerging Profiles for Cultured Meat; Ethics through and as Design." *Animals* 3 (2013): 647–662.

Verbeke, Wim, Afrodita Marcu, Pieter Rutsaert, Rui Gaspar, Beate Seibt, Dave Fletcher, and Julie Barnett. "Would You Eat 'Cultured Meat'?: Consumers' Reactions and Attitude Formation in Belgium, Portugal and the United Kingdom." *Meat Science* 102 (2015): 49–58.

Verbeke, Wim, Pierre Sans, and Ellen J. Van Loo. "Challenges and Prospects for Consumer Acceptance of Cultured Meat." *Journal of Integrative Agriculture* 14 (2015): 285–294.

Walker, Richard A. *The Country in the City: The Greening of the San Francisco Bay Area* (Seattle: University of Washington Press, 2007).

Wallace, David Foster. "Consider the Lobster." *Gourmet,* August 2004, 50–64.

Watson, James L., ed. *Golden Arches East: McDonald's in East Asia* (Stanford, CA: Stanford University Press, 1997).

Watson, James L. "Meat: A Cultural Biography in (South) China," in Jakob A. Klein and Anne Murcott, eds., *Food Consumption in Global Perspective: Essays in the Anthropology of Food in Honour of Jack Goody* (Basingstoke, UK: Palgrave MacMillan, 2014).

Weber, Max. *The Protestant Ethic and the Spirit of Capitalism,* trans. Talcott Parsons (New York: Routledge, 2001).

Weiss, Brad. *Real Pigs: Shifting Values in the Field of Local Pork* (Durham, NC: Duke University Press, 2016).

Wenz, Peter. "Act-Utilitarianism and Animal Liberation." *The Personalist* 60 (1979): 423–428.

Whitman, Charles H. "Old English Mammal Names." *The Journal of English and Germanic Philology* 6 (1907): 649–656.

Williams, Bernard. "A Critique of Utilitarianism," in J. J. C. Smart and Bernard Williams, *Utilitarianism: For and Against* (Cambridge, UK: Cambridge University Press, 1973).

Williams, Raymond. *Keywords: A Vocabulary of Culture and Society* (London: Croom Helm, 1976).

Wilson, E. O. *Sociobiology: The New Synthesis* (Cambridge, MA: Harvard University Press, 1975).

Winner, Langdon. *The Whale and the Reactor: The Search for Limits in the Age of High Technology* (Chicago, IL: University of Chicago Press, 1986).

Wrangham, Richard. *Catching Fire: How Cooking Made Us Human* (New York: Basic Books, 2010).

———. *Demonic Males: Apes and the Origin of Human Violence,* coauthored with Dale Peterson (New York: Houghton Mifflin, 1996).

Zaraska, Marta. *Meathooked: The History and Science of Our 2.5-Million-Year Obsession with Meat* (New York: Basic Books, 2016).

肉食星球

文
景
———
Horizon

社 科 新 知　文 艺 新 潮

肉食星球：人造肉与食品未来

[美] 本杰明·阿尔德斯·沃加夫特　著

刘昱　译

出 品 人：姚映然
特约策划：谭宇墨凡
责任编辑：佟雪萌
营销编辑：高晓倩
封扉设计：山川制本
美术编辑：安克晨

出　　　品：北京世纪文景文化传播有限责任公司
　　　　　　（北京朝阳区东土城路8号林达大厦A座4A 100013）
出版发行：上海人民出版社
印　　　刷：山东临沂新华印刷物流集团有限责任公司
制　　　版：北京大观世纪文化传媒有限公司

开 本：890mm×1240mm　1/32
印 张：9.75　　字 数：196,000
2023年7月第1版　　2023年7月第1次印刷
定 价：59.00元
ISBN：978-7-208-18073-4/C·672

图书在版编目（CIP）数据

肉食星球：人造肉与食品未来 /（美）本杰明·阿
尔德斯·沃加夫特著；刘昱译 . -- 上海：上海人民出
版社，2023
书名原文：Meat Planet: Artificial Flesh and
the Future of Food
ISBN 978-7-208-18073-4

Ⅰ. ① 肉… Ⅱ. ① 本… ② 刘… Ⅲ. ① 食品工程-生
物工程-研究 Ⅳ. ① TS201.2

中国版本图书馆CIP数据核字（2022）第237385号

本书如有印装错误，请致电本社更换 010-52187586